高职高专"十四五"规划教材

传感器技术
与应用项目式教程

主编　牛百齐

扫一扫查看全书数字资源

北　京
冶金工业出版社
2021

内 容 提 要

为了适应培养高技能人才的需要,本书依据高等职业教育人才培养目标的要求,遵循简明、实用、新颖的编写原则,突出实用性和针对性,采用项目、任务的编写方式,着重介绍了常用传感器的结构、原理、测量转换电路及传感器技术的应用等。

本书共分为9个项目,项目1介绍了认知传感器,项目2~项目7分别介绍了温度传感器及应用,力敏传感器及应用,位移传感器及应用,磁敏传感器及应用,光电传感器及应用,气敏、湿敏传感器及应用,项目8介绍了智能传感器和无线传感器网络,项目9介绍了传感器技术综合应用,包括机器人传感器、汽车传感器的应用。

本书可作为高职高专院校机电、自动化、电子信息、物联网、机器人等专业的教材,也可供从事传感器应用人员及相关工程技术人员参考。

图书在版编目(CIP)数据

传感器技术与应用项目式教程/牛百齐主编. —北京:
冶金工业出版社,2021.7
高职高专"十四五"规划教材
ISBN 978-7-5024-8831-4

Ⅰ.①传… Ⅱ.①牛… Ⅲ.①传感器—高等职业教育—
教材 Ⅳ.①TP212

中国版本图书馆 CIP 数据核字(2021)第 100722 号

出 版 人 苏长永
地 址 北京市东城区嵩祝院北巷 39 号 邮编 100009 电话 (010)64027926
网 址 www.cnmip.com.cn 电子信箱 yjcbs@cnmip.com.cn
责任编辑 王 颖 美术编辑 彭子赫 版式设计 禹 蕊
责任校对 郭惠兰 责任印制 李玉山
ISBN 978-7-5024-8831-4
冶金工业出版社出版发行;各地新华书店经销;三河市双峰印刷装订有限公司印刷
2021 年 7 月第 1 版,2021 年 7 月第 1 次印刷
787mm×1092mm 1/16;16.25 印张;396 千字;248 页
59.00 元

冶金工业出版社 投稿电话 (010)64027932 投稿信箱 tougao@cnmip.com.cn
冶金工业出版社营销中心 电话 (010)64044283 传真 (010)64027893
冶金工业出版社天猫旗舰店 yjgycbs.tmall.com
(本书如有印装质量问题,本社营销中心负责退换)

前　言

　　为了适应培养高技能人才的需要，本书依据高等职业教育人才培养目标的要求，遵循简明、实用、新颖的编写原则，突出实用性和针对性，采用项目、任务的编写方式，着重介绍了常用传感器的结构、原理、测量转换电路及传感器技术的应用等。

　　本书具体特色如下：

　　1) 本书以项目为载体，培养学生实践动手能力，在完成项目、任务的过程中，掌握传感器相关知识和技能。

　　2) 在每个项目的编写中，通过任务驱动，介绍常用传感器的基本工作原理和相应的测量电路及应用实例。

　　3) 对每个教学项目，突出传感器的应用，设计出具体的电路，分析电路的工作原理，介绍电路调试方法。

　　通过各项目的学习，可以提高学生的动手能力及分析解决问题的能力，实现"教、学、做"一体化。

　　本书共分为9个项目，项目1介绍了认知传感器，项目2~项目7分别介绍了温度传感器及应用，力敏传感器及应用，位移传感器及应用，磁敏传感器及应用，光电传感器及应用，气敏、湿敏传感器及应用，项目8介绍了智能传感器和无线传感器网络，项目9介绍了传感器技术综合应用，包括机器人传感器、汽车传感器的应用。

　　本书参考学时为60~90学时，教学时可结合具体专业实际，对教学内容和学时数进行适当调整。

　　本书由牛百齐主编，许斌、梁海霞、辛勤、曹秀海、马妍霞、孙萌等参加了部分项目的编写。在编写过程中，参考了许多专家同行的文献和资料，在此谨致诚挚的谢意。

由于书中涉及多学科知识，加之编者水平所限，书中不妥、疏漏之处在所难免，恳请专家、同行批评指正，也希望得到读者的意见和建议。

编　者

2021 年 6 月

目　录

项目 1　认知传感器

在人类文明的发展历史中，感受、处理外部信息的传感技术一直扮演着一个重要的角色。人们借助视觉、听觉、嗅觉、味觉和触觉这 5 种感觉器官从外界直接获取信息，再通过大脑分析和判断后作出相应反应。随着科学技术的发展，人类在认识和改造自然的活动中，单靠自身的感觉器官已远不能满足要求。因此，一系列代替、加强和补充人类感觉器官功能的方法和手段应运而生，出现了各种用途的传感器，也被称为"电五官"。

传感器相当于人体的感觉器官，它能将各种非电量（如机械量、化学量、生物量及光学量等）转换成电量，从而实现非电量的电测技术。传感器早已渗透到诸如工业生产、宇宙开发、海洋探测、环境保护、医学诊断等领域。可以说，从茫茫的太空到浩瀚的海洋，以及各种复杂的工程系统，几乎每一个现代化项目都离不开各种各样的传感器。

任务 1.1　了解传感器的基本知识

任务目标

1）理解传感器的定义、组成及作用。
2）熟悉传感器的命名及分类方法。
3）掌握传感器的特性。
4）了解传感器的发展趋势。
5）掌握传感器的选用规则。

任务描述

传感器广泛应用在现代工业、现代农业、现代军事、航天航空、交通运输、环境保护、医疗器械、安全防卫和家用电器等方面。通过本任务的学习，了解各种传感器的定义、组成、特性、命名、选用规则等基本知识。在此基础上，完成以下任务：

1）观察日常生活中用到的传感器，举例说明它们的作用。
2）通过网络搜索，查找有关传感器的信息。

相关知识

1.1.1　传感器的定义及组成

1. 传感器的定义

扫一扫查看
传感器的定义及组成

顾名思义，传感器是一种传递感觉的器件或装置，它的功能是"感"和"传"，即感受被测信息，并传送出去。我国国家标准将传感器定义为：能感受规定的被测量并按照一定的规律将其转换成可用输出信号的器件或装置，通常由敏感元件和转换元件组成。

此处的可用输出信号是指便于加工处理、便于传输利用的信号。当今电信号是最容易处理和传输的信号，因此，可以把传感器狭义地定义为：将非电信号转换为电信号的器件。

传感器的定义包括以下4个方面的内容：

1）传感器是测量装置，能完成某种检测任务。

2）它的输入量是某一被测量，可能是物理量，也可能是化学量、生物量等。

3）它的输出是某种物理量，这种量要便于传输、转换、处理、显示等，可以是气量、光量、电量，目前主要是电量。

4）输出和输入有对应关系，且具有一定的精确度。

2. 传感器的组成

传感器的种类繁多，其工作原理、性能特点和应用领域各不相同，所以结构、组成差异很大。但总的来说，传感器通常由敏感元件、转换元件及信号调理电路组成，有时还加上辅助电源，如图1-1所示。

图1-1　传感器组成框图

敏感元件是指传感器中能直接感受（或响应）被测量的部分。如由不同热膨胀系数制成的双金属片就是温度敏感元件。敏感元件是传感器的核心，也是研究、设计和制作传感器的关键。例如图1-2所示的一种气体压力传感器，图中膜盒2的下半部与壳体1固接，上半部通过连杆与磁芯4相连，磁芯4置于两个电感线圈3中，后者接入信号调理电路5。这里的膜盒就是敏感元件，其外部与大气压力 P_a 相通，内部与被测量压力 P 相通。当 P 变化时，引起膜盒上半部移动，即输出相应的位移量。

图1-2　气体压力传感器
1—壳体；2—膜盒；3—电感线圈；
4—磁芯；5—信号调理电路

转换元件指传感器中能将敏感元件感受（或响应）的被测量转换成适于传输或测量的电信号部分。如触点的闭合与断开转换成电路电流的通和断。在图1-2中，转换元件是电感线圈3，它把输入的位移量转换成电感的变化。

信号调理电路又称转换电路或测量电路，它的作用是将转换元件输出的电信号进行进一步的转换和处理，如放大、滤波、线性化、补偿等，以获得更好的品质特性，便于后续电路实现显示、记录、处理及控制等功能。信号调理电路的类型视传感器的工作原理和转换元件的类型而定，一般有电桥电路、阻抗变换电路、振荡电路等。

需要指出的是，并不是所有的传感器都能明显地区分其组成的各个部分，最简单的传感器由一个敏感元件（兼转换元件）组成，它感受被测量时直接输出电量，如热电偶；有些传感器由敏感元件组成，没有转换电路，如压电式加速度传感器，其中的质量块是敏感元件，压电片（块）是转换元件。有的传感器转换元件不止一个，需要经过若干次的转换。

1.1.2 传感器的分类及命名

1. 传感器的分类

通常，一种传感器可以检测多种参数，一种参数又可以用多种传感器测量，所以传感器的分类方法也很多，目前对传感器尚无一个统一的分类方法，比较常用的有以下几种。

扫一扫查看
传感器的分类及命名

1）按照传感器工作原理的不同，可分电阻式、电感式、电容式、压电式、光电式、热电式、波式和辐射式等传感器。这些类型的传感器大部分是分别基于其各自的物理效应原理命名的，这种分类方法有利于对传感器工作原理的阐述和对传感器的深入研究与分析。

2）按被测量的性质进行分类，有利于准确表达传感器的用途，方便使用者选用。如按被测量的不同，可分为位移、力、力矩、转速、振动、加速度、温度、压力、流量、流速等传感器。

为更加直观、清晰地表述各类传感器的用途，将种类繁多的被测量分为基本被测量和派生被测量，见表 1-1。对于各派生被测量的测量也可通过对基本被测量的测量来实现。

表 1-1　基本被测量和派生被测量

基本被测量		派生被测量
位移	线位移	长度、厚度、应变、振幅等
	角位移	旋转角、偏转角、角振幅等
速度	线速度	速度、流量、动量等
	角速度	转速、角振动等
加速度	线加速度	振动、冲击、质量等
	角加速度	角振动、转矩、转动惯量等
力	压力	重量、应力、力矩等
时间	频率	周期、计数
光		光通量与密度、光谱分布
温度		热熔
湿度		水汽、含水量、露点
浓度		汽（液）体成分、黏度

3）按传感器转换能量供给形式可分为能量变换型（发电型）和能量控制型（参量型）两种。能量变换型传感器在进行信号转换时不需另外提供能量，就可将输入信号能量变换为另一种形式能量输出，例如热电偶传感器、压电式传感器等。能量控制型传感器

工作时必须有外加电源，例如电阻、电感、电容、霍尔式传感器等。

4）按传感器工作机理可分为结构型传感器和物性型传感器。

结构型传感器是指被测量变化时引起了传感器结构发生改变，从而引起输出电量变化。例如电容压力传感器就属于这种传感器，外加压力变化时，电容极板发生位移，结构改变引起电容值变化，输出电压也发生变化。

物性型传感器是利用物质的物理或化学特性随被测参数变化的原理构成，一般没有可动结构部分。例如，热电偶传感器就是利用金属导体材料的温差电动势效应和不同金属导体间的接触电动势效应实现对温度的测量的；而利用压电晶体制成的压力传感器则是利用压电材料本身所具有的压电效应实现对压力的测量。这类传感器的"敏感元件"就是材料本身，无所谓"结构变化"，因此，通常具有响应速度快的特点，而且易于实现小型化、集成化和智能化。

2. 传感器的命名

根据国家标准《传感器命名法及代码》（GB/T 7666—2005）规定，一种传感器产品的全称由"主题词+四级修饰语"构成。

1）主题词——传感器；

2）一级修饰语——被测量，包括修饰被测量的定语；

3）二级修饰语——转换原理，一般可后缀以"式"字；

4）三级修饰语——特征描述，指必须强调的传感器结构、性能、材料特征、敏感元件及其他必要的性能特征，一般可后缀以"型"字；

5）四级修饰语——主要技术指标（如量程、精度、灵敏度等）。

国家标准 GB/T 7666—2005 规定，一种传感器的代号应包括以下四部分，如图 1-3 所示。

1）主称——传感器，代号 C；

2）被测量——用一个或两个汉语拼音的第一个大写字母标记；

3）转换原理——用一个或两个汉语拼音的第一个大写字母标记；

4）序号——用一个阿拉伯数字标记，厂家自定，用来表征产品设计特性、性能参数、产品系列等。

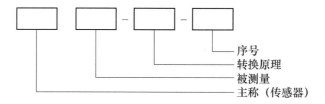

图 1-3　传感器代号表述格式

例如 CWY—YB—10 传感器，C 为传感器主称，WY 说明被测量是位移；YB 说明转换原理是应变式，10 为传感器序号。

1.1.3　传感器的特性

传感器的特性一般是指输出与输入之间的关系，可用数学函数、坐标曲线、图表等方式表示。根据被测量状态的不同，传感器的特性

扫一扫查看
传感器的特性

可分为静态特性和动态特性。静态特性是指当输入量为常量或变化极慢时，即被测量处于稳定状态时的输入、输出关系。动态特性是指输入量随时间快速变化（如机械振动）时，传感器的输入、输出关系。

由于动态特性的研究方法与控制理论中介绍的研究方法相似，本书不再重复介绍，这里仅介绍传感器静态特性的一些指标。

1. 测量范围与量程

每种传感器都有其测量范围，是由该传感器组成的测量系统（或测量仪表）按规定的精度测量被测量，所能测量出的最大值称为测量上限值，用 x_{max} 表示，所能测量出的最小值称为测量下限值，用 x_{min} 表示，测量下限值与测量上限值之间的范围称为测量范围。

传感器的量程可用测量范围的大小来表示，即量程就是传感器测量上限值与测量下限值的代数差。

测量下限值 x_{min} 与测量上限值 x_{max} 对应的输出值分别为输出下限值 y_{min} 和输出上限值 y_{max}，则满量程输出值记为

$$y_{FS} = y_{max} - y_{min} \tag{1-1}$$

2. 线性度

传感器的线性度是指传感器的输出与输入之间关系的线性程度。输出与输入关系可分为线性特性和非线性特性。从传感器的性能看，希望具有线性关系，即具有理想的输入输出关系。但实际遇到的传感器大多为非线性，如果不考虑迟滞和蠕变等因素，传感器的输出与输入关系可用一个多项式表示

$$y = a_0 + a_1 x + a_2 x^2 + \cdots + a_n x^n \tag{1-2}$$

式中，a_0 为输入量 x 为 0 时的输出量；a_1，a_2，$\cdots$，a_n 为非线性项系数。各项系数不同，决定了特性曲线的具体形式各不相同。

静态特性曲线可通过实际测试获得。在实际使用中，为了标定和数据处理的方便，希望得到线性关系，因此引入各种非线性补偿环节。如采用非线性补偿电路或计算机软件进行线性化处理，从而使传感器的输出与输入关系为线性或接近线性。但如果传感器非线性的程度不高，输入量变化范围较小时，可用一条直线（切线或割线）近似地代表实际曲线的一段，使传感器输出、输入特性线性化。所采用的直线称为拟合直线。实际特性曲线与拟合直线之间的偏差称为传感器的非线性误差（或线性度），通常用相对误差 γ_L 表示，即

$$\gamma_L = \pm \frac{\Delta L_{max}}{y_{FS}} \times 100\% \tag{1-3}$$

式中，ΔL_{max} 为非线性绝对误差；y_{FS} 为满量程输出。

由此可见，非线性误差的大小是以一定的拟合直线为基准直线而得出的。拟合直线不同，非线性误差也不同。所以，选择拟合直线的主要出发点，应是获得最小的非线性误差。另外，还应考虑使用是否方便，计算是否简便。图 1-4 所示是常用的几种直线拟合方法。

1）理论拟合：拟合直线为传感器的理论特性，与实际测试值无关，如图 1-4（a）所示。

2）过零旋转拟合：常用于校正曲线过零的传感器，如图 1-4（b）所示。

3）端点连线拟合：把校正曲线两端点的连线作为拟合直线，如图 1-4（c）所示。

4）端点平移拟合：是在端点连线拟合的基础上使直线平移，移动距离为原先 ΔL_{max} 的 1/2。这样，校正曲线分布于拟合直线的两侧，与端点连线拟合相比，非线性误差减小 1/2，提高了精度，如图 1-4（d）所示。

从图 1-4 中可以看出，即使是同类传感器，拟合直线不同，其线性度也是不同的。选取拟合直线的方法很多，用最小二乘法求取的拟合直线的拟合精度最高。

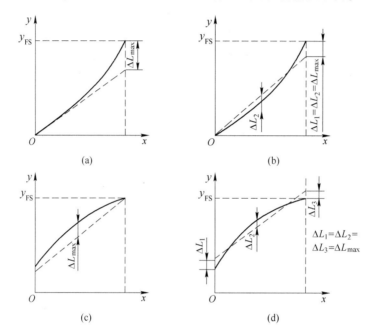

图 1-4 几种直线拟合方法

（a）理论拟合；（b）过零旋转拟合；（c）端点连线拟合；（d）端点平移拟合

3. 灵敏度

灵敏度 S 是指传感器的输出量增量 Δy 与引起输出量变化的相应输入量增量 Δx 的比值，即

$$S = \frac{\Delta y}{\Delta x} \qquad (1-4)$$

对于线性传感器，它的灵敏度就是它的静态特性的斜率，即 $S = \Delta y/\Delta x$ 为常数；而非线性传感器的灵敏度为一变量，用 $S = \mathrm{d}y/\mathrm{d}x$ 表示，它实际上就是输入特性曲线上某点的斜率，且灵敏度随着输入量的变化而变化。非线性传感器的灵敏度如图 1-5 所示。

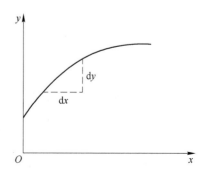

4. 分辨力与阈值

传感器的分辨力是指在规定测量范围内可能检

图 1-5 非线性传感器的灵敏度

测出的被测量的最小变化量,是传感器可能感受到的被测量的最小变化的能力。也就是说,如果传感器的输入量从某一非零值缓慢地变化,在输入量的变化值未超过某一值时,传感器的输出不会发生变化,只有超过某一数值后才显示有变化,这个输入增量称为传感器的分辨力。有时候该值相对满量程输入值的百分比表示,则称为分辨率。

如果传感器的输入量从零值开始缓慢地增加时,在达到某一最小值后才能测出输出变化,这个最小值就是传感器的阈值。

当被测量的变化小于分辨力时,传感器对输入量的变化无任何反应。对数字仪表而言,如果没有其他附加说明,一般可以认为该表的最后一位所表示的数值就是它的分辨力。一般地说,分辨力的数值小于仪表的最大绝对误差。

阈值表征传感器的最小可测出的输入量;分辨力表征传感器的最小可测出的输入变化量。

5. 迟滞

在传感器内部,由于某些元器件具有储能效应,如弹性形变、磁滞现象、极化效应等,使得被测量逐渐增加和逐渐减少时,测量得到的上升曲线和下降曲线出现不重合的现象,使传感器特性曲线形成环状,这种现象称为迟滞,如图 1-6 所示。也就是说,对于同一大小的输入信号,传感器的正反行程输出信号大小不相等。迟滞大小通常由实验确定。

迟滞误差 γ_{H} 以正、反向输出量的最大偏差与满量程输出之比的百分数表示,即

$$\gamma_{\mathrm{H}} = \pm \frac{\Delta H_{\max}}{y_{\mathrm{FS}}} \times 100\% \tag{1-5}$$

式中,$\Delta H_{\max}$ 为正、反行程间输出的最大误差。

6. 重复性

重复性是指传感器在输入量按同一方向作全量程连续多次变动时所得特性曲线间不一致的程度。各条特性曲线越靠近,说明重复性就越好。图 1-7 所示为输出特性曲线的重复特性,正行程的最大重复性偏差为 $\Delta R_{\max 1}$,反行程的最大重复性偏差为 $\Delta R_{\max 2}$。重复性偏差取这两个最大偏差中之较大者为 $\Delta R_{\max}$,再以满量程输出的百分数表示,这就是重复误差,即

$$\gamma_{\mathrm{R}} = \pm \frac{\Delta R_{\max}}{y_{\mathrm{FS}}} \times 100\% \tag{1-6}$$

图 1-6　传感器迟滞特性

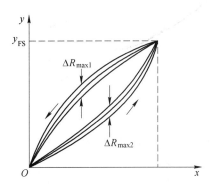

图 1-7　传感器重复性

7. 稳定性和环境影响量

稳定性包括稳定度和环境影响量两方面。稳定度是指传感器在所有条件均不变情况下，能在规定的时间内维持其示值不变的能力。稳定度以示值的变化量与时间长短的比值来表示。例如，某传感器中仪表输出电压在 4h 内的最大变化量为 1.2mV，则用1.2mV/4h表示稳定度。

环境影响量是指由于外界环境变化而引起的示值的变化量。示值变化由两个因素组成：零点漂移和灵敏度漂移。零点漂移是指在受外界环境影响后，已调零的仪表输入为零时输出不再为零。零点漂移的现象在测量前是可以发现的，应重新调零，但在不间断测量过程中，零点漂移是附加在读数上的，因而很难发现。

1.1.4　传感器的发展趋势

传感器技术近年来发展迅速，主要特点及发展趋势表现在以下几个方面。

1. 发现利用新效应、新材料、新技术，开发新型传感器

利用物理、化学和生物效应是各种传感器工作的基本原理，所以发现新现象与新效应是发展传感器技术的重要工作，是研制新型传感器的理论基础，其意义极为深远。例如，日本利用超导技术研制成功高温超导磁性传感器，是传感器技术的重大突破，其灵敏度高，仅次于超导量子干涉器件。但它的制造工艺远比超导量子干涉器件简单，可用于磁成像技术，具有广泛的推广价值。

传感器材料是传感器技术发展的物质基础，随着材料科学的快速发展，人们可根据实际需要，控制传感器材料的某些成分或含量，从而设计制造出用于各种传感器的新的功能材料。例如，用高分子聚合物薄膜制成温度传感器，用光导纤维制成压力、流量、温度、位移等多种传感器，用陶瓷制成压力传感器，用半导体氧化物制成各种气体传感器等。这些新材料的应用，极大地提高了各类传感器的性能，促进了传感器技术的发展。

随着微电子技术、计算机技术、精密机械技术、特种加工技术、集成技术、生物技术等高新技术的迅猛发展，传感器技术进入了一个更为广阔的发展空间。高新技术成果的采用，成为传感器技术发展的技术基础和强大推动力。

2. 传感器逐渐向低功耗、微型化、集成和多功能化方向发展

目前各种测控仪器设备的功能越来越强大，同时各个部件的体积却越来越小，这就要求传感器自身的体积也要小型化、微型化。现在一些微型传感器，其敏感元件采用光刻、腐蚀、沉积等加工工艺制作而成，尺寸可以达到微米级。此外，由于传感器工作时大多离不开电源，在野外或远离电网的地方，往往是用电池或太阳能等供电，因此开发微功耗的传感器及无源传感器就具有重要的实际意义，这样不仅可以节省能源，又可以提高系统的工作寿命。

传感器的集成化是指将信息提取、放大、变换、传输以及信息处理、存储等功能都制作在同一基片上，实现一体化。与一般传感器相比，它具有体积小、反应快、抗干扰、稳定性好及成本低等优点。目前随着半导体集成技术与厚、薄膜技术的不断发展，传感器的

集成化已成为传感器技术发展的一种趋势。

传感器的多功能化是与"集成化"相对应的一个概念，是指传感器能感知与转换两种以上不同的物理量，例如，使用特殊的陶瓷材料把温度和湿度敏感元件集成在一起，制成温湿度传感器；将检测几种不同气体的敏感元件用厚膜制造工艺制作在同一基片上，制成检测氧、氨、乙醇、乙烯等气体的多功能传感器等。利用多种物理、化学及生物效应使传感器多功能化，已日益成为当今传感器发展的方向。

3. 开发智能化、数字化与网络化的新型传感器

利用计算机及微处理技术使传感器智能化是 20 世纪 80 年代以来传感器技术的一大飞跃。智能传感器是一种带有微处理器的传感器，与一般传感器相比它不仅具有信息提取、转换等功能，而且还具有数据处理、双向通信、信息记忆存储、自动补偿及数字输出等功能。随着人工神经网络、人工智能和信息处理技术（如多传感器信息融合技术、模糊理论等）的进一步发展，智能传感器将具有更高级的分析、决策及自学功能，可完成更复杂的检测任务。

此外，目前传感器的功能已突破传统的界限，其输出不再是单一的模拟信号，而是经过微处理器处理过的数字信号，有的甚至带有控制功能，这就是所谓的数字传感器。数字传感器有以下特点：一是将模拟信号转换成数字信号输出，提高了传感器的抗干扰能力，特别适用于电磁干扰强、信号传输距离远的工作现场；二是可通过软件对传感器进行线性修正及性能补偿，减少了系统误差；三是一致性与互换性好。

可以预见，随着计算机和微处理技术的不断发展，智能化、数字化传感器一定会迎来更为广阔的发展前景。

传感器的网络化是传感器领域近些年发展起来的一项新兴技术，它利用 TCP/IP 协议，使现场测量数据就近通过网络与网络上有通信能力的节点直接进行通信，实现了数据的实时发布和共享。由于传感器自动化、智能化水平的提高，多台传感器联网已推广应用，虚拟仪器、三维多媒体等新技术已开始实用化。传感器网络化的目标就是采用标准的网络协议，同时采用模块化结构将传感器和网络技术有机地结合起来，实现信息交流和技术维护。

1.1.5　传感器的选用

由于传感器技术的研究和发展非常迅速，各种各样的传感器应运而生，这对选用传感器带来了很大的灵活性。根据前面的介绍，对于同种被测物理量，可以用各种不同的传感器测量，为了选择适合于测定目的的传感器，有必要讨论一下如何选择传感器，并定出几条选用传感器的准则。

扫一扫查看
传感器的选用

虽然在传感器选择时应考虑的事项很多，但不必一一加以考虑，可以根据传感器的使用目的、指标、环境条件和成本等限制条件，按不同的侧重点优先考虑几个重要的条件就可以了。例如，测量某一对象的温度适应性，要求适应 $0 \sim 150 ℃$ 温度范围，测量精度为 $\pm 1 ℃$，且要多点测量，那么选用何种温度传感器呢？能胜任这一要求的温度传感器有：各种热电偶、热敏电阻、半导体 PN 结温度传感器等，它们都能满足测量范围、精度等条件。在这种情况下，则应侧重考虑成本、测量电路和相配设备等因素，相比之下选用半导

体 PN 结温度传感器最为恰当。倘若上述测量范围为 0~400℃，其他条件不变，此时只能选用热电偶中的镍-康铜或铁-康铜等热电偶。又如，需要长时间连续使用传感器时，就必须重点考虑那些长期稳定性好的传感器；对化学分析等时间比较短的测量过程，则需要考虑灵敏度和动态特性均好的传感器。总之，选择使用传感器时，应根据几项基本标准，具体情况具体分析，选择性能价格比高的传感器。选择传感器时应从如下几个方面考虑。

1）与测量条件有关的因素：测量的目的、被测试量的选择、测量范围、输入信号的幅值、频带宽度、精度要求、测量所需要的时间。

2）与传感器有关的技术指标：精度、稳定度、响应特性、模拟量与数字量、输出幅值、对被测物体产生的负载效应、校正周期、超标准过大的输入信号保护。

3）与使用环境条件有关的因素：安装现场的条件及情况，环境条件（湿度、温度、振动等），信号传输距离，所需现场提供的功率容量。

4）与购买和维修有关的因素：价格、零配件的储备、服务与维修制度、交货日期。

以上是选择传感器时主要应考虑的因素。为了提高测量精度，应注意平常使用时的显示值应在满量程的 50% 左右来选择测量范围或刻度范围。选择传感器的响应速度，目的是适应输入信号的频带宽度，从而得到高信噪比、高精度的传感器。此外，还要合理选择使用现场条件，注意安装方法，了解传感器的安装尺寸和重量等，还要注意从传感器的工作原理出发，联系被测对象中可能会产生的负载效应问题，从而选择最合适的传感器。

任务实施

1）观察日常生活中用到的传感器，举例说明它们的作用。

日常生活中，随处可见各种各样的传感器。例如，家用电冰箱中温度控制用的温度传感器。当电冰箱运行时，由温度传感器组成的温控器按所设定的电冰箱温度自动接通和断开电路，控制制冷压缩机的关与停。当给电冰箱加热除霜时，由温度传感器组成的除霜温控器将会在除霜加热器达到一定温度时，自动断开电冰箱的电源，停止除霜加热。热敏电阻检测到的电冰箱内的温度将由温度显示器显示出来。

2）通过网络搜索，收集各类信息，如通过搜索传感器的图片，了解传感器的外形、特点及应用，将传感器的信息填入表 1-2。

表 1-2　传感器信息

传感器名称	外形	特点	应用	其他

任务 1.2　了解检测技术基础知识

任务目标

1）了解检测系统的组成。

2）理解测量的概念及常用的测量方法。

3）理解测量误差的概念，掌握测量误差的分类。

4）掌握测量数据的处理方法。

任务描述

通过学习检测技术基础知识，完成如下任务：从现有 0.5 级的 0~300℃ 的和 1.0 级的 0~100℃ 的两种带数字显示的温度传感器中选择一个温度传感器，实时检测一个高温箱的温度，待测量的温度约为 80℃。

相关知识

1.2.1　检测系统的组成

1. 检测的概念

检测就是人们借助于仪器、设备，利用各种物理效应，采用一定的方法，将被测量的有关信息通过检查与测量获取定性或定量信息的过程。这些仪器和设备的核心部件就是传感器。检测包含检查与测量两个方面，检查往往是获取定性信息，而测量则是获取定量信息。

检测技术是以研究检测系统中的信息提取、信息转换以及信息处理的理论与技术为主要内容的一门应用技术学科。检测技术主要研究被测量的测量原理、测量方法、检测系统和数据处理等方面的内容。

2. 检测系统

一个完整的检测系统，首先应获得被测量的信息，并通过信号变换电路把被测量的信号变换为电量，然后进行一系列的处理，再用指示仪或显示仪将信息输出，或由计算机对数据进行处理等。检测系统的组成如图 1-8 所示。

图 1-8　检测系统组成框图

传感器作为检测系统的第一环节，它将完成检测过程中信息的采集。一般需要将被测信息转换成电信号，也就是说，把被测信号转换成电压、电流或电路参数（电阻、电感、电容）等电信号输出。例如，将机械位移转换为电阻、电容或电感等电参数的变化；又如，将振动或声音转换成电压或电荷的变化。

信号变换装置是对传感器所送出的信号进行加工，如将电阻抗变为电压或电流、对信号进行放大等。为了用传感器输出的信号进一步推动显示、记录仪器和控制器，或将此信号输入计算机进行信号的分析和处理，需对传感器输出的信号作进一步变换。信号变换的具体内容很多，如用电桥将电路参量（如电阻、电容、电感）转换为可供传输、处理、显示和记录的电压或电流信号；利用滤波电路抑制噪声，选出有用信号；对在传感器及后续各环节中出现的一些误差作必要的补偿和校正；信号送入计算机以前需经模-数转换及在计算机处理后送出时需经数-模转换等。经过这样的加工使传感器输出的信号变为符合需要、便于传输、便于显示或记录和可进一步处理的信号。

显示记录装置将所测信号变为一种能为人们所理解的形式，以供人们观测和分析。

数据处理装置用来对被测结果进行处理、运算、分析，对动态测试结果作频谱分析、能量谱分析等，完成这些工作必须用计算机技术。在自动控制系统中，经信号处理电路输出的与被测量对应的电压或电流信号还可以驱动某些执行机构动作，为自动控制系统提供控制信号。

上述检测系统各组成部分都是"功能块"的含义，在实际工作中，这些功能块所表达的具体装置或仪器的伸缩性是很大的，例如信号变换部分可以是由很多仪器组成的一个完成特定功能的复杂群体，也可以简单到一个变换电路，甚至可能仅是一根导线。

检测系统在一定程度上是人类感官的某种延伸，但它能获得比人的感官更客观、更准确的量值，具有更宽广的量程，反应更为迅速。不仅如此，检测系统通过对所测结果的处理和分析，把最能反映研究对象本质的特征量提取出来并加以处理，这就不仅是单纯的感官的延伸，而且具有了选择、加工、处理以及判断的能力，也可以认为是一种智能的复制和延长。

1.2.2　测量

1. 测量的概念

扫一扫查看
测量方法

测量是人们借助专门的技术和设备，通过实验的方法，把被测量与单位标准量进行比较，以确定出被测量是标准量的多少倍数的过程，所得的倍数就是测量值。测量结果可用一定的数值表示，也可以用一条曲线或某种图形表示。但无论其表现形式如何，测量结果应包括两部分：比值和测量单位。测量过程的核心就是比较。

2. 测量方法

测量方法对检测系统是十分重要的，它直接关系到检测任务是否能够顺利完成。因此需针对不同的检测目的和具体情况进行分析，然后找出切实可行的测量方法，再根据测量方法选择合适的检测技术工具，组成一个完整的检测系统，进行实际测量。

对于测量方法，从不同的角度出发，可有不同的分类方法。

根据测量手段不同分为直接测量、间接测量和组合测量；根据测量方式不同分为偏差式测量、零位式测量和微差式测量；根据测量的精度要求不同分为等精度测量和非等精度测量；根据被测量变化情况不同分为静态测量和动态测量；根据敏感元件是否与被测介质接触可分为接触测量和非接触测量等。

（1）直接测量、间接测量和组合测量

1）直接测量。在使用仪表进行测量时，对仪表读数不需要经过任何运算，就能直接表示测量所需要的结果，称为直接测量。例如，用磁电式电流表测量电路的电流，用弹簧管式压力表测量锅炉的压力等就是直接测量。直接测量的优点是测量过程简单而迅速，缺点是不容易达到很高的测量精度，这种测量方法在工程上被广泛采用。

2）间接测量。有的被测量无法或不便于直接测量，这就要求在使用仪表进行测量时，首先对与被测物理量有确定函数关系的几个量进行测量，然后将测量值代入函数关系式，经过计算得到所需的结果，这种方法称为间接测量。例如，要测量某长方体的密度 ρ，其单位为 kg/m^3，显然无法直接获得具有这种单位的量值，但是可以先测出长方体的长、宽和高，即 a、b、c（单位为 m）及其质量 m（单位为 kg），然后根据 $\rho = m/(abc)$ 求得密度。

间接测量比直接测量所需要测量的量要多，而且计算过程复杂，引起误差的因素也较多，但如果对误差进行分析并选择和确定优化的测量方法，在比较理想的条件下进行间接测量，测量结果的精度不一定低，有时还可得到较高的测量精度。间接测量一般用于不方便直接测量或者缺乏直接测量手段的场合。

3）组合测量。在应用仪表进行测量时，若被测物理量必须经过求解联立方程组才能得到最后结果，则称这样的测量为组合测量（又称联立测量）。在进行组合测量时，一般需要改变测试条件，才能获得一组联立方程所需要的数据。

组合测量是一种特殊的精密测量方法，操作手续较复杂，花费时间长，一般适用于科学实验或特殊场合。

（2）偏差式测量、零位式测量与微差式测量

用仪表指针的位移（即偏差）决定被测量的量值，这种测量方法称为偏差式测量。应用偏差式测量时，仪表刻度事先用标准器具标定。在测量时输入被测量，按照仪表指针标识在标尺上的示值决定被测量的数值。这种方法测量过程比较简单、迅速，但测量结果精度较低。

零位式测量是用指零仪表的零位指示检测测量系统的平衡状态，在测量系统平衡时，用已知的标准量决定被测量的量值的测量方法。应用这种测量方法进行测量时，已知标准量直接与被测量相比较，已知量应连续可调，指零仪表指零时，被测量与已知标准量相等。例如天平、电位差计等。零位式测量的优点是可以获得比较高的测量精度，但测量过程比较复杂，测量时要进行平衡操作，耗时较长，不适用于测量快速变化的信号。

微差式测量是综合了偏差式测量与零位式测量的优点而提出的一种测量方法。它将被测量与已知的标准量相比较，取得差值后，再用偏差法测得此差值。这种方法的优点是反应快，而且测量精度高，特别适用于在线控制参数的测量。

（3）等精度测量与非等精度测量

在整个测量过程中，若影响和决定测量精度的全部因素（条件）始终保持不变，如由同一个测量者，用同一台仪器，采用同样的方法，在同样的环境条件下对同一被测量进行多次重复测量，称为等精度测量。在实际中，很难做到这些因素（条件）全部始终保持不变，所以一般情况下只是近似地认为是等精度测量。用不同精度的仪表或不同的测量方法，或在环境条件相差很大的情况下对同一被测量进行多次重复测量称为非等精度测量。

（4）静态测量与动态测量

被测量在测量过程中认为是固定不变的，这种测量称为静态测量。静态测量不需要考虑时间因素对测量的影响。若被测量在测量过程中是随时间不断变化的，这种测量

称为动态测量。在实际测量过程中，需要根据测量任务的具体情况，决定选用哪种测量方法。

1.2.3　测量误差及分类

1. 测量误差

扫一扫查看
测量误差及分类

测量的目的是希望通过测量获取被测量的真实值。但在实际测量过程中，由于种种原因，例如，传感器本身性能不理想、测量方法不完善、受外界干扰影响及人为的疏忽等都会造成被测参数的测量值与真实值不一致，两者不一致程度用测量误差表示。

测量误差就是测量值与真实值之间的差值，它反映了测量的精度。测量误差可用绝对误差表示，也可用相对误差表示。

2. 误差的表示方法

（1）绝对误差

绝对误差是指测量值与真值之间的差值，它反映了测量值偏离真值的多少，即

$$\Delta = A_x - A_0 \tag{1-7}$$

式中，A_0 为被测量真值，A_x 为被测量的测量值。

由于真值的不可知性，在实际应用时，常用以下三种真值代替。

1）理论真值：由理论推导出来的真值，如三角形内角和为 $180°$。

2）约定真值：按照国际公认的单位定义的真值，如在标准条件下，水的冰点和沸点分别为 $0℃$ 和 $100℃$。

3）相对真值（实际真值）：即用被测量多次测量的平均值或上一级标准仪器测得的示值作为实际真值。相对真值在误差测量中的应用最为广泛。

（2）相对误差

相对误差能够反映测量值偏离真值的程度，用相对误差通常比其绝对误差能更好地说明不同测量的精确程度，相对误差越小，准确度越高。它有以下三种常用形式：

1）实际相对误差。实际相对误差是指绝对误差 Δ 与被测量真值 A_0 的百分比，用 γ_A 表示，即

$$\gamma_A = \frac{\Delta}{A_0} \times 100\% \tag{1-8}$$

2）示值（标称）相对误差。示值相对误差是指绝对误差 Δ 与被测量实际值 A_x 的百分比，用 γ_x 表示，即

$$\gamma_x = \frac{\Delta}{A_x} \times 100\% \tag{1-9}$$

3）引用（满度）相对误差。引用相对误差是指绝对误差 Δ 与仪表满度值 A_m 的百分比，用 γ_m 表示，即

$$\gamma_m = \frac{\Delta}{A_m} \times 100\% \tag{1-10}$$

仪表的满度值 A_m 也称量程，等于测量上限减去测量下限，如某温度计的测量范围是

$-50 \sim 150℃$，其量程为 $150℃-(-50)℃=200℃$。

上式中，当 Δ 取最大值 Δ_m 时，其满度相对误差常被用来确定仪表的准确度等级 S，即

$$S = \frac{|\Delta_m|}{A_m} \times 100\% \tag{1-11}$$

根据准确度等级 S 及量程范围，可以推算出该仪表可能出现的最大绝对误差 Δ_m。准确度等级 S 规定取一系列标准值。我国模拟仪表有下列 7 种等级：0.1、0.2、0.5、1.0、1.5、2.5、5.0。它们分别表示对应仪表的满度相对误差所不应超过的百分比。从仪表面板上的标志可以判断出仪表的等级。仪表在正常工作条件下使用时，各等级仪表的基本误差不超过表 1-3 所规定的值。

表 1-3　仪表的准确度等级和基本误差

等级	0.1	0.2	0.5	1.0	1.5	2.5	5.0
基本误差	±0.1%	±0.2%	±0.5%	±1.0%	±1.5%	±2.5%	±5.0%

仪表的准确度习惯上称为精度，准确度等级习惯上称为精度等级。等级的数值越小，仪表的精度就越高。根据仪表的等级可以确定测量的满度相对误差和最大绝对误差。例如，在正常情况下，用 0.5 级、量程为 100℃ 温度表来测量温度时，可能产生的最大绝对误差为

$$\Delta_m = (\pm 0.5\%) \times A_m = \pm 0.5\% \times 100℃ = \pm 0.5℃$$

在正常工作条件下，可以认为仪表的最大绝对误差是不变的，而示值相对误差 γ_x 随示值的减小而增大。

例如用上述温度表来测量 80℃ 温度时，相对误差

$$\gamma_x = \frac{\Delta}{A_x} \times 100\% = \frac{\pm 0.5}{80} \times 100\% = \pm 0.525\%$$

用它来测量 10℃ 温度时，相对误差为

$$\gamma_x = \frac{\Delta}{A_x} \times 100\% = \frac{\pm 0.5}{10} \times 100\% = \pm 5\%$$

【例 1-1】　某压力表精度为 2.5 级，量程为 $0 \sim 1.5$MPa，测量结果显示为 0.70MPa，试求：

1）可能出现的最大满度相对误差 γ_m；

2）可能出现的最大绝对误差 Δ_m；

3）可能出现的最大示值相对误差 γ_x。

解：1）可能出现的最大满度相对误差可以从精度等级直接得到，即 $\gamma_m = 2.5\%$。

2）可能出现的最大绝对误差 Δ_m 为

$$\Delta_m = \gamma_m \times A_m = 2.5\% \times 1.5\text{MPa} = 37.5\text{kPa}$$

3）可能出现的最大示值相对误差 γ_x。

$$\gamma_x = \frac{\Delta_m}{A_x} \times 100\% = \frac{0.0375}{0.70} \times 100\% = 5.36\%$$

由上例可知，γ_x 总是大于（满度时等于）γ_m。

3. 测量误差的分类

（1）按误差表现的规律划分

根据测量数据中的误差所呈现的规律，将误差分为三种，即系统误差、随机误差和粗大误差。这种分类方法便于测量数据的处理。

1）系统误差。系统误差也称装置误差，它反映了测量值偏离真值的程度。凡误差的数值固定或按一定规律变化者，均属于系统误差。按其表现的特点，可分为恒值误差和变值误差两大类。恒值误差在整个测量过程中，其数值和符号都保持不变。例如，由于刻度盘分度差错或刻度盘移动而使仪表刻度产生误差，皆属此类。大部分系统误差属于变值误差，例如，环境温度波动使电源的电压下降、电子元器件老化、机械零件变形移位、仪表零点漂移等。

系统误差是有规律性的，因此可以通过实验的方法或引入修正值的方法计算修正，也可以重新调整测量仪表的有关部件予以消除。

2）随机误差。对同一被测量进行多次重复测量时，若误差的大小随机变化、不可预知，这种误差称为随机误差。随机误差是测量过程中许多独立的、微小的、偶然的因素引起的综合结果。

对随机误差的某个单值来说，是没有规律、不可预料的，但从多次测量的总体上看，随机误差又服从一定的统计规律，大多数服从正态分布规律。因此可以用概率论和数理统计的方法，从理论上估计其对测量结果的影响。

3）粗大误差。明显偏离真值的误差称为粗大误差，也叫过失误差。粗大误差主要是由于测量人员的粗心大意及电子测量仪器受到突然而强大的干扰所引起的。如测错、读错、记错、尖峰干扰等造成的误差。就数值大小而言，粗大误差明显超过正常条件下的误差。当发现粗大误差时，应予以剔除。

（2）按被测量与时间关系划分

按被测量与时间关系，将误差划分为静态误差和动态误差。

1）静态误差。在被测量不随时间变化时所产生的误差称为静态误差。前面讨论的误差多属于静态误差。

2）动态误差。当被测量随时间迅速变化时，系统的输出在时间上不能与被测量的变化精确吻合，这种误差称为动态误差。例如，将水银温度计插入 100℃ 沸水中，水银柱不可能立即上升到 100℃。如果此时就记录读数，必然产生误差。

引起动态误差的原因很多。例如，用笔式记录仪记录心电图时，由于记录笔有一定的惯性，所以记录的结果在时间上滞后于心电的变化，有可能记录不到特别尖锐的窄脉冲。又如，用放大器放大含有大量高次谐波的周期信号（例如很窄的矩形波）时，由于放大器的频响及电压上升率不够，故造成高频段的放大倍数小于低频段，最后在示波器上看到的波形失真很大，产生误差。

此外，按测量仪表的使用条件分类，可将误差分为基本误差和附加误差；按测量方法和手段不同，误差可分为工具误差和方法误差等。

1.2.4　测量数据的处理

测量数据处理是对测量所获得的一系列数据进行深入的分析，找出变量之间相互制约、相互联系的依存关系，有时还需要用数学解析的方法，推导出各变量之间的函数关系。只有经过科学的处理，才能获得反映被测对象的物理状态和特性的信息。

测量数据总是存在误差的，而误差又可能由各种因素产生，如系统误差、随机误差、粗大误差等，显然一次测量是无法判别误差的统计特性，只有通过足够多次的重复测量，才能由测量数据的统计分析获得误差的统计特性。

而实际的测量是有限次的，因而测量数据只能用样本的统计量作为测量数据总体特征量的估计值。测量数据处理的任务就是求得测量数据的样本统计量，以得到一个既接近真值又可信的估计值以及它偏离真值程度的估计。

误差分析的理论大多基于测量数据的正态分布，而实际测量由于受各种因素的影响，使得测量数据的分布情况复杂。因此，测量数据必须消除系统误差和剔除粗大误差后，才能作进一步处理，以得到可信的结果。

1. 随机误差的分析与处理

（1）随机误差的原因和特性

随机误差就单次测量而言是无规律的，其大小、方向不可预知。但当测量次数足够多时，随机误差的总体服从数理统计规律。

随机误差是由很多暂时未能掌握或不便掌握的因素所构成，主要有以下几个方面。

1）测量装置方面的因素：零部件配合的不稳定性、零部件的变形、零件表面油膜不均匀、摩擦、电路参数的不稳定等。

2）测量环境方面的因素：温度的微小波动、湿度与气压的微量变化、光照强度变化、供电电压波动及电磁场变化等。

3）测量人员方面的因素：瞄准、读数的不稳定等。

具有正态分布的随机误差如图 1-9 所示，它具有以下四个特征：

①对称性。绝对值相等的正、负误差出现的机会大致相等。

②单峰性。绝对值越小的误差在测量中出现的概率越大。

③有界性。在一定的测量条件下，随机误差的绝对值不会超过一定的界限。

④抵偿性。在相同的测量条件下，当测量次数增加时，随机误差的算术平均值趋向于零。

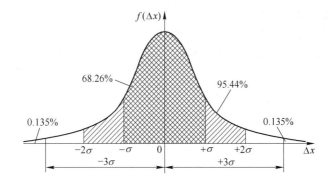

图 1-9　随机误差的正态分布曲线

（2）评价随机误差的指标

随机误差是按正态分布规律出现的，具有统计意义，通常以测量数据的算术平均值 $\bar{x}$ 和均方根误差 σ 作为评价指标。

1）算术平均值。在实际测量时，真值 A 一般无法得到。所以只能从一系列测量值 x_i 找一个接近真值 A 的数值作为测量结果，这个值就是算术平均值 $\bar{x}$。因为如果随机误差服从正态分布，则算术平均值处随机误差的概率密度最大，如对被测量进行 n 次等精度测量，得到 n 个测量值 x_1，x_2，$\cdots$，x_n，它们的算术平均值为

$$\bar{x} = \frac{1}{n}(x_1 + x_2 + \cdots + x_n) = \frac{1}{n}\sum_{i=1}^{n} x_i \tag{1-12}$$

可以证明，随着测量次数 n 的增多，算术平均值 $\bar{x}$ 越来越接近真值 A，当 n 无限大时，测量的算术平均值就是真值，所以在各测量值中算术平均值 $\bar{x}$ 是最可信赖的，将它作为被测量实际的真值（即最佳估计值）是可靠而且合理的。

2）标准误差（又称均方根误差）。上述的算术平均值是反映随机误差的分布中心，而标准误差则反映随机误差的分布范围。标准误差越大，测量数据的分散范围也越大，所以标准误差 σ 可以描述测量数据和测量结果的精度，是评价随机误差的重要指标。图 1-10 为三种不同 σ 的正态分布曲线。由图可见：σ 越小，分布曲线越陡，说明随机变量的分散性小，测量精度高；反之，σ 越大，分布曲线越平坦，随机变量的分散性也大，则精度也低。

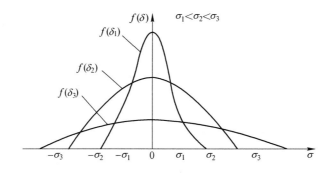

图 1-10　三种不同 σ 的正态分布曲线

由于在实际应用中用算术平均值代替真值 A_0，所以通常通过残余误差来求得标准误差 σ。所谓残差，是指测量值与该被测量的算术平均值之差，用 $v_i = x_i - \bar{x}$。

设对某一被测量进行了 n 次等精度测量，则标准误差 σ 可表示为

$$\sigma = \sqrt{\frac{\sum\limits_{i=1}^{n}(x_i - A_0)^2}{n-1}} = \sqrt{\frac{\sum\limits_{i=1}^{n}(x_i - \bar{x})^2}{n-1}} = \sqrt{\frac{\sum\limits_{i=1}^{n} v_i^2}{n-1}} \tag{1-13}$$

将多次测量算术平均值作为测量结果时，其精度参数也用算术平均值的标准误差 $\bar{\sigma}$ 来表示，即

$$\bar{\sigma} = \frac{\sigma}{\sqrt{n}} \tag{1-14}$$

由以上讨论可知，对一个被测量的测量结果，可用其算术平均值 x 作为被测量的最可信值（真值的最佳估计值），一般用下式表示随机误差的影响，即

$$x = \bar{x} \pm Z\bar{\sigma}$$

式中，Z 称为置信系数，一般取 1~3，可以证明，这时置信概率 P 如下：

$$Z = 1 \quad P = 68.26\%$$
$$Z = 2 \quad P = 95.44\%$$
$$Z = 3 \quad P = 99.73\%$$

当 $Z = 1$、2、3 时，随机误差在 $\pm\sigma$、$\pm 2\sigma$ 和 $\pm 3\sigma$ 范围内的置信概率分别为 68.26%、95.44% 和 99.73%，故评定随机误差时一般以 $\pm 3\sigma$ 为极限误差，如某项测量值的残差超出 $\pm 3\sigma$，则认为此项测量值中含有粗大误差，数据处理时应舍去。

2. 系统误差的分析与处理

分析与处理系统误差的关键是如何查找误差根源，这就需要对测量设备、测量对象和测量系统作全面分析，明确其中有无产生明显系统误差的因素，并采取相应措施予以修正或消除。由于具体条件不同，在分析查找误差根源时并无一成不变的方法，这与测量者的经验、水平以及测量技术的发展密切相关。

（1）系统误差原因

系统误差原因可以从以下几个方面进行分析考虑。

1）所用传感器、测量仪表或组成元件是否准确可靠。比如传感器或仪表灵敏度不足，仪表刻度不准确，变换器、放大器等性能不太优良，由这些引起的误差是常见的误差。

2）测量方法是否完善。如用电压表测量电压，电压表的内阻对测量结果有影响。

3）传感器或仪表安装、调整或放置是否正确合理。例如，没有调好仪表水平位置，安装时仪表指针偏心等都会引起误差。

4）传感器或仪表工作场所的环境条件是否符合规定条件。如环境、温度、湿度、气压等的变化也会引起误差。

5）测量者的操作是否正确。如读数时的视差、视力疲劳等都会引起系统误差。

（2）发现系统误差的方法

发现系统误差一般比较困难，下面只介绍几种发现系统误差的一般方法。

1）实验对比法。这种方法是通过改变产生系统误差的条件从而进行不同条件的测量，以发现系统误差，适用于发现固定的系统误差。例如，一台测量仪表本身存在固定的系统误差，即使进行多次测量也不能发现，只有用精度更高一级的测量仪表测量，才能发现这台测量仪表的系统误差。

2）残余误差观察法。这种方法是根据测量值的残余误差的大小和符号的变化规律，直接由误差数据或误差曲线来判断有无系统误差，主要适用于发现有规律变化的系统误差。把残余误差按照测量值先后顺序作图，如图 1-11 所示。图 1-11（a）中残余误差大体上是正负相同，且无明显的变化规律，则无根据怀疑存在系统误差；图 1-11（b）中残余误差有规律地递增（或递减），表明存在线性变化的系统误差；图 1-11（c）中残余误差大小和符号大体呈周期性变化，可以认为有周期性系统误差。

3）理论计算法。通过现有的相关准则进行理论计算，也可以检验测量数据中是否含

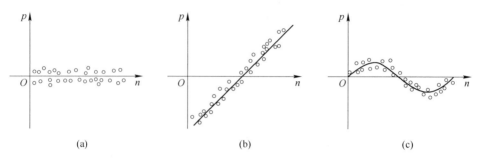

图 1-11 残余误差的变化规律

（a）残余误差大体上正负相同；（b）残余误差有规律地递增（或递减）；
（c）残余误差大小和符号呈周期性变化

有系统误差，不过要注意这些准则都有一定的适用范围。如马利科夫准则适用于判别测量数据中是否存在累进性系统误差。阿卑-赫梅特（Abbe-Helmert）准则适用于判别测量数据中是否存在周期性系统误差。

（3）系统误差的消除

1）在测量结果中进行修正。对于已知的系统误差，可以用修正值对测量结果进行修正；对于变值系统误差，设法找出误差的变化规律，用修正公式或修正曲线对测量结果进行修正；对未知系统误差，则按随机误差进行处理。

2）消除系统误差的根源。在测量之前，应仔细检查仪表，正确调整和安装；防止外界干扰影响；选好观测位置，消除视差；选择环境条件比较稳定时进行读数等。

3）在测量系统中采用补偿措施找出系统误差的规律，在测量过程中自动消除系统误差。如用热电偶测量温度时，热电偶参考端温度变化会引起系统误差，消除此误差的办法之一是在热电偶回路中加一个冷端补偿器，从而进行自动补偿。

4）实时反馈修正。由于自动化测量技术及微机的应用，可用实时反馈修正的办法来消除复杂的变化系统误差。当查明某种误差因素的变化对测量结果有明显的复杂影响时，应尽可能找出其影响测量结果的函数关系或近似的函数关系。在测量过程中，用传感器将这些误差因素的变化转换成某种物理量形式（一般为电量），及时按照其函数关系，通过计算机算出影响测量结果的误差值，对测量结果进行实时的自动修正。

3. 粗大误差的分析与处理

在一系列重复测量数据中，如有个别数据与其他数据有明显差异，则它（或它们）很可能含有粗大误差，称其为可疑数据。根据随机误差理论，出现粗大误差的概率虽小，但也是可能的。因此，如果不恰当地剔除含粗大误差的数据，会造成测量精密度偏高的假象。反之，如果对含有粗大误差的数据，即异常值，未加剔除，必然会造成测量精密度偏低的后果。因此，对数据中异常值的正确判断与处理，是正确评定测量结果必须解决的一个重要问题。

3σ 准则是最常用也是最简单的粗大误差判别准则，它一般应用于测量次数充分多（$n \geqslant 30$）或当 $n > 10$ 做粗略判别时的情况。

　　根据误差理论，当测量数据呈正态分布时，误差出现在 $-3\sigma \sim +3\sigma$ 范围内的概率为99.73%，可以认为出现绝对值大于 3σ 的误差为小概率事件。若测量次数为有限次，测量误差（通常用残差表示）绝对值大于 3σ，即可判定该测量数据含有粗大误差，应予以剔除。

　　应当注意，剔除一个粗大误差后应重新计算测量数据的平均值和标准差，再进行判别，反复检验直到粗大误差全部剔除为止。

　　【例1-2】　对某量进行了 15 次重复测量，测量的数据为：20.42、20.43、20.40、20.43、20.42、20.43、20.39、20.30、20.40、20.43、20.42、20.41、20.39、20.39、20.40。试判定测量数据中是否存在粗大误差（$P = 99\%$）。

　　解： 测量数据的平均值

$$\bar{x} = \frac{1}{n}\sum_{i=1}^{15} x_i = 20.404$$

　　测量数据的标准偏差

$$\sigma = \sqrt{\frac{\sum_{i=1}^{n} v_i^2}{n-1}} = \sqrt{\frac{0.01496}{14}} \approx 0.033$$

　　第 8 个数据的残差 $|v_i| = 0.104 > 3\sigma = 0.99$，可以判定，数据 20.30 为异常应当剔除。剔除该数据后，重新计算平均值和标准偏差，得

$$\bar{x}' = 20.404$$

$$\sigma' = \sqrt{\frac{\sum_{i=1}^{n} v_i^2}{n-1}} = \sqrt{\frac{0.003374}{13}} \approx 0.016$$

　　这时剩余数据的残差 $|v_i| < 3\sigma = 0.048$，即剩余数据不再含有粗大误差。

任务实施

　　要实时检测一个高温箱的温度，在选择温度传感器时，主要从技术指标和成本两方面考虑。技术指标中，精度是主要因素。分别计算这两种传感器的最大相对误差进行比较。

　　用 0.5 级表测量时，可能出现的最大示值相对误差为

$$\gamma_x = \frac{\Delta_{m1}}{A_x} \times 100\% = \frac{300 \times (\pm 0.5\%)}{80} \times 100\% = \pm 1.875\%$$

　　若用 1.0 级表测量时，可能出现的最大示值相对误差为

$$\gamma_x = \frac{\Delta_{m2}}{A_x} \times 100\% = \frac{100 \times (\pm 1.0\%)}{80} \times 100\% = \pm 1.25\%$$

　　计算结果表明，用 1.0 级表比用 0.5 级表的示值相对误差反而小，所以更合适。由上例可知，在选用仪表时应兼顾精度等级和量程，通常希望示值落在仪表满度值的 2/3 以上。

 习　题

1. 什么是传感器？举例说明你所了解的传感器。

2. 传感器通常由哪几部分组成？各部分的作用是什么？

3. 传感器是如何进行分类的？

4. 传感器的代号由几部分组成？各部分的含义是什么？

5. 传感器的静态特性有哪些性能指标？

6. 检测系统由哪几部分组成？各部分的作用是什么？

7. 测量的定义是什么？常用的测量有哪几种分类方法？

8. 什么是测量误差？测量误差的表示方法有几种？分别写出其表达式。

9. 什么是系统误差？如何消除或减少系统误差？

10. 什么是随机误差？随机误差的特性与评价指标有哪些？

项目 2 温度传感器及应用

温度是一个和人们生活环境有着密切关系的物理量，它反映物体的冷热程度，是物体内部分子无规则运动剧烈程度的标志。温度概念的建立是以热平衡为基础的，当两个冷热程度不同的物体接触后就会产生导热、换热，换热结束后两物体处于热平衡状态，此时它们具有相同的温度，这就是温度最基本的性质。

测温的方法很多，仅从测量体与被测介质接触与否来分，有接触式测温和非接触式测温两大类。接触式测温是基于热平衡原理，测温敏感元件与被测介质接触，在足够长的时间内，使两者处于同一热平衡状态，具有同一温度，如汞温度计、热电偶温度计等。非接触式测温是利用物质的热辐射原理，测温敏感元件不与被测介质接触，而是通过接收被测物体发出的辐射来判断温度，如辐射温度计、红外温度计等。

温度传感器是实现温度检测和控制的重要器件。在种类繁多的传感器中，温度传感器是应用最广、发展最快的传感器之一。

任务 2.1 简易指针式温度计设计

任务目标

1）掌握热电效应及热电偶的工作原理、基本定律。
2）熟悉热电偶测温线路与温度补偿方法。
3）了解热电偶的应用。
4）利用热电偶传感器完成简易指针式温度计的设计。

任务描述

在日常生活和生产中温度传感器几乎无处不在，例如，与人们生活关系非常紧密的体温测量，工业生产环境的温度检测，空调系统、电冰箱、电饭煲、电风扇等家用电器甚至手持式高速高效的电子设备等，均需要温度传感器。本任务在学习掌握热电偶的工作原理、测温线路与温度补偿方法基础上，以热电偶为传感器，设计制作一个测温范围为 0 ~ 1000℃ 的简易指针式温度计。

相关知识

2.1.1 温度与温标

1. 温度

温度是表征物体冷热程度的物理量。热力学理论认为，温度是物体内部分子无规则运

扫一扫查看
温度与温标

动剧烈程度的标志，温度高的物体分子平均动能大，温度低的物体分子平均动能小。温度与自然界的各种物理和化学过程相联系。

温度的性质：当两个冷热程度不同物体接触后就会产生热传导和热交换，使两个物体具有相同的温度，并处于热平衡状态；温度不具有叠加性，例如两杯 100℃ 的开水倒在一起温度仍是 100℃，而不是 200℃。热平衡是温度测量的基础。

另外，不同温度的物体会发出不同波长和不同强度的热辐射，通过对热辐射强度的测量也可以准确地获得物体的温度。

2. 温标

用来度量物体温度数值的标尺称为温标，它规定了温度的读数起点（零点）和测量温度的基本单位，是衡量温度高低的尺度。目前，常用的温标有华氏温标、摄氏温标、热力学温标和国际温标。

（1）华氏温标

1714 年，德国物理学家华仑海特以水银为测温体，利用其体积随温度变化的特性制作了水银温度计，并提出了在标准大气压下的温度标定值。华氏温度规定：在标准大气压下，纯水的冰水融体为 32℃，沸点为 212℃，中间的温度为 180 等分，每一等分为 1 华氏度，以 ℉ 表示，华氏温标在欧美国家广泛使用。

（2）摄氏温标

1742 年，瑞典天文学家摄尔修斯制成了摄氏温度计。摄氏温标规定：标准大气压下纯水的冰水融体为 0℃，沸点为 100℃，在 0~100℃ 之间分成 100 等分，每一等分为 1 摄氏度，符号为 ℃。

（3）热力学温标

19 世纪中叶，英国物理学家开尔文根据热力学卡诺循环理论，提出了热力学温标及绝对零度的概念。热力学温标规定：分子运动停止时的温度为绝对零度，从绝对零度算起，水的冰点为 273.15K，沸点为 373.15K。此外每度的大小仍是水的冰点至沸点之间的温度差的百分之一，热力学温标的单位为开尔文，符号为 K。热力学温标又称开尔文温标，或绝对温标。

（4）国际温标

以热力学温标为基础的国际温标（ITS—90）于 1990 年发布，记为 T_{90}，单位是开尔文，符号为 K，它与摄氏温度 T_{90} 的关系记为：

$$t_{90}/℃ = T_{90}/K - 273.15$$

或者

$$t/℃ = T/K - 273.15 \tag{2-1}$$

2.1.2 热电偶的工作原理

热电偶传感器是工业中使用最普遍的接触式传感器，它能将温度量转换为电势量。热电偶具有结构简单、使用方便、精度高、热惯性小、可测局部温度和便于远程传送等优点。使用不同材质制成的热电偶系列，可以满足 -200℃ 至近 3000℃ 温度测量的需要。

扫一扫查看
热电偶的工作原理

1. 热电效应

热电偶传感器的测温原理是基于热电效应。把两种不同的导体或半导体材料 A、B 连接成闭合回路，如图 2-1 所示。当它们的两个接点分别置于温度为 T 及 T_0（设 $T > T_0$）的热源中，则在该回路内就会产生热电动势（简称热电势），可用 $E_{AB}(T, T_0)$ 表示，这种现象称为热电效应。我们把两种不同导体或半导体的组合称为热电偶，A 和 B 称为热电极，温度高的接点称为热端（或工作端），温度低的接点称为冷端（或自由端）。

图 2-1 所示的热电偶回路中所产生的热电势由两种导体的接触电势和单一导体的温差电势所组成。

2. 接触电势和温差电势

（1）接触电势

所有金属中都有大量自由电子，而不同的金属材料其自由电子密度不同。当两种不同的金属导体接触时，在接触面上因自由电子密度不同而发生电子扩散，电子扩散速率与两导体的电子密度有关，并和接触区的温度成正比。设导体 A 和 B 的自由电子密度分别为 n_A 和 n_B，且有 $n_A > n_B$，则在接触面上由 A 扩散到 B 的电子必然比由 B 扩散到 A 的电子数多。因此，导体 A 失去电子而带正电荷，导体 B 因获得电子而带负电荷，在 A、B 的接触面上便形成一个从 A 到 B 的静电场，如图 2-2 所示。这个电场阻碍了电子的继续扩散，当达到动态平衡时，在接触区形成一个稳定的电位差，即接触电势，其大小可以表示为

$$e_{AB}(T) = \frac{KT}{e}\ln\frac{n_A}{n_B} \tag{2-2}$$

式中，$e_{AB}(T)$ 为导体 A、B 的接点在温度 T 时形成的接触电势；e 为电子电荷，$e = 1.6 \times 10^{-19}$ C；K 为玻尔兹曼常数，$K = 1.38 \times 10^{-23}$ J/K。

图 2-1 热电效应原理图

图 2-2 接触电势

（2）温差电势

单一导体中，如果两端温度不同，在两端间会产生电势，即单一导体的温差电势。这是由于导体内自由电子在高温端具有较大的动能，会向低温端扩散，结果高温端因失去电子而带正电荷，低温端因得到电子而带负电荷，从而形成一个静电场，如图 2-3 所示。该电场阻碍电子的继续扩散，当达到动态平衡时，在导体的两端便产生一个相应的电位差，该电位差称为温差电势。温差电势的大小可表示为

$$e_A(T, T_0) = \int_{T_0}^{T} \sigma \mathrm{d}T \tag{2-3}$$

式中，$e_A(T, T_0)$ 为导体 A 两端温度为 T、T_0 时形成的温差电势；σ 为汤姆逊系数，表示单一导体两端温度差为 1℃时所产生的温差电势，其值与材料性质及两端温度有关。

（3）热电偶回路热电势

对于由导体 A、B 组成的热电偶闭合回路，当温度 $T > T_0$，$n_A > n_B$ 时，闭合回路总的热电势为 $E_{AB}(T, T_0)$，如图 2-4 所示。并可用下式表示

$$E_{AB}(T, T_0) = [e_{AB}(T) - e_{AB}(T_0)] + [-e_A(T, T_0) + e_B(T, T_0)] \qquad (2\text{-}4)$$

或者

$$E_{AB}(T, T_0) = \frac{KT}{e}\ln\frac{n_{AT}}{n_{BT}} - \frac{KT_0}{e}\ln\frac{n_{AT_0}}{n_{BT_0}} + \int_{T_0}^{T}(\sigma_B - \sigma_A)\mathrm{d}T \qquad (2\text{-}5)$$

式中，n_{AT}、n_{AT_0} 为导体 A 在接点温度为 T 和 T_0 时的电子密度；n_{BT}、n_{BT_0} 为导体 B 在接点温度为 T 和 T_0 时的电子密度；σ_A、σ_B 为导体 A、B 的汤姆逊系数。

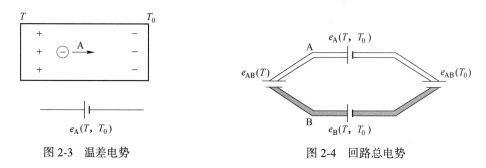

图 2-3　温差电势　　　　　　　　　图 2-4　回路总电势

由此可以得出如下结论：

1）如果热电偶两电极材料相同，即 $n_A = n_B$，$\sigma_A = \sigma_B$，虽然两端温度不同，但闭合回路的总热电势仍为零，因此热电偶必须用两种不同材料作为热电极；

2）如果热电偶两电极材料不同，而热电偶两端的温度相同，即 $T = T_0$，闭合回路中也不产生热电势。

应当指出的是，在金属导体中自由电子数目很多以致温度不能显著地改变它的自由电子浓度，所以，在同一种金属导体内，温差电势极小，可以忽略。因此，在一个热电偶回路中起决定作用的，是两个接点处产生的与材料性质和该点所处温度有关的接触电势。故上式可以近似改变为

$$E_{AB}(T, T_0) = e_{AB}(T) - e_{AB}(T_0) = e_{AB}(T) + e_{BA}(T_0) \qquad (2\text{-}6)$$

在工程中，常用式（2-6）来表征热电偶回路的总热电势。从该式可以看出，回路的总电势是随 T 和 T_0 而变化的，即总电势为 T 和 T_0 的函数差，这在实际使用中很不方便。为此，在标定势电偶时，使 T_0 为常数，即

$$e_{AB}(T_0) = f(T_0) = c$$

则式（2-6）可以改写成

$$E_{AB}(T, T_0) = e_{AB}(T) - f(T_0) = f(T) - c \qquad (2\text{-}7)$$

式（2-7）表示，当热电偶回路的一个端点保持温度不变，则热电势 $E_{AB}(T, T_0)$ 只随另一个端点的温度变化而变化。两个端点温差越大，回路总热电势 $E_{AB}(T, T_0)$ 也就越大，这样回路总热电势就可以看成温度 T 的单值函数，这给工程中用热电偶测量温度带

来了极大的方便。

3. 热电偶的基本定律

（1）均质导体定律

由两种均质导体组成的热电偶，其热电动势的大小只与两材料及两触点温度有关，与热电偶的尺寸大小、形状及沿电极各处的温度分布无关。

也就是说，由一种均质导体组成的闭合回路，不论导体的截面和长度如何，都不能产生热电势。反之，如果回路中有电势存在则材料必为非均质。这条规律要求组成热电偶的两种材料必须各自都是均质的，否则会由于温度梯度存在，产生附加电动势。

（2）中间导体定律

利用热电偶进行测温，只有在回路中接入仪表，才能测出热电势的值。所接入的仪表是另一种材质导体 C，则闭合回路里就出现除 A、B 以外的第 3 种导体 C，导体 C 称中间导体。

中间导体定律：在热电偶测温回路内，接入第 3 种导体时，只要第 3 种导体的两端温度相同，则对回路的总热电势没有影响。

图 2-5 为三种导体的热电偶回路，如果将热电偶的 T_0 端断开，接入第三导体 C，回路中电势为三个结点热电势之和，即

$$E_{ABC}(T, T_0) = E_{AB}(T) + E_{BC}(T_0) + E_{CA}(T_0)$$

假设 $T = T_0$，$E_{ABC}(T_0) = 0$ 时，则上式可表示为

$$E_{BC}(T_0) + E_{CA}(T_0) = -E_{AB}(T_0)$$

因此，

$$E_{ABC}(T, T_0) = E_{AB}(T) - E_{AB}(T_0) = E_{AB}(T, T_0)$$

中间导体定律表示，当热电偶回路接入第三导体 C 时，只要 C 导体两端温度相同，回路总电势不变。根据这一定律，可将导体 C 作为测量仪器接入回路，由此可以由总电势求出工作端温度，而测量回路的接入对热电偶的热电势没有影响，条件是保证连接导线或显示仪表与热电偶两端温度保持一致。中间导体定律对热电偶的实际应用有十分重要的意义。

（3）连接导体定律和中间温度定律

在热电偶回路中，如果热电偶 A、B 分别与导线 A′、B′ 连接，接点温度分别为 T、T_n、T_0，那么回路的热电势将等于热电偶的热电势 $E_{AB}(T, T_n)$ 与连接导线 A′、B′ 在温度 T、T_0 时热电势 $E_{A'B'}(T_n, T_0)$ 的代数和，如图 2-6 所示，即

$$E_{ABA'B'}(T, T_n, T_0) = E_{AB}(T, T_n) - E_{A'B'}(T_n, T_0) \tag{2-8}$$

图 2-5　三种导体的热电偶回路

图 2-6　用连接导线热电偶回路

由式（2-8）可引出重要结论：当 A 与 A′、B 与 B′ 材料分别相同，且接点温度为 T、

T_n、T_0 时，根据连接导体定律可得该回路的热电势为

$$E_{AB}(T, T_n, T_0) = E_{AB}(T, T_n) - E_{AB}(T_n, T_0) \qquad (2\text{-}9)$$

式（2-9）表明，热电偶在接点温度为 T、T_n、T_0 时的热电势 $E_{AB}(T, T_0)$，等于热电偶在 (T, T_n)、(T_n, T_0) 时相应的热电势量 $E_{AB}(T, T_n)$ 与 $E_{AB}(T_n, T_0)$ 的代数和，这就是中间温度定律。其中，T_n 称为中间温度。

中间温度定律为在工业测量温度中使用补偿导线提供了理论基础，只要选配与热电偶热电特性相同的补偿导线，便可使热电偶的参考端延长，使之远离热源到达一个温度相对稳定的地方而不会影响测温的准确性。

（4）标准电极定律（参考电极定律）

如图 2-7 所示，已知热电极 A、B 分别与标准电极 C 组成热电偶在接点温度为 (T, T_0) 时的热电动势分别为 $E_{AC}(T, T_0)$ 和 $E_{BC}(T, T_0)$，则在相同温度下，由 A，B 两种热电极配对后的热电动势为

$$E_{AB}(T, T_0) = E_{AC}(T, T_0) - E_{BC}(T, T_0) \qquad (2\text{-}10)$$

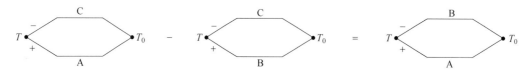

图 2-7　三种导体分别组成的热电偶

标准电极定律大大简化了热电偶的选配工作。只要获得有关热电极与参考电极配对的热电动势，那么任何两种热电极配对时的热电动势均可利用该定律计算，而不需要逐个进行测定。在实际应用中，由于纯铂丝的物理化学性能稳定、熔点高、易提纯，所以目前常用纯铂丝作为标准电极。确定出其他各种电极对铂电极的热电特性，便可以确定这些电极相互组成热电偶的热电势大小。

2.1.3　热电偶的材料及结构类型

1. 热电偶材料

对热电极材料的一般要求：

组成热电偶的两根导体或半导体称为热电极，根据热电效应的原理，任意两种不同材质的导体或半导体都可作为热电极组成热电偶。但作为实用的测温元件，不是所有的材料都适用于制作热电偶，对它们必须经过严格的选择。对制作热电偶材料的基本要求是：

1）热电特性稳定，即热电动势与温度的对应关系保持恒定。

2）两种材料组成的热电偶应输出较大的热电动势，以得到较高的灵敏度，且热电动势与温度间应尽可能呈线性关系，这样易于测量，且可得到较高的精确度。

3）电阻温度系数和电阻率要小，否则热电偶的电阻将随工作端的温度不同而有较大的变化，影响测量结果的精确性。

4）能应用于较宽的温度范围，热电特性、物理化学性能稳定。

5）较好的工艺性能，便于成批生产，且复现性好，便于统一分度。

完全满足上述条件要求的材料很难找到。一般来说，纯金属的热电极容易复制，但其热电势小，平均约为 $20\mu V/℃$；非金属的电极的热电势较大，可达 $1000\mu V/℃$，且熔点高，但复制性和稳定性都较差；合金热电极的热电性能和工艺性介于前面两者之间，所以合金热电极用得较多。目前在国际上被公认为有代表性的或比较普遍采用的热电偶并不多，这些热电偶的热电极材料都是经过大量实验并分别被应用在各温度范围内，测量效果良好。

2. 国际标准热电偶及材料

我国从 1988 年 1 月 1 日起，热电偶全部按 IEC 国际标准生产，并指定 S、B、E、K、R、J、T 七种标准化热电偶为我国统一设计型热电偶。

1）铂铑$_{10}$—铂热电偶（分度号为 S）

它是一种贵金属热电偶，其正极为（Pt 90%＋Rh 10%）铂铑丝，负极为（Pt 100%）纯铂丝。由于容易得到高纯度的铂和铂铑，故它的复制精度和测量精确度较高，可用于精密温度测量。测温上限最高可达 600℃，适于在氧化或中性气氛介质中使用。其主要缺点是金属材料的价格昂贵，热电动势小，灵敏度低，在高温还原介质中容易被侵蚀和污染，而失去测量精确度。

2）铂铑$_{30}$—铂铑$_6$热电偶（分度号为 B）

它也是一种贵金属热电偶，其正极为（Pt 70%＋Rh 30%）铂铑丝，负极为（Pt 94%＋Rh 6%）铂铑丝。它的优点是比铂铑$_{10}$—铂热电偶具有更高的测量上限，短期使用可达 1800℃，具有较高的稳定性和机械强度，抗污染能力强。其主要缺点是灵敏度低，室温下热电动势比较小，因此，许多情况下不需要参考端补偿和修正，可作标准热电偶。

3）镍铬—康铜热电偶（分度号为 E）

其正极为（Ni 89%＋Cr 10%＋Fe 1%）镍铬，负极为（Cu 60%＋Ni 40%）康铜。它的优点是热电动势较大，电阻率小，价格便宜。缺点是抗氧化及抗硫化介质的能力差，适用于还原性和中性气氛下测温，测量上限较低。

4）镍铬—镍硅热电偶（分度号为 K）

它的正极为（Ni 89%＋Cr 10%＋Fe 1%）镍铬，负极为（Ni 97%＋Si 2.5%＋Mn 0.5%）镍硅。它的优点是热电动势较大，和温度的关系接近线性关系，有较强的抗氧化性和抗腐蚀性，化学稳定性好，复制性好，价格便宜，可选其中较好的作标准热电偶。缺点是测量精度比铂铑$_{10}$—铂热电偶低，热电动势稳定性差。

5）铂铑$_{13}$—铂热电偶（分度号为 R）

它也是一种贵金属热电偶。它的正极为（Pt 87%＋Rh 13%）铂铑丝，负极为（Pt 100%）纯铂丝。它的优点是精度高，物理化学性能稳定，测温上限高，最高可达 1600℃，适于在氧化或中性气氛介质中使用。但其热电动势小，灵敏度低，在高温还原介质中容易被侵蚀和污染，价格昂贵。

6）铁—康铜热电偶（分度号为 J）

它的正极为（Fe 100%）铁，负极为（Cu 60%＋Ni 40%）康铜。它的优点是价格低廉，灵敏度高，易于在还原性气氛中使用。缺点是抗氧化能力差。

7）铜—康铜热电偶（分度号为 T）

它的正极为（Cu 100%）铜，负极为（Cu 60%＋Ni 40%）康铜。它的优点是测量精度高，稳定性好，低温时灵敏度高，价格低廉。缺点是铜在高温下易氧化，故不宜在氧化气氛中工作，较适于低温和超低温测量。

3. 热电偶的基本结构类型

将两个热电极的一个端点紧密地焊接在一起组成接点就构成热电偶。焊接可采用直流电弧焊、直流氧弧焊、交流电弧焊、激光焊等方法。对接点焊接要求焊点具有金属光泽、表面圆滑、无玷污、夹渣和裂纹；焊点的形状通常有对焊、点焊、绞纹焊等；焊点尺寸应尽量小，一般为偶丝直径的 2 倍。在热电偶的两电极之间应用耐高温材料绝缘。

工业用热电偶必须长期工作在恶劣环境下。根据被测对象不同，热电偶的结构形式是多种多样的，下面介绍几种比较典型的结构形式。

（1）普通型热电偶

工业上普通型热电偶使用最多，它一般由热电极、绝缘管、保护管和接线盒组成，其结构如图 2-8 所示。普通型热电偶按其安装时的连接形式可分为固定螺纹连接、固定法兰连接、活动法兰连接、无固定装置等多种形式。这种热电偶在测量时将测量端插入被测对象的内部，主要用于测量容器或管道内气体、流体等介质的温度。

图 2-8　普通型热电偶结构图

（2）铠装型热电偶

铠装型热电偶是由热电极、绝缘材料和金属套管组合加工而成的坚实组合体，它是将热电偶丝与绝缘物熔铸在一起，外表再套不锈钢管等，称为套管热电偶。它可以做得很细很长，使用中随需要能任意弯曲。铠装型热电偶结构如图 2-9 所示，其主要优点是测温端热容量小、动态响应快、机械强度高、挠性好、可安装在结构复杂的装置上，因此适于多种工作条件使用。

图 2-9　铠装型热电偶结构图

1—接线盒；2—金属套管；3—固定装置；4—绝缘材料；5—热电极

（3）薄膜热电偶

用真空蒸镀（或真空溅射）、化学涂层等工艺，将热电极材料沉积在绝缘基板上形成一层金属薄膜。热电偶测量端既小又薄（厚度一般为 $0.01 \sim 0.1 m$），因而热惯性小，反应快，可用于测量瞬变的表面温度和微小面积上的温度。如图 2-10 所示，其结构有片状、针状和把热电极材料直接蒸镀在被测表面上等 3 种。所用的电极类型有铁-康铜、铁镍、铜-康铜、镍铬-镍硅等。测温范围为 $-200 \sim 300℃$。

图 2-10　铁-镍薄膜热电偶结构

1—测量接点；2—铁膜；3—铁丝；4—镍丝；5—接头夹具；6—镍膜；7—衬架

（4）表面热电偶

表面热电偶是用来测量各种状态的固体表面温度的，如测量轧辊、金属块、炉壁、橡胶筒和涡轮叶片等表面温度。

此外还有测量气流温度的热电偶、浸入式热电偶等。

扫一扫查看
热电偶的测温
线路与温度补偿

2.1.4　热电偶测温线路与温度补偿

热电偶测温时，它可以直接与显示仪表（如电子电位差计、数字表等）配套使用，也可与温度变送器配套，转换成标准电流信号。合理安排热电偶测温线路，对提高测温精度和维修等方面都具有十分重要的意义。

1. 热电偶测温线路

（1）测量某点温度的基本线路

基本测量线路包括热电偶、补偿导线、冷端补偿器、连接用铜线、动圈式显示仪表。图 2-11 所示是一支热电偶配一台仪表的测量线路。显示仪表如果是电位差计，则不必考虑线路电阻对测温精度的影响；如果是动圈式仪表，就必须考虑测量线路电阻对测温精度的影响。

图 2-11　热电偶基本测量线路

（2）测量温度之和——热电偶串联测量线路

将 N 支相同型号的热电偶正负极依次相连接，如图 2-12 所示。若 N 支热电偶的各热电势分别为 E_1、E_2、E_3、$\cdots$、E_N，则总电势为

$$E_{串} = E_1 + E_2 + \cdots + E_N = NE \tag{2-11}$$

式中，E 为 N 支热电偶的平均热电势。

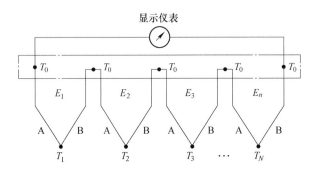

图 2-12 热电偶串联测量线路

串联线路的总热电势为 E 的 N 倍，$E_{串}$ 所对应的温度可由 $E_{串-t}$ 关系求得，也可根据平均热电势 E 在相应的分度表上查对。串联线路的主要优点是热电势大，精度比单支高；主要缺点是只要有一支热电偶断开，整个线路就不能工作，个别短路会引起示值显著偏低。

（3）测量平均温度——热电偶并联测量线路

将 N 支相同型号热电偶的正负极分别连在一起，如图 2-13 所示。

如果 N 支热电偶的电阻值相等，则并联电路总热电势等于 N 支热电偶的平均值，即

$$E_{并} = (E_1 + E_2 + E_3 + \cdots + E_N)/N \tag{2-12}$$

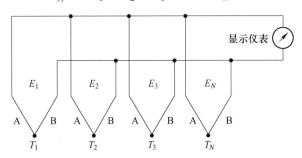

图 2-13 热电偶并联测量线路

（4）测量两点之间的温度差

实际工作中常需要测量两处的温差。可选用两种方法测温差：一种是两支热电偶分别测量两处的温度，然后计算温差；另一种是将两支同型号的热电偶反串联，直接测量温差电势，然后计算温差，如图 2-14 所示。前一种测量较后一种测量精度差，对于要求精确的小温差测量，应采用后一种测量方法。

2. 热电偶的温度补偿

从热电效应的原理可知，热电偶产生的热电势与

图 2-14 温差测量线路

两端温度有关。只有冷端的温度恒定，热电势才是热端温度的单值函数。由于热电偶分度表是以冷端温度为0℃时做出的，因此在使用时要正确反映热端温度，最好设法使冷端温度恒为0℃。但实际应用中，热电偶的冷端通常靠近被测对象，且受到周围环境温度的影响，其温度不是恒定不变的。为此，必须采取一些相应的措施进行补偿或修正，常用的方法有以下几种。

（1）补偿导线法

在实际工作中，随着工业生产过程自动化程度的提高，通常要求把温度测量信号从现场传送到集中控制室里，或者由于显示仪表不能安装在被测对象的附近，而需要通过连接导线将热电偶延伸到温度恒定的场所。并且由于组成热电偶的材料通常是贵金属，直接连到远处显示仪表上很不经济，常用廉价的补偿导线来完成这种远距离的连接。一般采用一种导线（或称补偿导线）将热电偶的冷端延伸出来，这种导线采用廉价金属，在一定温度范围内（0~100℃）具有和所连接的热电偶相同的热电性能，如图2-15所示。

图 2-15　补偿导线法示意图

常用热电偶的补偿导线见表2-1。根据中间温度定律，只要热电偶和补偿导线的两个结点温度一致，是不会影响热电势输出的。

表 2-1　常用热电偶的补偿导线

补偿导线型号	配用热电偶型号	补偿导线		绝缘层颜色	
		正极	负极	正极	负极
SC	S	SPC（铜）	SNC（铜镍）	红	绿
KC	K	KPC（铜）	KNC（廉铜）	红	蓝
KX	K	KPX（镍铬）	KNX（镍硅）	红	黑
EX	E	EPX（镍铬）	ENX（铜镍）	红	棕

使用补偿导线必须注意以下几个问题：

1）两根补偿导线与两个热电极的接点必须具有相同的温度。

2）只能与相应型号的热电偶配用，而且必须满足工作范围。

3）极性切勿接反。

（2）冷端恒温法

1）0℃恒温法。在实验室及精密测量中，通常把参考端放入装满冰水混合物的容器中，以便参考端温度保持0℃，这种方法又称冰浴法。

2）其他恒温法。将热电偶的冷端置于各种恒温器内，使之保持恒定温度，避免由于环境温度的波动而引入误差。这类恒温器可以是盛有变压器油的容器，利用变压器油的热惰性恒温；也可以是电加热的恒温器，这类恒温器的温度不为0℃，故最后还需对热电偶进行冷端修正。

（3）热电势修正法

上述两种方法解决了一个问题，即设法使热电偶的冷端温度恒定。但是，冷端温度并非一定为0℃，所以测出的热电势还是不能正确反映热端的实际温度。为此，必须对温度进行修正。修正公式如下

$$E_{AB}(T, T_0) = E_{AB}(T, T_1) - E_{AB}(T_1, T_0) \tag{2-13}$$

式中，$E_{AB}(T, T_0)$ 为热电偶热端温度为 T、冷端温度为0℃时的热电势；$E_{AB}(T, T_1)$ 为热电偶热端温度为 T、冷端温度为 T_1 时的热电势；$E_{AB}(T_1, T_0)$ 为热电偶热端温度为 T_1、冷端温度为0℃时的热电势。

（4）电桥补偿法

计算修正法虽然很精确，但不适合连续测温。为此，有些仪表的测温线路中带有补偿电桥，利用不平衡电桥产生的电势补偿热电偶因冷端温度波动引起的热电势的变化，如图2-16所示。

电桥的四个桥臂由 R_1、R_2、R_3、R_4 组成，其中 $R_1 = R_2 = R_3$，为锰铜线绕制电阻；R_4 为铜导线绕制的补偿电阻，并且电桥的四个桥臂与冷端处于同一温度；R_S 为限流电阻，它的材料取决于热电偶的材料；U 为电桥的电源。

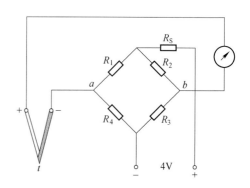

图 2-16 电桥补偿法示意图

使用时，选择 R_4 的阻值，使电桥处于平衡状态。当冷端温度升高时，由于 R_4 的阻值随环境温度变化而变化，使电桥产生的不平衡电压的大小和极性，随着环境温度的变化而变化，从而达到自动补偿的目的。

3. 显示仪表零位调整法

当热电偶通过补偿导线连接显示仪表时，如果热电偶冷端温度已知且恒定，可预先将有零位调整器的显示仪表的指针从刻度的初始值调至已知的冷端温度值上，这时显示仪表的示值即为被测量的实际值。

4. 软件处理法

对于计算机系统，不必全靠硬件进行热电偶冷端处理。例如冷端温度恒定但不为0℃的情况，只需在采样后加一个与冷端温度对应的常数即可。

对于 T_0 经常波动的情况，可利用热敏电阻或其他传感器把 T_0 信号输入计算机，按照运算公式设计一些程序，便能自动修正。

2.1.5　热电偶的应用

1. 金属表面温度的测量

对于机械、冶金、能源、国防等部门来说，金属表面温度的测量是非常普遍而又比较复杂的问题。例如，热处理工作中锻件、铸件以及各种余热利用的热交换器表面、气体蒸气管道、炉壁面等表面温度的测量。根据对象特点，测温范围从几百摄氏度到一千多摄氏度，而测量方法通常采用直接接触测温法。

直接接触测温法是指采用各种型号及规格的热电偶（视温度范围而定），用黏结剂或焊接的方法，将热电偶与被测金属表面（或去掉表面后的浅槽）直接接触，然后把热电偶接到显示仪表上组成测温系统。

图 2-17 所示的是适合不同壁面的热电偶使用方式。如果金属壁比较薄，那么一般可用胶合物将热偶丝粘贴在被测元件表面，如图 2-17（a）所示。为减少误差，在紧靠测量端的地方应加足够长的保温材料保温。

如果金属壁比较厚，且机械强度又允许，则对于不同壁面，测量端的插入方式不同。例如，从斜孔内插入，如图 2-17（b）所示。图 2-17（c）示出了利用电动机起吊螺孔，将热电偶从孔槽内插入的方法。

图 2-17　不同壁面的热电偶使用方式
（a）粘贴在被测元件表面；（b）从斜孔内插入；（c）从孔槽内插入
1—功率元件；2—散热元件；3—薄膜热电偶；4—绝热保护层；5—车刀；
6—激光加工的斜孔；7—铠装热电偶测量端；8—金属保护套管；9—冷端；10—工件

2. 利用热电偶监测燃气热水器的火焰

燃气热水器的使用安全性至关重要。在燃气热水器中设置有防止熄火装置、防止缺氧不完全燃烧装置、防缺水空烧安全装置及过热安全装置等，涉及多种传感器。防熄火、防缺氧不完全燃烧的安全装置中使用了热电偶，如图 2-18 所示。

当使用者打开热水龙头时，自来水压力使燃气分配器中的引火管输气孔在较短的一段时间里与燃气管道接通，喷射出燃气。与此同时高压点火电路发出 $10 \sim 20 \text{kV}$ 的高电压，通过放电针点燃主燃烧室火焰。热电偶 1 被烧红，产生正的热电势，使电磁阀线圈（该电磁阀的电动力由极性电磁铁产生，对正向电压有很高的灵敏度）得电，燃气改由电磁阀进入主燃烧室。

当外界氧气不足时，主燃烧室不能充分燃烧（此时将产生大量有毒的一氧化碳），火焰变红且上升，在远离火孔的地方燃烧（称为离焰）。热电偶1的温度必然降低，热电势减小，而热电偶2被拉长的火焰加热，产生的热电势与热电偶1产生的热电势反向串联，相互抵消，流过电磁阀线圈的电流小于额定电流，甚至产生反向电流，使电磁阀关闭，起到缺氧保护作用。

当启动燃气热水器时，若某种原因导致无法点燃主燃烧室火焰，由于电磁阀线圈得不到热电偶1提供的电流，处于关闭状态，从而避免了煤气的大量溢出。煤气灶熄火保护装置也采用相似的原理。

图2-18 燃气热水器防熄火、防缺氧示意图
1—燃气进气管；2—引火管；3—高压放电针；4—主燃烧器；5—电磁阀线圈

任务实施

1. 电路设计

采用热电偶实现的指针式温度计电路如图2-19所示。图中 T_1 为K型热电偶，C_1 与 R_3 组成输入滤波电路，A_1 及其周围电阻构成放大器，调整 RP$_1$ 设置运算放大器的增益，使0℃时运算放大器输出电压为0V，100℃时运算放大器输出电压为5.0V。输出电压通过机械式直流指针电压表显示。

2. 元器件选择

图2-19中温度传感器选用K型热电偶。运算放大器选用OP07。RP$_1$ 选用 10kΩ 精密电位器。$R_1 \sim R_3$ 均选用 0.25W 金属膜电阻器。C_1 选用耐压为50V的漏电小的电解电容器。RP$_1$ 和 RP$_2$ 选用线绕电位器。5V电压表头选用85C1型机械直流指针电压表头。同

图 2-19　采用热电偶实现的指针式的温度计电路

时准备±15V 稳压电源、实验板、水银温度计等。

3. 电路调试

按图 2-19 将电路焊接在电路板上，认真检查电路，正确无误后接好热电偶 T_1 和 5V 电压表表头。

1）热电偶 T_1 和水银温度计放入盛水容器中，接通电路电源。加入冷水和冰块（不断搅动），使水温保持 0℃，调节电路中的 RP_2 电位器使 5V 电压表表头指针指在 0V 刻度上。

2）容器中加热水并加温，不断搅动，当水沸腾时达到 100℃，通过调节电路中的 RP_1 精密电位器使 5V 电压表表头指针指在 5V 刻度上。

3）重复步骤 1）、2）两三次，调试完成。5V 电压表表头指示的电压值乘以 20 就等于所测温度。

4）检验在 0～100℃ 范围内的任一温度点，水银温度计的读数与指针式温度表的读数是否一致，误差应不超过±1℃。

注意：调试过程中要不断搅动以使传感器与水银温度计感受同一温度同时要等水银温度计的读数稳定后再调试电路。

任务 2.2　冰箱温度超标指示器电路设计

任务目标

1）了解金属热电阻及半导体热敏电阻的工作原理。
2）掌握铜热电阻和铂热电阻的性能特点。
3）掌握热电阻和热敏电阻测量与转换电路。
4）熟悉热电阻与热敏电阻的应用。

任务描述

通过本任务的学习了解金属热电阻及半导体热敏电阻的工作原理，掌握其测量转换电路，在熟悉热电阻与热敏电阻的应用基础上，设计一个电冰箱温度超标指示器，要求如下：

电冰箱冷藏室的温度一般不超过 8℃，利用热敏电阻制成电冰箱温度超标指示器，在电冰箱冷藏室的温度超过 8℃时，提醒用户及时采取措施。

相关知识

2.2.1　金属热电阻

热电阻是利用物质的电阻率随温度变化的特性制成的电阻式测温系统，由纯金属热敏组件制作的热电阻称为金属热电阻，由半导体材料制作的热电阻称为半导体热敏电阻。

1. 金属热电阻工作原理

金属热电阻是利用电阻与温度呈一定函数关系的特性，由金属材料制成的感温元件。当被测温度变化时，导体的电阻随温度变化而变化，通过测量电阻值变化的大小而得出温度变化的情况及数值大小，这就是热电阻测温的基本工作原理。

作为测温的热电阻应具有下列基本要求：电阻温度系数（即温度每升高 1℃时电阻增大的百分数，常用 α 表示）要大，以获得较高的灵敏度；电阻率 ρ 要高，以便使元件尺寸小；电阻值随温度变化尽量呈线性关系，以减小非线性误差；在测量范围内，物理、化学性能稳定；材料工艺性好、价格便宜等。

2. 常用热电阻及特性

常用热电阻材料有铂、铜、铁和镍等，它们的电阻温度系数在 $(3\sim6)\times10^{-3}$/℃ 范围内，下面分别介绍它们的使用特性。

（1）铂热电阻

铂、银为白色贵金属，又称白金，是目前公认的制造热电阻的最好材料，它性能稳定，重复性好，测量精度高，其电阻值与温度之间有很近似的线性关系。缺点是电阻温度系数小，价格较高。铂电阻主要用于制成标准电阻温度计，其测量范围一般为 $-200\sim+850$℃。

当温度 t 在 $-200\sim0$℃ 范围内时，铂的电阻值与温度的关系可表示为

$$R_t = R_0\left[1 + At + Bt^2 + C(t-100)t^3\right] \tag{2-14}$$

当温度 t 在 $0\sim850$℃ 范围内时，铂的电阻值与温度的关系为

$$R_t = R_0(1 + At + Bt^2) \tag{2-15}$$

式中　R_0——温度为 0℃时的电阻值；

　　　R_t——温度为 t℃时的电阻值；

　　　A——常数（$A = 3.96847\times10^{-3}$）；

　　　B——常数（$B = -5.847\times10^{-7}$）；

　　　C——常数（$C = -4.22\times10^{-12}$）。

由式（2-14）和式（2-15）可知，热电阻 R_t 不仅与 t 有关，还与其在 0℃时的电阻值 R_0 有关，即在同样温度下，R_0 取值不同，R_t 的值也不同。

目前国内统一设计的工业用铂电阻的 R_0 值有 46Ω 和 100Ω 等几种，并将 R_0 与 t 相应关系列成表格形式，称为分度表。使用分度表时，只要知道热电阻 R_t 值，便可查得对应

扫一扫查看

金属热电阻

温度值。目前工业用铂电阻分度号为 Pt10 和 Pt100，后者更常用。

（2）铜热电阻

铜热电阻和铂热电阻相比具有温度系数大、价格低而且易于提纯等优点，但存在电阻率小、体积较大、热惯性也大、机械强度差等缺点。铜电阻在 100℃ 以上易氧化，因此只能用在低温及无侵蚀性的介质中。在测量精度要求不高，且测温范围比较小的情况下，可采用铜做热电阻材料代替铂电阻。在 −50~100℃ 的使用范围内其电阻值与温度的关系几乎是线性的，可表示为

$$R_t = R_0(1 + \alpha t) \tag{2-16}$$

式中　R_0——温度为 0℃ 时的电阻值；

　　　R_t——温度为 t℃ 时的电阻值；

　　　α——铜电阻的电阻温度系数，$\alpha = (4.25 \times 10^{-3} ~ 4.28 \times 10^{-3})/℃$。

铜热电阻的 R_0 值有 50Ω 和 100Ω 两种，分度号分别为 Cu50、Cu100。

（3）其他热电阻

除了铂和铜热电阻外，还有镍和铁材料的热电阻。镍和铁的电阻温度系数大，电阻率高，可用于制成体积大、灵敏度高的热电阻。但由于容易氧化，化学稳定性差，不易提纯，重复性和线性度差，目前应用还不多。

3. 热电阻的结构

热电阻主要由电阻体、绝缘套管和接线盒等组成。其中电阻体为主要组成部分，它又由电阻丝、引出线、骨架等部分构成。图 2-20 所示为工业用铂热电阻的结构。电阻丝采用双线无感绕法绕制在具有一定形状的云母、石英或陶瓷塑料骨架上，引出线通常采用 1mm 的银丝或镀银铜丝，它与接线盒柱相接，以便与外接线路相连而显示温度。

图 2-20　铂热电阻的结构
（a）热电阻的结构；（b）电阻体结构

4. 热电阻的特点

热电阻与热电偶相比有以下特点。

1）同样温度下输出信号较大，易于测量。以 0~100℃ 为例，如用 K 型热电偶，输出为 4.095mV；用 S 型热电偶输出只有 0.064mV；但用铂热电阻测量 0℃ 时阻值为 100Ω，则 100℃ 时为 139.1Ω，电阻增量为 39.1Ω。如用铜热电阻增量可达 42.8Ω，测量毫伏级电动势，显然不如测几十欧姆电阻增量容易。

2）测电阻必须借助外加电源。热电偶只要热端和冷端有温差，就会产生电动势，是不需要电源的发电式传感器；热电阻却必须通过电流才能体现出电阻变化，无电源就不能工作。

3）热电阻感温部分尺寸较大，而热电偶工作端是很小的焊点，因而热电阻测温的反应速度比热电偶慢。

4）同类材料制成的热电阻不如热电偶测温上限高。由于热电阻必须用细导线绕在绝缘支架上，支架材质在高温下的物理性质限制了温度上限范围。

2.2.2　热敏电阻

热敏电阻温度传感器就是利用半导体的电阻值随温度变化的特性，对温度和温度有关的参数进行检测的装置。

热敏电阻用途很广。近年来，几乎所有的家用电器产品都装有微处理器，温度控制完全智能化，这些温度传感器几乎都使用热敏电阻。

结构与材料和特性如下所述。

1. 热敏电阻结构

大部分半导体热敏电阻是由各种氧化物按一定比例混合，经高温烧结而成，如图 2-21 所示。多数热敏电阻具有负的温度系数，即当温度升高时，其电阻值下降，同时灵敏度也下降。这个原因限制了它在高温下的使用。

图 2-21　热敏电阻的外形、结构及符号

（a）圆片形热敏电阻；（b）柱形热敏电阻；（c）珠形热敏电阻；（d）铠装型热敏电阻；
（e）厚膜热敏电阻；（f）热敏电阻符号
1—热敏电阻；2—玻璃外壳；3—引出线；4—紫铜外壳；5—热安装孔

2. 热敏电阻的热电特性

热敏电阻按温度系数不同可分为正温度系数热敏电阻（PTC）和负温度系数热敏电阻（NTC）两种。NTC 又可分为两大类：第一类电阻值与温度之间呈严格的负指数关系；第二类为突变型（CTR），当温度上升到某临界点时，其电阻值突然下降。热敏电阻的阻值与温度关系特性曲线如图 2-22 所示。

2.2.3 测量与转换电路

工业用热电阻安装在生产现场，离控制室较远，而其指示或记录仪表安装在控制室，其间的引线很长，那么热电阻的引出线会对测量结果有较大影响，且由于连接导线随环境温度变化而变化，也会给测量结果带来误差。为了减小引出线电阻的影响，常采用三线或四线连接方法。

扫一扫查看
热电阻测量
转换电路

1. 三线制

为避免或减小导线电阻对测温的影响，工业热电阻多半采用三线制接法，即热电阻的一端与一根导线相接，另一端同时接两根导线。当热电阻与电桥配合时，三线制的优越性可用图 2-23 说明。

图中热电阻 R_t 的三根连接导线，直径和长度均相同，阻值都是 r。其中一根串联在电桥的电源上，对电桥的平衡与否毫无影响，另外两根分别串联在电桥的相邻两臂里，则相邻两臂的阻值都增加相同的阻值 r。

当电桥平衡时，可写出下列关系式，即

$$(R_t + r)R_2 = (R_3 + r)R_1$$

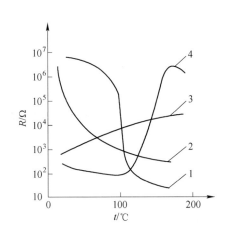

图 2-22 热敏电阻的热电特性曲线
1—突变型 NTC；2—负指数型 NTC；
3—正指数型 PTC；4—突变型 PTC

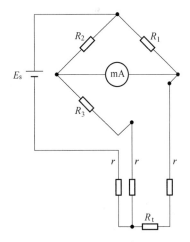

图 2-23 三线制接法

由此可以得出

$$R_t = \frac{R_3 R_1}{R_2} + \left(\frac{R_1}{R_2} - 1\right)r \tag{2-17}$$

设计电桥时如满足 $R_1 = R_2$，则式（2-17）中右边含有 r 的项完全消去，这种情况下连线电阻 r 对桥路平衡毫无影响，即可以消除热电阻测量过程中 r 的影响。但必须注意，只有在对称电桥（$R_1 = R_2$ 的电桥），且只有在平衡状态下才如此。

工业热电阻有时用不平衡电桥指示温度，例如动圈仪表是采用不平衡电桥原理指示温度的。这种情况下，虽然不能完全消除连接导线电阻 r 对测温的影响，但采用三线制接法肯定会减少它的影响。

2. 四线制

四线制就是热电阻两端各用两根导线连到仪表上，一般是用直流电位差计作为指示或记录仪表，其接线方式如图 2-24 所示。

由恒流源供给已知电流 I 流过热电阻 R_t，使其产生压降 U，再用电位差计测出 U，便可利用欧姆定律得

$$R_t = \frac{U}{I} \qquad (2-18)$$

此处供给电流和测量电压分别使用热电阻上四根导线，尽管导线有电阻 r，但电流在导线上形成的压降不在测量范围之

图 2-24　四线制接法

内。电压导线上虽有电阻但无电流，因为电位差计测量时不取电流，所以四根导线的电阻 r 对测量均无影响。四线制和电位差计配合测量热电阻是比较完善的方法，它不受任何条件的约束，总能消除连接导线电阻对测量的影响，当然恒流源必须保证电流 I 的稳定不变，而且其值的精确度应该和 R_t 的测量精度相适应。

2.2.4　热电阻与热敏电阻的应用

1. 热电阻的应用

在工业上广泛应用金属热电阻传感器做 $-200 \sim +500\,^{\circ}\text{C}$ 范围内的温度测量，在特殊情况下，测量的低温端可达 3.4K，甚至更低（1K 左右），高温端可达 $1000\,^{\circ}\text{C}$，甚至更高，并且测量电路也较为简单。金属热电阻传感器做温度测量的主要特点是精度高，适用于测低温（测高温时常用热电偶传感器），便于远距离、多点、集中测量和自动控制。

利用热电阻的高灵敏度进行液体、气体、固体、固熔体等方面的温度测量，是热电阻的主要应用。工业测量中常用三线制接法，标准或实验室精密测量中常用四线制。这样不仅可以消除连接导线电阻的影响，而且还可以消除测量电路中寄生电势引起的误差。在测量过程中需要注意的是，要使流过热电阻丝的电流不要过大，否则会产生过大的热量，影响测量精度。图 2-25 为热电阻的测量电路图。

2. 热敏电阻的应用

由于热敏电阻具有许多优点，所以应用范围很广，可用于温度测量、温度控制、温度补偿、稳压稳幅、自动增益调整、气体和液体分析、火灾报警、过热保护等方面。下面介

绍几种主要方法。

（1）热敏电阻用于温度控制

图 2-26 是用热敏电阻实现的恒温电路，图中 A 为比较器。当环境温度达到 T 时，可由输出信号实现自动调温控制。电路工作原理是，比较器 A 的同相输入端由 RP_1、R_2、R_3 分压比确定。RP_1 调节比较器的比较电平，从而调节所需控制的温度。当温度 T 升高时，负温度系数热敏电阻及 R_T 阻值下降，比较器反相输入端 U_a 下降，当 U_a 下降至小于等于同相端 U_b 电位时，比较器输出电压 U_o 翻转为高电平。比较器将输出至驱动电路控制开关继电器打开降温设备；当温度下降时热敏电阻 R_T 阻值上升，U_a 上升到某一值时比较器再次跳变为低电平，关闭降温设备。比较器将输出至驱动电路，可控制开关继电器等。RP_1 可调节比较器的比较电平，从而调节所需控制的温度。

图 2-25　热电阻的测量电路图

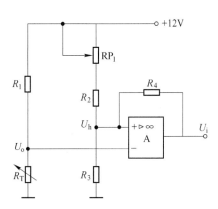

图 2-26　热敏电阻的恒温控制电路

（2）热敏电阻作温度补偿用

如图 2-27 所示，根据晶体管特性，当环境温度升高时，其集电极电流 I_C 上升，这等效于晶体管等效电阻下降，U_{SC} 会增大。若要使 U_{SC} 维持不变，则需提高基极 b 点电位，减少晶体管基流。为此选择负温度系数的热敏电阻 R_t，从而使基极电位提高，达到补偿目的。

图 2-27　热敏电阻用于晶体管的温度补偿电路

任务实施

1. 电路设计

电冰箱温度超标指示器电路如图 2-28 所示。电路由热敏电阻 R_T 和用作比较器的运放 IC 等元件组成。运放 IC 反相输入端加有 R_1 和热敏电阻 R_T 的分压电压。该电压随电冰箱冷藏室温度的变化而变化。运放 IC 同相输入端加有基准电压，此基准电压的数值对应于电冰箱冷藏室最高温度的预定值，可以通过调节电位器 RP 来设定电冰箱冷藏室最高温度的预定值。

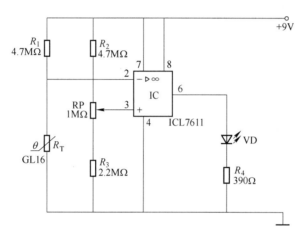

图 2-28　电冰箱温度超标指示器电路

2. 电路原理

当电冰箱冷藏室的温度上升，负温度系数热敏电阻 R_T 的阻值变小，加于运放 IC 反向输入端的分压电压随之减小。当分压电压减小到设定的基准电压时，运放 IC 端呈现高电平，使二极管 VD 指示灯点亮报警，表示电冰箱冷藏室温度已经超过上限值，不利于食物保鲜。

3. 元件选择

本电路比较简单，所用元器件不多，$R_1 \sim R_3$ 选择 RTX-1/4W 碳膜电阻，热敏电阻 R_T 选择负温度系数 MF58 玻璃封装型，运放选择 CMOS 型低电压、低功耗的 ICL7611，RP 选择 WS 型精密电位器，R_4 选择精密 1/2W 金属膜电阻，VD 选择高亮度的发光二极管。

4. 制作与调试

制作印制电路板或利用面包板装调该电路，过程如下：
1）准备电路板和元器件。
2）合理布局，电路装配、焊接调试。
3）电路各点电压测量。

4）记录实验过程和结果。

5）调节电位器 RP 于不同的值，观察和记录报警温度，进行电路参数和结果分析。

任务 2.3　红外体温检测仪测量电路设计

任务目标

1）了解红外辐射的基本知识。

2）掌握红外传感器的结构及工作原理。

3）熟悉红外传感器的分类及应用。

4）设计一个红外体温检测仪测量电路。

任务描述

人体主要辐射波长为 9~10μm 的红外线，通过对人体自身辐射红外能量的测量，便能准确地测定人体表面温度。由于该波长范围内的光线不被空气所吸收，因而可利用人体辐射的红外能量精确地测量人体表面温度。红外温度测量技术的最大优点是测试速度快，1s 内可测试完毕。由于它只接收人体对外发射的红外辐射，没有任何其他物理和化学因素作用于人体，所以对人体无任何害处。

红外体温检测仪为在人员流量较大的公共场所降低病毒的扩散和传播提供快速、非接触测量手段，可广泛用于机场、海关、车站、宾馆、商场、影院、写字楼、学校等人员流量较大的公共场所，能对体温超过 38℃ 的人员进行有效筛选。红外体温检测仪实物图如图 2-29 所示。本任务通过学习红外传感器的相关知识，设计一个红外体温检测仪测量电路。

图 2-29　红外体温检测仪实物图

相关知识

2.3.1　红外辐射知识

红外辐射是一种人眼不可见的光线，俗称红外线，因为它是介于可见光中红色光和微波之间的光线。图 2-30 为电磁波波谱图。由图可见，红外线的波长范围大致在 0.76~

$1000\mu m$，对应的频率大致在 $4\times10^{14}\sim3\times10^{11}\,Hz$，工程上通常把红外线所占据的波段分成近红外、中红外、远红外和极远红外四个部分。

图 2-30　电磁波波谱图

红外辐射本质上是一种热辐射。人、动物、植物、火、水都有热辐射，只是波长不同而已。任何物体，只要它的温度高于绝对零度（−273℃），就会向外部空间以红外线的方式辐射能量，一个物体向外辐射的能量大部分是通过红外线辐射这种形式来实现的。物体的温度越高，辐射出来的红外线越多，辐射的能量就越强。另一方面，红外线被物体吸收后可以转化成热能。红外线作为电磁波的一种形式，红外辐射和所有的电磁波一样，是以波的形式在空间直线传播的，具有电磁波的一般特性，如反射、折射、散射、干涉和吸收等。

红外线和电磁波一样，以波的形式在空间传播，因为在空气中氮、氧、氢不吸收红外线，使大气层对不同的波长红外线存在不同吸收带，因此红外线在通过大气层时，$2\sim2.6\mu m$、$3\sim5\mu m$、$8\sim14\mu m$ 三个波段通过率最高，这三个波段对红外探测技术非常重要，红外探测器一般工作在这三个波段。

2.3.2　红外探测器

红外传感器一般由光学系统、探测器、信号调理电路及显示单元等组成。红外探测器是红外传感器的核心。红外探测器是利用红外辐射与物质相互作用所呈现的物理效应来探测红外辐射的。红外探测器的种类很多，按探测机理的不同，分为热探测器和光子探测器两大类。

扫一扫查看
红外探测器

1. 热探测器

热探测器的工作机理是利用红外辐射的热效应，探测器的敏感元件吸收辐射能后引起温度升高，进而使某些有关物理参数发生相应变化，通过测量物理参数的变化来确定探测器所吸收的红外辐射。

热探测器主要优点是响应波段宽，响应范围可扩展到整个红外区域，可以在常温下工作，使用方便，应用相当广泛。

热探测器主要有四类：热释电型、热敏电阻型、热电阻型和气体型。其中，热释电型探测器在热探测器中探测率最高，频率响应最宽，所以这种探测器倍受重视，发展很快。

这里主要介绍热释电型探测器。

（1）热释电红外探测器工作原理

热释电红外探测器由具有极化现象的热晶体或被称为铁电体的材料制成。铁电体的极化强度（单位面积上的电荷）与温度有关。当红外辐射照射到已经极化的铁电体薄片表面上时，引起薄片温度升高，使其极化强度降低，表面电荷减少，这相当于释放一部分电荷，所以称为热释电传感器。如果将负载电阻与铁电体薄片相连，则负载电阻上便产生一个电信号。输出信号的强弱取决于薄片温度变化的快慢，从而反映出入射的红外辐射的强弱，热释电红外传感器的电压响应率正比于入射光辐射率变化的速率。

（2）热释电红外探测器的结构

热释电红外探测器的结构如图 2-31 所示。敏感元件通常采用热晶体（或被称为铁电体），其上、下表面做成电极，表面上加一层黑色氧化膜，用于提高转换效率。由于它的输出阻抗极高，而且输出信号极其微弱，故在其内部装有场效应晶体管（FET）及基极厚膜电阻 R，如图 2-32 所示，以进行信号放大及阻抗变换。

图 2-31　热释电红外探测器的结构　　　图 2-32　热释电红外探测器的内部电路

热释电红外探测器按其内部安装敏感元件数量的多少可分为单元件、双元件、四元件及特殊形式等几种。最常见的是双元件型。所谓双元件是指在一个传感器中有两个反相串联的敏感元件，具有以下优点：

1）当入射能量顺序地射到两个元件上时，其输出要比单元件高一倍。

2）由于两个敏感元件逆向串联使用，对于同时输入的能量会相互抵消，由此可防止太阳的红外线引起的误动作。

3）常用的热晶体元件具有压电效应，故双元件结构能消除因振动而引起的检测误差。

4）可以防止因环境温度变化而引起的检测误差。

由于人体放的远红外线能量十分微弱，直接由热释电红外传感器接收的灵敏度很低，控制距离一般只有 $1 \sim 2\mathrm{m}$，远远不能满足要求，必须配以良好的光学透镜才能实现较高的接收灵敏度。通常多配用菲涅尔透镜，用其将微弱的红外线能量进行"聚焦"，可以将传感器的探测距离提高到 10m 以上。

2. 光子探测器

光子探测器的工作机理是利用入射光辐射的光子流与探测器材料中的电子互相作用，从而改变电子的能量状态，引起各种电学现象，这种现象称为光子效应。光子探测器有内光电和外光电探测器两种，后者又分为光电导、光生伏特和光磁电探测器等三种。光子探测器的主要特点是灵敏度高，响应速度快，具有较高的响应频率，但探测波段较窄，一般需在低温下工作。

2.3.3　红外传感器的应用

图 2-33 是由红外线检测集成电路 RD8702 构成的人体感应自动灯开关电路，适用于家庭、楼道、公共厕所、公共走道等作为照明灯的开关电路。

图 2-33　人体感应自动灯开关电路

该电路主要由人体红外线检测、信号放大及控制信号输出、晶闸管开关及光控等单元电路组成。由于灯泡串接在电路中，所以不接灯泡电路不工作。

当人体红外感应传感器未检测到人体感应信号时，电路处于守候状态，RD8702 的⑩脚和⑪脚（未使用）无输出，双向晶闸管 VS_1 截止，HL 灯处于关闭状态。当有人进入检测范围时，红外感应传感器中产生的交变信号通过 RD8702 的②脚输入 IC 内。经 IC 处理后从⑩脚输出晶闸管过零触发信号，使双向晶闸管 VS_1 导通，灯泡得电点亮，⑪脚输出继电器驱动信号（未使用）供执行电路使用。

光敏电阻 R_G 连接在 RD8702 的⑨脚。有光照时，R_G 的阻值较小，⑨脚内电路抑制⑩脚和⑪脚输出控制信号。晚上光线较暗时，R_G 的阻值较大，⑨脚内电路解除对输出控制信号的抑制作用。

任务实施

1. 红外体温计系统结构

红外测温仪是根据物体的红外辐射特性，依靠其内部光学系统将物体的红外辐射能量汇聚到探测器（传感器），并转换成电信号，再通过放大电路、补偿电路及线性处理后，在显示终端显示被测物体的温度。系统由光学系统、光电探测器、信号放大器及信号处理、显示输出等部分组成，如图 2-34 所示，其核心是红外探测器，将入射辐射能转换成可测量的电信号。

图 2-34 红外体温计系统结构

2. 传感器选型

红外传感器是红外体温计的关键部件，选用的是 RE200B 双元热释电传感器，该传感器采用双灵敏元互补方法有效的抑制温度的起伏、振动温度变化产生的干扰，提高了传感器的工作稳定性，并且它的各项指数都比较好。适用于对人体温度和一些生产线上温度不是很高的场所使用。

3. 测量电路设计

本单元电路主要由热释电红外传感器和信号放大器等组成，电路如图 2-35 所示。D、S、E 端分别对应了热释电探测器的 D、S、G，其中 D 为场效应晶体管漏极接+12V 的电源，S 为经过热释电探测器转换后的电信号输出，E 为场效应晶体管的负极接地。由 S 端输入的信号经过 A_1 放大电路，A_2、A_3 组成的滤波、积分电路，通过输出端口 IN+输入给后续的积分显示电路。

图 2-35 温度测量电路

4. 模拟调试

（1）按照电路图 2-35 所示，将各元件焊接到实验板上，并检查正确性。

（2）将不同温度的物体放置到红外传感器 RE200B 的前方，测量输出端的电压 U_o 变化，是否与温度变化一致。若一致，说明电路正确（由于红外体温计的电路还包括积分显示和电源等电路，这里只对本测量电路进行调试）。

任务 2.4　数字显示温度计电路设计

任务目标

1）了解集成温度传感器及其分类。
2）掌握集成温度传感器的测温原理。
3）熟悉集成温度传感器的应用。
4）使用集成温度传感器设计数字显示温度计电路。

任务描述

集成温度传感器把热敏晶体管和外围电路、放大器、偏置电路及线性电路制作在同一芯片上。它具有体积小、反应快、线性好、性能高、价格低、抗干扰能力强等特点。因此集成温度传感器在温度探测、控制领域得到广泛应用。本任务选用集成温度传感器 LM35，设计一个测温范围为 0～100℃ 的数字显示温度计电路。

相关知识

扫一扫查看
集成温度传感器及分类

2.4.1　集成温度传感器及分类

集成温度传感器是利用晶体管 PN 结的电流和电压特性与温度的关系，把敏感元件、放大电路和补偿电路等部分集成化，并把它们封装在同一壳体里的一种一体化温度检测元件。它除了与半导体热敏电阻一样具有体积小、反应快的优点外，还有线性好、性能高、价格低、抗干扰能力强等特点。

虽然由于 PN 结受耐热性能和特性范围的限制，只能用来测量 150℃ 以下的温度，但在许多领域得到了广泛应用。

目前集成温度传感器主要分为三大类：一类为电压型集成温度传感器，另一类为电流型集成温度传感器，还有一类是数字输出型集成温度传感器。

电压型集成温度传感器是将温度传感器基准电压、缓冲放大器集成在同一芯片上，制成一个两端器件。因器件有放大器，故输出电压高，线性输出为 10mV/℃；另外，由于其具有输出阻抗低的特性，抗干扰能力强，故不适合长线传输。这类集成温度传感器特别适合于工业现场测量。

电流型集成温度传感器是把线性集成电路和与之相容的薄膜工艺元件集成在一块芯片上，再通过激光修版微加工技术，制造出性能优良的测温传感器。这种传感器的输出电流正比于热力学温度，即 1μA/K；同时，因电流型输出恒流，所以传感器具有高输出阻抗，其值可达 10MΩ，这为远距离传输深井测温提供了一种新型器件。

2.4.2　集成温度传感器的测温原理

扫一扫查看
集成温度传感器
测温原理

集成温度传感器把热敏晶体管和外围电路、放大器、偏置电路及线性电路制作在同一芯片上。集成温度传感器多采用匹配的差分对管作为温度敏感元件，根据绝对温度比例关系，利用两个晶体管发射极的电流密度在恒定比率下工作时，一对晶体管的基极与发射极之间电压差 ΔU_{be} 与温度呈线性关系进行温度测量。

图 2-36 是绝对温度比例电路，VT_1、VT_2 是两只互相匹配的温敏晶体管，I_1、I_2 是集电极电流，由恒流源提供，电阻 R_1 上的电压就是两个晶体管的发射极和基极之间电压差 ΔU_{be}。由晶体管伏安特性方程可得

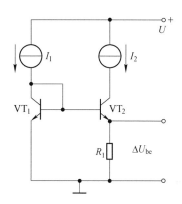

$$\Delta U_{\mathrm{be}} = U_{\mathrm{be1}} - U_{\mathrm{be2}} = \frac{KT}{q}\ln\left(\frac{I_1}{I_2}\gamma\right) \qquad (2\text{-}19)$$

式中　K——玻耳兹曼常数；

　　　q——电子电荷量；

　　　T——绝对温度；

　　　γ——VT_1、VT_2 发射极面积比。

由式（2-19）可见，ΔU_{be} 正比于绝对温度 T，只要 I_1/I_2 为一恒定值，就可以使 ΔU_{be} 与温度 T 为单值线性函数关系，因此称为绝对温度比例电路。这也是集成温度传感器的基本工作原理。

图 2-36　集成温度传感器的
基本工作原理

因为集电极电流比可以等于集电极电流密度比，那么只要保证两只晶体管的集电极电流密度比不变，电压 ΔU_{be} 就可以正比于热力学温度 T。

1. 电压输出型

电压输出型电路原理如图 2-37 所示，电路特点是输出电压 U_{o} 正比于绝对温度 T_{o}，VT_1、VT_2 为差分对管，调节电阻 R_1，可使 $I_1 = I_2$，当对管 VT_1、VT_2 的 β 值大于等于 1 时，电路输出电压 U_{o} 为

$$U_{\mathrm{o}} = I_2 R_2 = \frac{\Delta U_{\mathrm{be}}}{R_1} R_2$$

由此可得

图 2-37　电压输出型原理电路图

$$\Delta U_{\mathrm{be}} = \frac{U_{\mathrm{o}} R_1}{R_2} = \frac{KT}{q}\ln\gamma \qquad (2\text{-}20)$$

可见输出电压 U_{o} 大小与绝对温度 T 成正比关系，与 R_1、R_2 电阻比有关。

2. 电流输出型

电流输出型电路原理如图 2-38 所示，图中 VT_1、VT_2 是结构对称的晶体管作为恒流源

负载，VT_3、VT_4作为感温元件，VT_3、VT_4发射结面积之比为γ，此时电流源总电流I_T为

$$I_T = 2I_1 = \frac{2\Delta U_{be}}{R} = \frac{2KT}{qR}\ln\gamma \qquad (2-21)$$

由式可得，当R、γ为恒定量时，I_T与T呈线性关系。若$R = 358\Omega$，$\gamma = 8$，则电路输出温度系数为$1\mu A/K$。

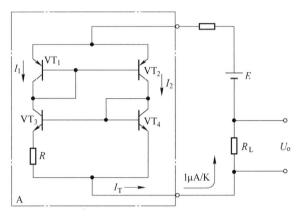

图 2-38　电流输出型电路原理图

2.4.3　集成温度传感器应用

1. AD590 系列集成温度传感器

AD590（美国 AD 公司生产）是电流输出型集成温度传感器，结构外形如图 2-39 所示。器件电源电压 4～30V，测温范围 −55～+150℃，输出电流 223（−50℃）～423μA（+150℃），灵敏度为 1μA/℃。

AD590 输出电流信号传输距离可达 1km 以上，适用于多点温度测量和远距离温度测量的控制。

2. 电流型集成温度传感器 AD590 的应用

（1）温度测量

图 2-39　AD590 外形和电路符号

图 2-40 是应用 AD590 测量绝对温度最简单的例子，如果 $R = 1k\Omega$，U_T 满足 1mV/K 关系，则可由输出电压 U_T 读出 AD590 所处的热力学温标。

图 2-40　绝对温度测量

（2）温度控制

图 2-41 是 AD590 应用于简单温度控制的电路。AD311 为比较器，它的输出控制加热器电流，调节 R_1 可改变比较电压，从而改变了控制温度。AD581 是稳压器，为 AD590 提供一个合理的稳定电压。

图 2-41　温度控制电路

3. AD22100 集成温度传感器

AD22100 是美国 AD 公司生产的一种电压型单片式温度传感器，如图 2-42 所示。U_+ 为电源输入端，一般为+5V，GND 为接地端；NC 管脚在使用时连接在一起，并悬空；U_o 为电压输出端。

图 2-43 为 AD22100 的应用电路。这种温度传感器的特点是灵敏度高、响应快、线性度好，工作温度范围为−50～+150℃。

图 2-42　AD22100 管脚图

图 2-43　AD22100 应用电路

此外还有一些其他类型的国产集成温度传感器，如 SL134M 集成温度传感器，是一种电流型三端器件，它是利用晶体管的电流密度差来工作的；SL616ET 集成温度传感器，是一种电压输出型四端器件，由基准电压、温度传感器、运算放大器三部分电路组成，整个电路可在 7V 以上的电源电压范围内工作。

4. LM35 温度传感器

LM35 系列是电压输出式集成温度传感器，是一种得到广泛使用的温度传感器，输出电压与摄氏温度一一对应。由于它采用内部补偿，灵敏度为 10mV/℃，所以输出可以从 0℃开始，温度每升高 1℃，输出电压就增加 10mV。在常温下，LM35 不需要额外的校准处理即可达到±1/4℃的准确率。低输出阻抗、线性输出和内部精密校准使其与读出或控制电路接口简单和方便，可单电源或正负电源使用。

1）LM35 温度传感器的实物图和电路符号如图 2-44 所示。

(a)　　　　　　　　(b)

图 2-44　LM35 温度传感器的实物图和电路符号

（a）实物图；（b）电路符号

2）LM35 温度传感器的基本参数如下。

工作电压：4.5 ~ 5.5V；输出转换信号：10mV/℃；准确率：±1/4℃；温度范围：−55 ~ +150℃。

3）LM35 传感器在电路中的应用如图 2-45 所示。

5. DS18B20 温度传感器

DS18B20 是改进型智能数字温度传感器，DS18B20 器件本身提供 9 位温度读数，是一款具有单总线结构的器件，信息经单总线接口送入或输出数据，因此从单片机到 DS18B20 仅需一条连线，MCU 可根据协议读取温度数据。即 DS18B20 与微处理器连接时仅需要一条线即可实现微处理器与 DS18B20 的双向通信。温度传感器 DS18B20，它集温度测量、A-D 转换于一体。

图 2-45　LM35 传感器在电路中的应用

DS18B20 的输出为数字量，可以直接与单片机连接，无须后级 A-D 转换，控制简单。DS18B20 只用一根信号线，既供电，又传输数据，而且数据传输是双向的，单总线具有"线与"功能，连接方便，便于扩展，即可在一根总线上挂接多个 DS18B20 来组建温度测量网络。由于 DS18B20 组建的温度测量单元体积小，便于携带、安装。又由于 DS18B20 采用 CMOS 技术，耗电量很小，从总线上取得一点电保存到 DS18B20 内的电容中就可供给器件工作。但如果没有正确地采用 OC（集电极开路）或 OD（漏极开路）结构驱动 DS18B20，而是选择推挽方式，DS18B20 可能被烧坏。

在使用中不需要任何外围元件。可用数据线供电，电压范围为 3.0 ~ 5.5V。测温范围为−55 ~ 125℃。固有测温分辨率为 0.5℃。通过编程可实现 9 ~ 12 位的数字读数方式。可自定非易失性的报警上下限值。支持多点组网功能，多个 DS18B20 可以并联在唯一的三线上，实现多点测温。负压特性，电源极性接反时，温度计不会因发热而烧毁，但不能正常工作。

1）DS18B20 的实物图、引脚排列及电路符号如图 2-46 所示。

图 2-46　DS18B20 的实物图、引脚排列及电路符号

（a）实物图；（b）引脚排列；（c）电路符号

2）DS18B20 温度传感器的基本参数如下。

工作电压：4.5~5.5V；测温范围：-55~125℃；精度：0.0625℃。

3）DS18B20 传感器在电路中的应用如图 2-47 所示。

图 2-47　DS18B20 传感器在电路中的应用

任务实施

1. 电路设计

使用模拟集成温度传感器 LM35 的恒温控制电路如图 2-48 所示。温度传感器 LM35 采集到 0~100℃温度信号并转换成 0~1000mV 的电压信号送到 ICL7107，ICL7107 只需要很少的外部元件就可以精确测量 0~1000mV 电压，并驱动数码管实现信号的显示。

ICL7107 是高性能、低功耗的三位半 A-D 转换器，同时包含有七段译码器、显示驱动

图 2-48 采用集成电路温度传感器 LM35 实现的数字显示温度计电路

器、参考源和时钟系统。ICL7107 可直接驱动共阳极 LED 数码管。ICL7107 将高精度、通用性和真正的低成本很好地结合在一起,它有低于 $10\mu V$ 的自动校零功能,零漂小于 $1\mu V/℃$,低于 $10\mu A$ 的输入电流,极性转换误差小。

2. 电路调试

将一支 100℃ 的水银温度计与温度传感器一起插入沸水中,待水银柱停止上升后(一般为 100℃,但高原地区则不到 100℃),此时调节 RP_1,使数码管显示屏显示 100.0;再把水银温度计与温度传感器一起插入冰水混合物中,待水银柱稳定后,微调 RP_1,使数码管显示屏显示 00.0,重复调整多次即可(但要注意从沸水或冰水混合物取出再插入时,要等一些时间,以免损坏传感器 LM35,调节完成后应保持 RP_1 的阻值不变。

 习 题

1. 什么是温标?常用的温标有哪几种?
2. 什么是热电效应和热电动势?什么叫接触电动势?什么叫温差电动势?

3. 什么是热电偶的中间导体定律？中间导体定律有什么意义？

4. 热电偶串联测温线路和并联测温线路主要用于什么场合？简述各自的优缺点。

5. 热电偶冷端温度对热电偶的热电势有什么影响？为消除冷端温度影响可采用哪些措施？

6. 热释电型红外探测器是如何工作的？

7. 简述光子探测器的工作原理。

8. 简述集成温度传感器的测温原理及分类。

项目 3 力敏传感器及应用

力敏传感器，顾名思义就是能对各种力或能转换为力的物理量产生反应，并能将其转变为电参数的装置或元件。很显然，要成为真正实用意义上的力敏传感器，这个由力转换为电参数的过程最好能呈线性关系。根据由力至电参数转换的方式不同，力敏传感器一般有电阻应变式传感器、电位计式传感器、电感式传感器、压电式传感器、电容式传感器等，它们也可用来测量力值。

任务 3.1 简易电子秤设计

任务目标

1）了解电阻应变效应。
2）熟悉电阻应变片的结构、种类。
3）掌握应变式传感器的测量转换电路。
4）了解应变式传感器的应用。
5）能利用应变式传感器设计电子秤电路。

任务描述

电子秤是日常生活中常用的称重工具，广泛应用于超市、大中型商场和物流配送中心。电子秤在结构和原理上取代了以杠杆平衡为原理的传统机械式称重工具。相比传统的机械式称重工具，电子秤具有称量精度高、装机体积小、应用范围广、易于操作使用等优点，在外形布局、工作原理、结构和材料上都是全新的计量衡器。本任务利用电阻应变式传感器制作一个简易电子秤。

相关知识

扫一扫查看
电阻应变式传感器

3.1.1 电阻应变式传感器

电阻应变式传感器主要利用电阻应变效应或半导体材料的压阻效应制作成敏感元件，是测量微小变化的理想传感器。因为电阻式应变片具有体积小、质量轻、结构简单、灵敏度高、性能稳定、适于动态和静态测量的特点，因此被广泛应用在测量力、应力、应变、荷重和加速度等物理量。

所谓的电阻应变效应，就是导体或半导体在受到外力的作用下，会产生机械变形，从而导致其电阻值发生变化的现象。

假设温度保持不变，一根金属电阻丝，其电阻值 R 与长度 l 成正比，与横截面积 S 成反比，与它的电阻率 ρ 成正比，即

$$R = \rho \frac{l}{s} = \rho \frac{l}{\pi r^2} \tag{3-1}$$

当金属电阻丝在受到外力作用时，ρ、l、s 这三者都会发生变化，如图 3-1 所示。当电阻丝受拉力 F 作用时，l 将变长，r 变小，均导致 R 变大。电阻的变化量用 ΔR 表示，实验证明，在电阻丝形变的弹性限度范围内，电阻的相对变化量 $\Delta R / R$ 与应变量成正比。即

$$\frac{\Delta R}{R} = K \varepsilon_x \tag{3-2}$$

式中，K 为电阻丝的灵敏度系数，表示电阻丝产生单位形变时电阻值相对变化的大小，是与金属材料有关的常数。K 值越大，单位形变引起的电阻值相对变化越大，灵敏度也就越高。不同金属有不同的灵敏系数，通常取值 $K = 1.7 \sim 3.6$。

ε_x 为电阻丝的轴向应变量，$\varepsilon_x = \mathrm{d}l / l$（另外，$\varepsilon_y$ 为电阻丝的径向应变量，$\varepsilon_y = \mathrm{d}r / r$，二者的关系为 $\varepsilon_y = -\mu \varepsilon_x$，$\mu$ 为电阻丝材料的泊松系数）。

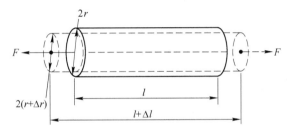

图 3-1　金属电阻丝受力后的变化

可见，当金属电阻丝受到外界应力的作用时，其电阻的变化与受到应力的大小成正比。

3.1.2　电阻应变片的结构、种类

1. 电阻应变片的结构

金属电阻应变片的结构如图 3-2 所示，它主要由基底、金属丝（电阻丝）或金属箔、覆盖层以及引线 4 部分组成。

电阻丝（箔）以曲折形状（栅形，称为敏感栅）用黏结剂粘贴在绝缘基片上，两端通过引线引出，丝栅上面再粘贴一层绝缘保护膜。把应变片贴于被测变形物体上，敏感栅跟随被测物体表面的形变而使电阻值改变，只要测出电阻的变化就可以得知形变量的大小。

图 3-2　电阻应变片的结构

（1）敏感栅

它是电阻应变片最重要的组成部分，由某种金属细丝绕成栅形。一般用于制造电阻应变片的金属细丝直径为 $0.015 \sim 0.05 \mathrm{mm}$。电阻应变片的电阻值有 60Ω、120Ω、200Ω 等各

种规格，以 120Ω 最为常用。敏感栅的栅长用 l 表示，栅宽用 b 表示。应变片栅长大小关系到所测应变的准确度，应变片测得的应变大小实际上是应变片的栅长和栅宽所在面积内的平均轴向应变量。

（2）基底和覆盖层

基底用于保持敏感栅、引线的几何形状和相对位置；覆盖层既可保持敏感栅和引线的形状和相对位置，还可保护敏感栅。最早的基底和覆盖层多用专门的薄纸制成。

（3）黏结剂

用于将敏感栅固定于基底上，并将覆盖层与基底粘贴在一起。使用金属应变片时，也需用黏结剂将应变片基底粘贴在构件表面某个方向和位置上，以便将构件受力后的表面应变传递给应变片的基底和敏感栅。

常用的黏结剂分为有机和无机两大类。有机黏结剂用于低温、常温和中温，常用的有聚丙烯酸酯、酚醛树脂、有机硅树脂及聚酰亚胺等。无机黏结剂用于高温，常用的有磷酸盐、硅酸盐、硼酸盐等。

（4）引线

引线是从应变片的敏感栅中引出的细金属线。常用直径约 $0.1 \sim 0.15mm$ 的镀锡铜线或扁带形的其他金属材料制成。对引线材料的性能要求为：电阻率低、电阻温度系数小、抗氧化性能好、易于焊接。大多数敏感栅材料都可制作引线。

2. 电阻应变片的类型

电阻应变片可分为金属应变片及半导体应变片两大类。金属应变片可分成金属丝式、箔式和薄膜式 3 种。图 3-3 所示为几种不同类型的电阻应变片。

图 3-3　不同类型的电阻应变片

（a）金属丝式；（b）金属箔式；（c）半导体应变片

1—电阻丝；2—金属箔；3—半导体；4—基片

金属丝式应变片应用最早，有纸基、胶基之分。由于金属丝式应变片蠕变较大，金属丝易脱胶，有逐渐被箔式所取代的趋势。但其价格便宜，多用于要求不高的应变、应力的大批量、一次性试验。

金属箔式应变片中的箔栅是用金属箔通过光刻、腐蚀等工艺制成的。箔的材料多为电阻率高、热稳定性好的铜镍合金（康铜）。箔的厚度一般为 $0.001 \sim 0.005mm$，箔栅的尺寸、形状可以按使用者的需要制作，图 3-3（b）就是其中的一种。由于金属箔式应变片与片基的接触面积比丝式大得多，所以散热条件较好，可允许流过较大的电流，而且在长时间测量时的蠕变也较小。箔式应变片的一致性较好，适合于大批量生产，目前广泛用于各种应变式传感器的制造中。

在制造工艺上，还可以对金属箔式应变片进行适当的热处理，使它的线胀系数、电阻温度系数以及被粘贴的试件的线胀系数三者相互抵消，从而将温度影响减小到最小的程度。目前，利用这种方法已可使应变式传感器成品在整个使用温度范围内的温漂小于万分之几。

金属薄膜式应变片主要是采用真空蒸镀技术，在薄的绝缘基片上蒸镀金属材料薄膜，最后加保护层形成，它是近年来薄膜技术发展的产物。

半导体应变片是用半导体材料作敏感栅而制成的。当它受力时，电阻率随应力的变化而变化。它的主要优点是灵敏度高（灵敏度比金属丝式、箔式大几十倍），主要缺点是灵敏度的一致性差、温漂大、电阻与应变间非线性严重。在使用时，需采用温度补偿及非线性补偿措施。图 3-3（c）中 N 型和 P 型半导体在受到拉力时，一个电阻值增加，另一个电阻值减小，可构成双臂半桥，同时又可产生温度自补偿功能。

3. 电阻应变片的参数

电阻应变片的参数主要有以下几项。

（1）标准电阻值（R_0）

标准电阻值指的是在无应变（即无应力）的情况下的电阻值，单位为欧姆（Ω），主要规格有 60Ω、90Ω、120Ω、150Ω、350Ω、600Ω、1000Ω 等。

（2）绝缘电阻（R_G）

绝缘电阻是指已粘贴的应变片的引线与被测试件之间的电阻值，通常要求在 50～100MΩ 以上。R_G 的大小取决于黏结剂及基底材料的种类及固化工艺，在常温条件下要采取必要的防潮措施，而在中温或高温条件下，要注意选取电绝缘性能良好的黏结剂和基底材料。

（3）灵敏度系数（K）

灵敏度系数是指应变片安装到被测物体表面后，在其轴线方向上的单位应力作用下，应变片阻值的相对变化与被测物表面上安装应变片区域的轴向应变之比。

（4）应变极限（ε_{max}）

在恒温条件下，使非线性达到 10% 时的真实应变值，称为应变极限。应变极限是衡量应变片测量范围和过载能力的指标。

（5）允许电流（I_e）

允许电流是指应变片允许通过的最大电流。

（6）机械滞后、蠕变及零漂

机械滞后是指所粘贴的应变片在温度一定时，在增加或减少机械应变过程中真实应变与约定应变（即同一机械应变量下所指示的应变）之间的最大差值。蠕变是指已粘贴好的应变片，在温度一定并承受一定机械应变时，指示应变值随时间变化而产生变化。零漂是指已粘贴好的应变片，在温度一定且又无机械应变时，指示应变值发生变化。

4. 电阻应变片的温度误差及其补偿

外界温度的变化会给测量带来的附加误差，称为电阻应变片的温度误差。温度误差原因主要是因环境温度改变引起敏感栅电阻值的变化，引起电阻变化的主要因素有两方面：一方面是应变片电阻丝的温度系数；另一方面是电阻丝材料与试件材料的线膨胀系数不同。

为了消除温度误差，电阻应变片温度补偿方法有应变片自补偿和线路补偿两大类。

应变片自补偿法也称为温度自补偿法，是利用温度补偿片进行补偿。温度补偿片是一种特制的、具有温度补偿作用的应变片，将其粘贴在被测试件上，当温度变化时，与产生的附加应变相互抵消。

电桥补偿是最常用且效果较好的线路补偿，如图 3-4 所示。图中 R_1 为工作片，R_B 为补偿应变片，R_3、R_4 为固定电阻。工作片 R_1 粘贴在被测试件上需要测量应变的地方，补偿片 R_B 粘贴在补偿块上，与被测试件温度相同，但不承受应变。R_1 和 R_B 接入电桥相邻臂上，造成 ΔR_{1t} 与 ΔR_{Bt} 相同。根据电桥理论可知，当相邻桥臂有等量变化时，对输出没有影响，则上述输出电压与温度变化无关。当工作应变片感受应变时，电桥将产生相应的输出电压。

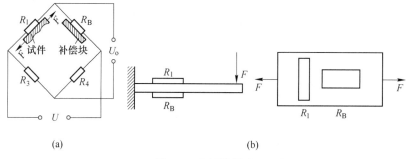

图 3-4　电桥补偿法

应当指出，若要实现完全补偿，上述分析过程必须满足以下三个条件：

1）R_1 和 R_B 两个应变片应具有相同的电阻温度系数 α、线膨胀系数 β、应变灵敏度系数 K 和初始电阻值。

2）粘贴补偿片的补偿块材料和粘贴工作片的被测试件材料必须一样，二者的线膨胀系数相同。

3）两应变片应处于同一温度场中。

此方法简单易行，而且能在较大的温度范围内实现补偿，缺点是上述三个条件不易满足，尤其是第三个条件，温度梯度变化大，R_1 和 R_B 很难处于同一温度场。

在应变测试的某些条件下，可通过改变应变片的粘贴位置实现温度补偿。同时还可以提高应变片的灵敏系数。如图 3-4（b）所示，测量梁的弯曲应变时，将 R_1 和 R_B 两个应变片分粘于梁上、下两面的对称位置，按图 3-4（a）接入电桥电路中。在外力 F 的作用下，R_1 和 R_B 的变化值大小相等、符号相反，电桥的输出电压将增加一倍，此时 R_B 既起到了温度补偿的作用，又提高了灵敏度。

电路补偿法简单易行，使用普通应变片可对各种试件材料在较大湿度范围内进行补偿，因而最常用。

3.1.3　测量转换电路

由于机械应变一般都很小，要将微小的应变引起的微小电阻变化测量

扫一扫查看
测量转换电路

出来，同时要把应变片电阻的相对变化 $\Delta R/R$ 转换为电压或电流的变化，才能用电测仪表进行测量。通常采用电桥电路实现微小阻值变化的转换。根据激励电源不同，测量转换电路有直流电桥和交流电桥两种。

1. 直流电桥

直流电桥的基本形式如图 3-5 所示，它是由连接成环形的四个桥臂组成的，每个桥臂上是一个电阻，在电阻的两个相对连接点 a 与 c 上接入直流电源 U，而在另两个连接点 b 与 d 上接引出线作为电桥的输出端。

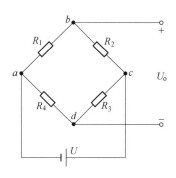

图 3-5　直流电桥电路

设桥臂的电阻分别为 R_1、R_2、R_3 和 R_4，由于其中 1 个桥臂（或 2 个、3 个、4 个桥臂）的应变电阻受外界物理量的变化而发生微小变化 ΔR。将引起直流电桥的输出电压 U_o 发生变化，所以，可以由此测量被测的物理量。

假设激励电压 U 是恒压源，电桥的输出电压为 $U_o = U_b - U_d$，即为

$$U_o = \left(\frac{R_1}{R_1 + R_2} - \frac{R_4}{R_3 + R_4} \right) U = \frac{R_1 R_3 - R_2 R_4}{(R_1 + R_2)(R_3 + R_4)} U \tag{3-3}$$

由式（3-3）可见，若 $R_1 R_3 = R_2 R_4$，即相邻的两臂阻值之比相等，$R_1/R_2 = R_4/R_3 = n$（n 称为桥臂电阻比），则输出电压 $U_o = 0$，此时电桥处于平衡状态。

$R_1 R_3 = R_2 R_4$ 称为直流电桥的平衡条件。4 个桥臂中只要任意 1 个（或 2 个、3 个以至 4 个）的电阻发生变化，都会使电桥的平衡条件不成立，输出电压 $U_o \neq 0$。此时的输出电压 U_o 就反映了桥臂的电阻变化。

下面分几种情况讨论输出电压 U_o 与桥臂电阻变化的关系。根据可变电阻在电桥电路中的分布方式，电桥分为单臂电桥、双臂电桥和全桥 3 种形式，电路如图 3-6 所示。

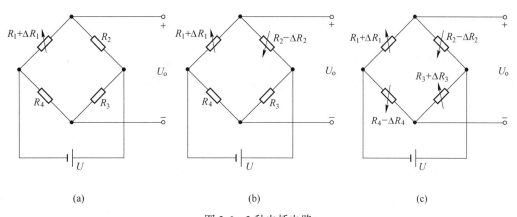

图 3-6　3 种电桥电路
(a) 单臂电桥；(b) 双臂电桥；(c) 全桥

(1) 单臂电桥

当一个桥臂的电阻发生变化（只将一个应变计接入电桥的一臂）时，如图 3-6（a）

所示。假设桥臂 R_1 的阻值变为 $R_1 + \Delta R_1$，则电桥的输出电压为

$$U_\mathrm{o} = \left(\frac{R_1 + \Delta R_1}{R_1 + \Delta R_1 + R_2} - \frac{R_4}{R_3 + R_4} \right) U \tag{3-4}$$

在实际使用中，一般采用等臂电桥，即 $R_1 = R_2 = R_3 = R_4 = R$，设 $\Delta R_1 = \Delta R$，所以式（3-4）即为

$$U_\mathrm{o} = \left(\frac{\Delta R}{4R + 2\Delta R} \right) U \tag{3-5}$$

若电桥用微电阻变化测量，$\Delta R \ll R$，所以可略去式（3-5）中分母的 ΔR 项，即为

$$U_\mathrm{o} = \frac{\Delta R}{4R} U \tag{3-6}$$

单臂电桥电压的灵敏度

$$K_\mathrm{U} = \frac{U_\mathrm{o}}{\dfrac{\Delta R}{R}} = \frac{U}{4}$$

（2）双臂电桥

当两个桥臂的电阻发生变化（即将两个应变计接入电桥的两个相邻臂）时，如图 3-6（b）所示。假设桥臂 R_1 的阻值变为 $R_1 + \Delta R_1$，而桥臂 R_2 的阻值变为 $R_2 + \Delta R_2$，且 $R_1 = R_2 = R_3 = R_4 = R$，$\Delta R_1 = \Delta R_2 = \Delta R$，则电桥的输出电压为

$$U_\mathrm{o} = \frac{\Delta R}{2R} U \tag{3-7}$$

双臂电桥电压的灵敏度

$$K_\mathrm{U} = \frac{U_\mathrm{o}}{\dfrac{\Delta R}{R}} = \frac{U}{2}$$

这种电桥称为半桥双臂工作电桥。两个相邻的应变计一个受拉、另一个受压构成的电桥还称为差动电桥。采用差动电桥，电桥的输出提高一倍，即灵敏度提高了一倍。

（3）全桥

当四个桥臂的电阻都发生变化（即将四个应变计接入电桥的臂）时，如图 3-6（c）所示。假设桥臂的阻值变化量分别为 ΔR_1、ΔR_2、ΔR_3、ΔR_4，且 $R_1 = R_2 = R_3 = R_4 = R$，则电桥的输出电压为

$$U_\mathrm{o} = \left(\frac{\Delta R_1 - \Delta R_2 + \Delta R_3 - \Delta R_4}{4R} \right) U \tag{3-8}$$

由式（3-8）可见，各个桥臂的电阻变化对输出电压的影响：相邻的两桥臂电阻变化所引起的输出电压的变化互相削弱，而相对的两桥臂电阻变化所引起的输出电压的变化互相增强。这就是电桥的和、差特性；利用这一特性，可以构成全桥差动电路，并大大提高传感器的灵敏度。

假如相邻的桥臂，一个受拉、另一个受压，受拉的桥臂，电阻增大，变化量为 $+\Delta R$；受压的桥臂，电阻减小，变化量为 $-\Delta R$。假设四个桥臂的变化量均为 ΔR，只是受拉、受压不同，则

$$U_o = \frac{\Delta R}{R} U \qquad (3-9)$$

全桥电压的灵敏度

$$K_U = \frac{U_o}{\dfrac{\Delta R}{R}} = U$$

可见：全桥差动电路的灵敏度最高，是单臂电桥的灵敏度的 4 倍，所以，在测量时全桥差动电路应用较广。

用全桥测量还有一个优点，即如果有温度变化时，由于两相邻的应变计具有相同的电阻温度误差，所以，它们所产生的附加温度电压因相减而抵消，实现了温度的自动补偿。若采用单臂电桥工作，为了补偿温度误差，往往也需在此工作应变计附近放置另一个相同的应变计，并接入相邻的工作桥臂中。该片虽然不承受应变，但也和工作应变计一样感受温度的变化。由于它们由温度变化引起的电阻变化相同，所以能通过电桥的和、差特性得到补偿。

直流电桥的优点是：(1) 所需要的高稳定度直流电源易于获得。(2) 在测量静态或准静态物理量时，输出量是直流量，可用直流电表测量，精度较高。(3) 电桥调节平衡电路简单，只需对纯电阻加以调整即可。(4) 对传感器及测量电路的连接导线要求低，分布参数影响小。

2. 交流电桥

根据直流电桥的分析可知，由于应变电桥输出电压小，需要加直流放大器，容易产生零点漂移，线路也较复杂；不适宜于进行动态测量。因此，需要采用交流电桥作为测量转换电路。此时供电也需交流电源供电。但在交流电源供电时，需要考虑分布电容的影响，这相当于应变计并联一个电容，如图 3-7 (a) 所示。此时桥臂已不是纯电阻性的，这就需要分析各桥臂均为复阻抗时一般形式的交流电桥。交流电桥的一般形式如图 3-7 (b) 所示，其中 Z_1、Z_2、Z_3、Z_4 为复阻抗。其电源电压、输出电压均应用复数表示。

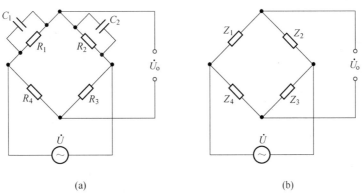

图 3-7　交流电桥
(a) 考虑分布电容；(b) 交流电桥的一般形式

每一桥臂的复阻抗为

$$Z_1 = \frac{R_1}{1 + j\omega R_1 C_1}, \quad Z_2 = \frac{R_2}{1 + j\omega R_2 C_2}, \quad Z_3 = R_3, \quad Z_4 = R_4$$

式中，C_1、C_2 表示应变片引线分布电容。

由交流电路分析可得

$$\dot{U}_o = \dot{U} \frac{Z_1 Z_3 - Z_2 Z_4}{(Z_1 + Z_2)(Z_3 + Z_4)} \tag{3-10}$$

要满足电桥平衡条件，即 $U_o = 0$，则

$$Z_1 Z_3 = Z_2 Z_4 \tag{3-11}$$

$$\frac{R_1}{1 + j\omega R_1 C_1} R_3 = \frac{R_2}{1 + j\omega R_2 C_2} R_4$$

整理为

$$\frac{R_4}{R_1} + j\omega R_4 C_1 = \frac{R_3}{R_2} + j\omega R_3 C_2$$

实部、虚部分别相等，可得交流电桥的平衡条件为

$$\frac{R_2}{R_1} = \frac{R_3}{R_4} \quad \text{及} \quad \frac{R_2}{R_1} = \frac{C_1}{C_2} \tag{3-12}$$

这种交流电容电桥，除要满足电阻平衡条件外，还必须满足电容平衡条件。由此可见，交流电桥的平衡要比直流电桥的平衡复杂。对电桥作初始平衡调节时，一般既有电阻预调平衡，也有电容预调平衡。

常用交流电桥调平衡电路如图 3-8 所示。图 3-8（a）为串联电阻调平法，R_5 为串联电阻；图 3-8（b）为并联电阻调平法，R_5 和 R_6 通常取相同阻值；图 3-8（c）为差动电容调平法，C_1、C_4 为差动电容；图 3-8（d）为阻容调平法，R_5 和 C 组成"T"形电路，可通过对电阻、电容交替调节，使电桥达到平衡。

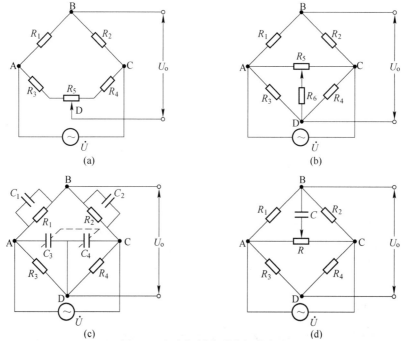

图 3-8　交流电桥的平衡调节方法

（a）串联电阻调平法；（b）并联电阻调平法；（c）差动电容调平法；（d）阻容调平法

3.1.4　应变式传感器的应用

电阻应变片，除直接用来测定试件的应变和应力外，还广泛用作传感元件研制成各种应变式传感器，用来测定其他物理量，如力、压力、扭矩、加速度等。

1. 应变式测力与称重传感器

载荷和力传感器是工业测量中使用较多的一种传感器，传感器量程从几克到几百吨。测力传感器主要作为各种电子秤和材料试验的测力元件，或用于发动机的推动力测试、水坝坝体承载状况的监测等。常见的力传感器有柱式、悬臂梁式、环式等，如图 3-9 所示。

(a)　　　　　　　　　　　　(b)　　　　　　　　　　　　(c)

图 3-9　常见的力传感器

（a）柱式力传感器；（b）悬臂梁式力传感器；（c）环式力传感器

（1）柱式力传感器

柱式力传感器如图 3-10 所示，分别为实心柱式、空心筒式，其结构是在圆筒或圆柱上按一定方式粘贴应变片，圆柱（筒）在外力作用下产生形变。应变片一般对称地粘贴在应力均匀的圆柱表面的中间部分，可对称地粘贴多片，构成差动式，提高了灵敏度，横向粘贴的应变片同时作为温度补偿。

(a)　　　　　　　　　　　　(b)

图 3-10　柱式力传感器

（a）实心柱式；（b）空心筒式

在外力 F 作用下产生的轴向应变为

$$\varepsilon = \frac{F}{SE}$$

(3-13)

式中，S 为弹性元件的横截面积；F 为外力；E 为弹性模量。

由上式可知，减小横截面积 S 可以提高应力与应变的变换灵敏度，但 S 越小抗弯能力越差，易产生横向干扰。为解决这一矛盾，力传感器的弹性元件多采用空心圆筒。空心圆筒在同样横截面积情况下，横向刚度更大。

柱式弹性元件上应变片的粘贴原则是应尽可能地清除偏心、弯矩影响。一般应变片均匀贴在圆柱表面中间部分，R_1 与 R_3、R_2 与 R_4 串联摆放在两对臂内，当有偏心应力时，一方受拉另一方受压，产生相反变化，可减小弯矩的影响。横向粘贴的应变片为温度补偿片，并且 $R_5 = R_6 = R_7 = R_8$，有提高灵敏度的作用。贴片在圆柱面上的展开位置及其在桥路中的连接如图 3-11 所示。

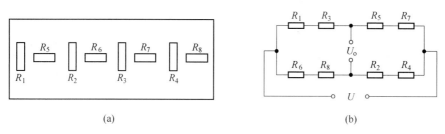

(a)　　　　　　　　　　　　　　　(b)

图 3-11　柱式力传感器应变片位置与连接

（a）柱面展开图；（b）桥路连接图

（2）悬臂梁式力传感器

悬臂梁式力传感器是一种高精度、性能优良、结构简单的称重测力传感器，最小可以测量几十克，最大可以测量几十吨的质量。采用弹性梁和应变片作转换元件，当力作用在弹性元件（梁）上时，弹性元件（梁）与应变片一起变形使应变片的电阻值变化，应变电桥输出与力成正比的电压信号。悬臂梁主要有等截面梁和等强度梁两种形式。结构特征为弹性元件一端固定，力作用在自由端，所以称悬臂梁。

1）等截面梁。等截面梁的特点是，悬臂梁的横截面积处处相等，结构如图 3-12（a）所示。当外力 F 作用在梁的自由端时，固定端产生的应变最大，粘贴在应变片处的应变为

$$\varepsilon = \frac{6Fl_0}{bh^2E} \qquad (3-14)$$

式中，l_0 是梁上应变片至自由端距离；b、h 分别为梁的宽度和梁的厚度。

(a)　　　　　　　　　　　　　　　(b)

图 3-12　悬臂梁式力传感器

（a）等截面梁；（b）等强度梁

等截面梁测力时因为应变片的应变大小与力作用的距离有关，所以应变片应贴在距固定端较近的表面，顺梁的长度方向上下各粘贴两个应变片，四个应变片组成全桥。上面两个受压时下面两个受拉，应变大小相等，极性相反，其电桥输出灵敏度是单臂电桥的 4 倍。这种称重传感器适用于测量 500kg 以下荷重。

2）等强度梁。等强度梁结构如图 3-12（b）所示，悬臂梁长度方向的截面积按一定规律变化，是一种特殊形式的悬臂梁。当力 F 作用在自由端时，距作用点任何截面上应力相等，应变片的应变大小为

$$\varepsilon = \frac{6Fl}{bh^2E} \tag{3-15}$$

有力作用时，梁表面整个长度产生大小相等的应变，所以等强度梁对应变片粘贴在什么位置要求不高。

另外，除等截面梁、等强度梁外，梁的形式还有很多，图 3-13 分别为环式梁、双孔梁和 S 型拉力梁结构形式。

图 3-13　梁式传感器
（a）环式梁；（b）双孔梁；（c）S 型拉力梁

（3）轮辐式测力传感器（剪切力）

轮辐式测力传感器结构如图 3-14 所示，主要由 5 个部分组成：轮毂、轮圈、轮辐条、受拉和受压应变片。轮辐条可以是四根或八根成对称形状，轮毂由顶端的钢球传递重力，

图 3-14　轮辐式测力传感器
（a）实物图；（b）内部结构

圆球的压头有自动定位的功能。当外力 F 作用在轮毂上端和轮圈下面时，矩形轮辐条产生平行四边形变形，轮辐条对角线方向产生 45°的线应变。将应变片按±45°角方向粘贴，八个应变片分别粘贴在四个轮辐条的正反两面，组成全桥。

轮辐式传感器有良好的线性，可承受大的偏心和侧向力，扁平外形抗载能力大，广泛用于矿山、料厂、仓库、车站，测量行走中的拖车、卡车，还可根据输出数据对超载车辆报警。

2. 应变式加速度传感器

应变式加速度传感器基本结构如图 3-15 所示，主要由悬臂梁、应变片、质量块、机座外壳组成。悬臂梁（等强度梁）自由端固定质量块，壳体内充满硅油，产生必要的阻尼。基本工作原理是，当壳体与被测物体一起作加速度运动时，悬臂梁在质量块的惯性作用下作反方向运动，使梁体发生形变，粘贴在梁上的应变片阻值发生变化。通过测量阻值的变化求出待测物体的加速度。

已知加速度为 $a = F/m$，物体运动的加速度与质量块有相同的加速度，物体运动的加速度 a 与它上面产生的惯件力 F 成正比，与物体质量成反比，惯性力的大小可由悬臂梁上的应变片阻值变化测量，电阻变化引起电桥不平衡输出。梁的上下可各粘贴两个应变片组成全桥。应变片式加速度传感器不适用测量较高频率的振动冲击，常用于低频振动测量，一般为 $10\sim60\mathrm{Hz}$。

图 3-15　应变式加速度传感器

3. 压力传感器

压力传感器主要用于测量流体的压力。根据其弹性体的结构形式可分为单一式和组合式两种。图 3-16 所示为筒式应变压力传感器。

在流体压力 P 作用于筒体内壁时，筒体空心部分发生变形，产生周向应变 ε_i，测出 ε_i 即可算出压力 P，这种压力传感器结构简单，制造方便，常用于较大压力的测量。

4. 位移传感器

位移传感器是把被测位移量转变成弹性元件的变形和应变，然后通过应变计和应变电桥，输出正比于被测位移的电量。它可用于近测或远测静态或动态的位移量。图3-17（a）所示为国产 YW 系列应变式位移传感器结构图。这种传感器由于采用了悬臂梁与螺旋弹簧串联的组合结构，因此它适用于 $10\sim100\mathrm{mm}$ 位移的测量。

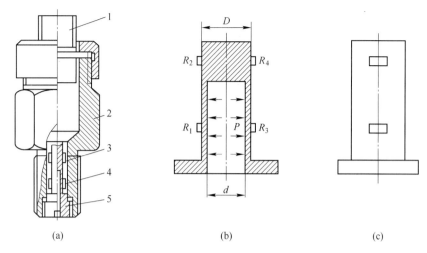

图 3-16 筒式应变压力传感器

（a）结构示意图；（b）筒式弹性元件；（c）应变片分布图

1—插座；2—基体；3—温度补偿应变片；4—工作应变片；5—应变筒

其工作原理如图 3-17（b）所示。从图中可以看出，4 片应变片分别贴在距悬臂梁根部的正、反两面；当拉伸弹簧的一端与测量杆相连，另一端与悬臂梁上端相连。测量时，当测量杆随被测件产生位移 d 时，就要带动弹簧，使悬臂梁弯曲变形产生应变；其弯曲应变量与位移量呈线性关系。

图 3-17 应变式位移传感器结构图

（a）传感器结构图；（b）原理示意图

1—测量头；2—弹性元件；3—弹簧；4—外壳；5—测量杆；6—调整螺钉；7—应变计

任务实施

1. 电子秤实物结构

电子秤设计采用电阻应变式传感器作为测量电路的核心，应根据测量对象的要求，恰当地选择精度和范围度。电子秤实物结构如图 3-18 所示。

2. 电路设计

电子秤通过电阻应变式传感器采集到被测物体的重量并将其转换成电压信号。简易电

图 3-18　电子秤实物结构

子秤电路如图 3-19 所示。

　　电路中，AD623 是一个集成单电源仪表放大器，它能在单电源（3～12V）下提供满电源幅度的输出。它允许使用单个增益设置电阻进行增益编程，以得到更好的灵活性。在无外接电阻条件下，AD623 被设置为单增益（$G=1$）。在外接电阻后，AD623 可编程设置增益，增益最高可达 1000 倍。图 3-19 中由 RP_2 调整 AD623 的增益。

　　ICL7107 是高性能、低功耗的三位半 A-D 转换器，同时包含有七段译码器、显示驱动器、参考源和时钟系统。ICL7107 可直接驱动共阳极 LED 数码管。ICL7107 将高精度、通用性和真正的低成本很好地结合在一起，它有低于 10μV 的自动校零功能，零漂小于 1μV/℃。

图 3-19　简易电子秤电路

3．工作过程

电子秤根据弹性体（弹性元件、敏感梁）在外力作用下产生弹性变形，使粘贴在它表面的电阻应变片（转换元件）也随同变形，电阻应变片变形后，它的阻值将发生变化（增大或减小），再经相应的测量电路把这一电阻变化转换为电信号（电压或电流），将电信号通过数码显示器显示出来，从而完成了将外力变换为电信号的过程。

4．电路调试

1）按图 3-19 连接好电路。检查电路无误后，接通电源。

2）把 ICL7107 第 37 脚与+5V 短接可以测试数码管的好坏，如果电路正常，数码管所有段均能显示，显示为"1888"。

3）AD623 的电位器调到最接近中间的位置。

4）调节 ICL7107 的第 36 脚电位器，使基准电压为 1V。

5）在接通电源并稳定一段时间后，仔细调节零点电位器 RP_3，使数码管显示读数恰好为零，此时电桥平衡。

任务 3.2　汽车发动机进气量检测电路的设计

任务目标

1）熟悉半导体压阻效应。
2）掌握压阻式传感器的工作原理及分类。
3）掌握压阻式传感器的测量电路及温度补偿方法。
4）熟悉压阻式传感器的应用。
5）完成汽车发动机进气量检测电路的设计。

任务描述

汽车发动机吸气压力检测是检测汽车发动机进气量大小的最常用检测方法之一，如需了解发动机的充气效率、燃油与空气混合比或改善发动机的动力性能、经济性能等时均要测定发动机进气量。目前在汽车发动机进气量检测中，主要采用流量计检测和压阻式压力计检测两种方式。本任务中主要利用压阻式压力计来完成发动机进气量检测电路的设计。

相关知识

3.2.1　压阻式传感器

扫一扫查看
压阻式传感器

随着半导体技术的发展，传感器已向半导体化和集成化方向发展。人们发现固体材料受到作用力后电阻率就要发生变化，这种效应称为压阻效应。它以半导体材料最为显著。压阻式传感器工作原理就是基于半导体的压阻效应的。

利用硅的压阻效应和微电子技术制成的压阻式传感器，具有灵敏度高、动态响应好、精度高、易于微型化和集成化等特点，因此获得了广泛应用。

半导体材料的压阻效应如下所述。

所有固体材料在某种程度上都呈现压阻效应，但半导体材料的这种效应特别显著，能直接反映出微小的应变。半导体压阻效应现象可解释为：由应变引起能带变形，从而使能带中的载流子迁移率及浓度也相应地发生相对变化，因此导致电阻率变化，进而引起电阻变化。

半导体材料的电阻值变化，主要是由电阻率变化引起的，机械变形引起的电阻变化可以忽略。而电阻率 ρ 的变化是由应变引起的，即

$$\frac{\Delta R}{R} \approx \frac{\Delta \rho}{\rho} = \pi \sigma \qquad (3\text{-}16)$$

式中，π 为压阻系数；σ 为应力。

由于弹性模量 $E = \sigma / \varepsilon$，故式（3-16）又可表示为

$$\frac{\Delta R}{R} \approx \frac{\Delta \rho}{\rho} = \pi \sigma = \pi E \varepsilon = K \varepsilon \qquad (3\text{-}17)$$

式中，K 为灵敏度系数。

可见，当半导体应变片受到外界应力的作用时，其电阻（率）的变化与受到应力的大小成正比，这就是压阻传感器的工作原理。

需要指出的是，对于不同的半导体，压阻系数和弹性模量都不一样，所以灵敏系数也各不相同，但总体来说，压阻式传感器的灵敏系数大大高于金属电阻应变片的灵敏系数，大约是其 50 ~ 100 倍，这也是压阻式传感器的一个突出优点。

可用于制作半导体应变计的材料主要有硅、锗、锑化姻、砷化镓等，以硅和锗最为常用。如在硅和锗中掺进硼、稼、铟等杂质元素，可形成 P 型半导体；如掺入磷、锑、砷等杂质元素，则形成 N 型半导体。掺入杂质的浓度越大，半导体材料的电阻率就越低。

利用半导体材料制成的压阻式传感器有两种类型：一种是利用半导体材料的体电阻做成粘贴式半导体应变片；另一种是在半导体材料的基片上用集成电路工艺制成扩散电阻，称为扩散型压阻传感器。

1. 粘贴式半导体应变片

粘贴式半导体应变片是将晶片按一定取向切片、研磨，再切割成细条，粘贴于基片上制作而成。几种粘贴式半导体应变片示意图如图 3-20 所示。

图 3-20　粘贴式半导体应变片示意图

2. 扩散型压阻式传感器

由于半导体应变式传感器采用了粘片结构，所以有较大的滞后和蠕变，并存在固有频

率较低、精度不高、小型化和集成化困难等问题，影响了其发展。扩散型压阻传感器解决了半导体应变式传感器的上述问题。

利用半导体扩散技术，将 P 型杂质扩散到一片 N 型硅底上，形成一层极薄的导电 P 型层，装上引线接点后，即形成扩散型半导体应变片。以扩散型半导体应变片为敏感元件制成的传感器称为扩散型压阻式传感器。

图 3-21 为扩散型压阻式压力传感器的结构示意图。它由外壳、硅杯和引线等组成，其核心部分是一块圆形的硅膜片。通常将膜片制作在硅杯上，形成一体结构，以减小膜片与基座连接所带来的性能变化。在膜片上利用集成电路工艺扩散了四个阻值相等的电阻，并构成电桥，这就是硅压阻式力敏元件的压阻芯片。膜片的两边有两个压力腔，一个是和被测系统相连接的高压腔，另一个是低压腔，通常和大气相通。当膜片两边存在压力差时，膜片上各点就有应力。四个扩散电阻的阻值就发生变化，使电桥失去平衡，输出相应的电压，输出电压和膜片两边的压力差成正比。

图 3-21　扩散型压阻传感器的结构
1—引线；2—硅杯；3—低压腔；
4—高压腔；5—硅膜片；6—金丝

3.2.2　测量电路及温度补偿

压阻式传感器的输出方式是将集成在硅片上的四个等值电阻连成平衡电桥，当被测量作用于硅片上时，电阻值发生变化，电桥失去平衡，产生电压输出。但是，由于制造、温度影响等原因，电桥存在失调、零位温漂、灵敏度温度系数和非线性等问题，影响传感器的准确性。因此，必须采取有效措施，减少与补偿这些因素影响带来的误差，提高传感器测量的准确性。

扫一扫查看
测量电路及
温度补偿

1. 测量电桥

压阻式传感器的测量电路一般采用四臂差动等应变全桥检测电路，电桥供电方式可以分为恒压源 [见图 3-22 (a)] 和恒流源 [见图 3-22 (b)] 两种形式。

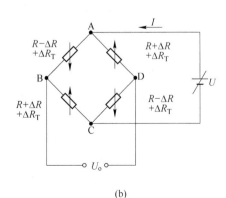

(a)　　　　　　　　　　　　　　　(b)

图 3-22　压阻传感器的测量电路
(a) 恒压源供电电桥；(b) 恒流源供电电桥

（1）恒压源供电方式

假设四个扩散电阻的起始电阻都为 R，当受到应力作用时，有两个电阻受拉，电阻增加 ΔR，另一对角边的两个电阻受压电阻减小 ΔR；另外，由于受温度的影响，使每个电阻有 ΔR_T 的变化量。由图 3-22（a）可得电桥的输出为

$$U_o = U_{BD} = \frac{\Delta R}{R + \Delta R_T} \tag{3-18}$$

由式（3-18）可见，电桥输出与供电电压成正比，同时说明与温度对电阻的影响 ΔR_T 有关，而且是非线性的。所以，用恒压源供电时，不能消除温度的影响。

（2）恒流源供电方式

当用恒流源供电时，假设电桥两个支路的电阻相等，所以流过两支路的电流相等，即 $I_{ABC} = I_{ADC} = I/2$，所以电桥的输出为

$$U_o = U_{BD} = \frac{I}{2}(R + \Delta R + \Delta R_T) - \frac{I}{2}(R - \Delta R + \Delta R_T) = I\Delta R \tag{3-19}$$

由式（3-19）可见，电桥的输出与电阻的变化量成正比，即与被测量成正比；也与供电电源的电流成正比，即输出与恒流源供给的电流大小、精度有关，但是，电桥的输出与温度的变化无关。这是恒流源供电的优点。用恒流源供电时，一个传感器最好独立配备电源。

2. 温度补偿

当压阻式传感器受到温度影响后，会引起零位漂移和灵敏度漂移，因而会产生温度误差。在压阻式传感器中，扩散电阻的温度系数较大，电阻值随温度变化而变化，故引起传感器的零位漂移。传感器灵敏度的温漂是由于压阻系数随温度变化而引起的。

（1）零点温度补偿

零点温度漂移是由于四个扩散电阻值及它们的温度系数不一致造成的。一般可用串联电阻的方法进行补偿，如图 3-23 所示。串联电阻 R_s 主要起调节作用，并联电阻 R_P 则主要起补偿作用。

例如：温度上升，R_s 的增量较大，则 BD 点电位差 $U_o = V_B - V_D$ 就是零位漂移。在 R_2 上并联一负温度系数的阻值较大的电阻 R_p，实现补偿，以消除此温度差。当然如果在 R_3 上并联一个正温度系数的阻值较大的电阻也可以。电桥的电源回路中串联的二极管电压是补偿灵敏度温漂的。二极管的 PN 结为负温度特性，温度升高，压降减小。这样当温度升高时，二极管正向压降减小，因

图 3-23　温漂补偿电路

电源采用恒压源，则电桥电压必然提高，使输出变大，以补偿灵敏度的下降。

（2）灵敏度温度补偿

灵敏度温度漂移是由压阻系数随温度变化而引起的，当温度上升时，压阻系数变小；温度降低时，压阻系数变大，说明传感器的温度系数为负值。

灵敏度温度补偿，可以采用在电源回路中串联二极管的方法。当温度升高时，由于灵敏度降低，使输出也降低，这时如果能提高电桥的电源电压，使电桥输出适当增大，便可

达到补偿目的。反之，温度降低时，灵敏度升高，如果位电桥电源降低，就能使电桥输出适当减小，同样可达到补偿的目的。因为二极管的温度特性为负值，温度每升高 1℃时，正向压降减小 1.9～2.4mV。这样将适当数量的二极管串联在电桥的电源电路中，如图 3-23 所示，当温度升高时，二极管正向压降减小，于是电桥电压增大，使输出也增大，只要计算出所需二极管的个数，将其串入电桥电源回路中，便可达到补偿的目的。

3.2.3　压阻式传感器的应用

1. 液位测量

压阻式压力传感器液位测量如图 3-24 所示，压阻式压力传感器安装在不锈钢壳体内，并由不锈钢支架固定放置于液体底部。传感器的高压侧进气孔（用不锈钢隔离膜片及硅油隔离）与液体相通。安装高度 h_0 处的液位为

$$p_1 = \rho g h_1 \tag{3-20}$$

式中，ρ 为液体密度；g 为重力加速度。

传感器的低压侧进气孔通过一根橡胶背压管与外界的仪表接口相连接。被测液位为

$$H = h_0 + h_1 = h_0 + \frac{p_1}{\rho g} \tag{3-21}$$

这种投入式液位传感器安装方便，适用于几米到几十米混有大量污物、杂质的水或其他液体的液位测量。

2. 加速度测量

图 3-25 为传感器在加速度测量中的应用示意图。压阻式加速度传感器中的悬臂梁直接用单晶硅制成。在悬臂梁的根部上、下两面各扩散两个等值电阻，并构成惠斯登电桥：当梁的自由端的质量块受到加速度作用时，悬臂梁因惯性力的作用产生弯矩而发生变形，同时产生应变，使扩散电阻的阻值变化，电桥便有与加速度成比例的电压输出。

图 3-24　压阻式压力传感器液位测量
1—支架；2—压阻式压力传感器；3—背压管

图 3-25　压阻式传感器测量加速度
1—惯性质量；2—振动方向；3—电极；
4—敏感元件；5—悬臂梁；6—基座

这种压阻式加速度计具有微型化固态整体结构，性能稳定可靠；灵敏度高，可达

0.2MV/g；准确度高，可达 2%；频带宽为 0~500Hz；固有频率为 2kHz；量程大，可测最大加速度为 100g 等优点。它的质量只有 0.5g，适合于对小构件精密测试；也可用于冲击测量，多用于宇航等场合。

任务实施

1. 传感器选型

发动机进气系统的进气量检测，压阻式传感器是关键部件。由于压阻式传感器的种类和型号较多，因此，应根据电路的具体要求来选择适合的压阻式传感器。本任务选用 MPX2050GP 硅压阻式传感器，其额定压力范围为 0~0.5kg/cm² 或 0~1kg/cm²（过压值为最大值的 2 倍），外加基准电源是直流 1.5mA，额定输出电压为（100±30）mV，失调电压为±3mV，压阻传感器电桥电阻为 4700 ×（1±3%）Ω。

2. 测量电路设计

本任务中采用的压阻式传感器位于进气道（距进气阀座 230mm）处，它的安装位置如图 3-26 所示，其测量电路原理如图 3-27 所示。

图 3-27 中，A₁ 作为电压/电流变换器件向电桥提供 1.5mA 基准电流。A₂ 作为差动变压器，A₃ 作为零调整、压力/比例调整器件。A₁ 和 A₃ 可用 F4558 或 F741 等运算放大器，A₂ 是主放大器，要求稳

图 3-26　传感器的安装位置

定性好、漂移小、失调小、共模抑制比高，如 OP07 等运算放大器，在要求精度不太高的应用中，A₂ 可使用 F741 运算放大器。压阻式力敏传感器输出电压为 0~0.1V，经 A₂ 放大后为 -0.5~0V，与基准电压 $U_{REF} = 2V$ 一起送到 A-D 转换器就可以取得对应的数字量，后接数字表头就称为数字压力计，送入微机就可构成压力系统等。RP₁ 用于调整比例关系，RP₂ 用于调零，需要重复多次调整。

图 3-27　压阻式传感器测量电路原理

3. 模拟调试

1）按照电路图 3-27 将各元件焊接到实验板上，并检查正确性（考虑到是实验室模拟测试，可利用电风扇对力敏传感器的作用来模拟发动机进气系统的进气量检测）。

2）将 A_3 运算放大器输出端 U_{OUT} 与毫伏表连接，接通电源 U_{REF}。

3）用电风扇对力敏传感器施加气场压力，因为力敏传感器的核心是在一块圆形膜片上安装着 4 个阻值相等的半导体电阻构成电桥，此时在电风扇作用下，膜片两侧产生压力差，4 个电阻阻值发生变化，电桥失去平衡，输出相应电压，毫伏表有指示，说明电路正确。

4）用不同的风力进行调试，观察毫伏表的示意变化是否同步。

任务 3.3 压电式玻璃破碎报警器的设计

任务目标

1）掌握压电式传感器的工作原理。
2）掌握电容式传感器的工作原理。
3）熟悉压电式和电容式传感器的测量电路。
4）完成压电式玻璃破碎报警器的电路设计。

任务描述

压电式振动传感器是专门用于检测玻璃破碎的一种传感器，适用于一些特殊场合的报警，如银行、文物保管、存放贵重物品等单位的窗户玻璃。压电式振动传感器利用压电元件对振动力敏感的特性来感知玻璃撞击和破碎时产生的振动波。通过本任务的学习，设计一个压电式玻璃破碎报警器。

相关知识

3.3.1 压电效应和压电材料

扫一扫查看
压电效应

1. 压电效应

某些电介质物体在某方向受压力或拉力作用产生形变时，表面会产生电荷；外力撤销后，又回到不带电状态，这种现象称为压电效应。当作用力方向改变时，电荷极性随之改变，把这种机械能转化为电能的现象，称为"正压电效应"，反之，当在电介质极化方向施加电场，这些电介质会产生几何变形，这种现象称为"逆压电效应"。具有压电效应的物体称为压电材料，如天然的石英晶体、人造压电陶瓷等。

利用压电效应的可逆性，可以实现机-电能量的相互转换，如图 3-28 所示。

例如石英晶体的压电效应。图 3-29 所示为天然结构的石英晶体外形，图 3-29（a）是正六面体，用 3 根互相垂直的轴来表示，其中纵向轴 Z 称为光轴；经过正六面体棱线，并垂直于光轴的 X 轴称为电轴；与 X 轴和 Z 轴同时垂直的 Y 轴称为机械轴。通常把沿电

轴 X 方向的力作用下产生电荷的压电
效应称为纵向压电效应；把沿机械轴
Y 方向的力作用下产生电荷的压电效
应称为横向压电效应，而沿光轴 Z 方
向受力时不产生压电效应。

图 3-28　压电效应示意图

若从晶体上沿 Y 方向切下一块如
图 3-29(c) 所示的晶片，当沿电轴方
向施加作用力 F_X 时，在与电轴 X 垂
直的平面上将产生电荷，其大小为

$$Q_X = d_{11}F_X \tag{3-22}$$

式中，d_{11} 为 X 方向上受力的压电系数，一般 $d_{11} = 2.3 \times 10^{-12} \, \text{C/N}$。

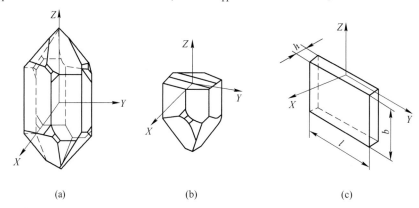

(a)　　　　　　　　　　(b)　　　　　　　　　　(c)

图 3-29　石英晶体外形
(a) 左旋石英晶体；(b) 石英晶体的晶轴；(c) 石英晶体切片

电荷 Q_X 的符号由 F_X 是压力还是拉力决定。从式 (3-22) 可以看出，当晶体切片受到
X 方向的压力作用时，Q_X 与作用力 F_X 成正比，而与晶体切片的几何尺寸无关。电荷的极
性如图 3-30(a)、(b) 所示。

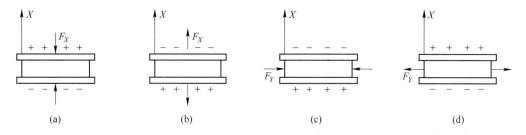

(a)　　　　　　　　(b)　　　　　　　　(c)　　　　　　　　(d)

图 3-30　石英晶体切片受力后电荷极性
(a) X 方向受压；(b) X 方向受拉；(c) Y 方向受压；(d) Y 方向受拉

如果在同一个晶体切片上作用力是沿着机械轴的方向，其电荷仍在与 X 轴垂直平面
上出现，其极性如图 3-30(c) 所示，此时电荷的大小为

$$Q_Y = d_{12} \frac{l}{h} F_Y \tag{3-23}$$

式中，l 和 h 分别为晶体切片的长度和厚度；d_{12} 为石英晶体 Y 轴方向上受力的压电系数。

由式（3-23）可见，沿机械轴方向的力作用在晶体上时，产生的电荷与晶体切片的尺寸有关，负号表示沿 Y 轴的压缩力产生的电荷与沿 X 轴施加的压缩力所产生的电荷极性相反。

在片状压电材料的两个电极面上，如果加以交流电压，会在压电片上能产生机械振动，使压电片在电极方向上有伸缩现象，将这种现象称为电致效应，也称逆压电效应。

具有压电效应的电介质物质称为压电材料。在自然界中，大多数晶体都具有压电效应。由于在压电材料上产生的电荷只有在无泄漏的情况下才能保存，因此压电式传感器不能用于静态测量。压电材料在交变力的作用下，电荷可以不断补充，以供给测量回路一定的电流，所以可适用于动态测量。

压电元件具有自发电和可逆两种重要性能，因此，压电式传感器是一种典型的"双向"传感器。它的主要缺点是无静态输出，阻抗高，需要低电容、低噪声的电缆，很多压电材料的工作温度只有 250℃ 左右。

2. 压电材料

（1）压电材料的主要特性参数

能够明显呈现压电效应的敏感材料称为压电材料。它是物性型的，物性型传感器的性能随材料的不同而不同（这与结构型传感器不同）。为了更好地了解各种压电材料的特性，以便选择合适的压电材料制作传感器，必须了解压电材料的主要特性参数。

1）压电常数。压电常数是衡量材料压电效应强弱的参数，它直接关系到压电输出的灵敏度。

2）弹性常数。压电材料的弹性常数、刚度决定着压电器件的固有频率和动态特性。

3）介电常数。对于一定形状、尺寸的压电元件，其固有电容与介电常数有关，而固有电容又影响着压电传感器的频率下限。

4）机械耦合系数。在压电效应中，其值等于转换输出能量（如电能）与输入能量（如机械能）之比的平方根，它是衡量压电材料机电能量转换效率的一个重要参数。

5）绝缘电阻。电阻压电材料的绝缘电阻能减少电荷泄漏，从而改善压电传感器的低频特性。

6）居里点。压电材料开始丧失压电特性的温度称为居里点。

制作压电式传感器时选择合适的压电材料是关键，所选用的压电材料应具有下列性能：1）大的压电系数和压电常数，有较好的转换性能；2）机械强度高，刚度大、有较高的固有振动频率；3）高电阻率和大的介电常数，以能减弱外部分布电容的影响，获得良好的低频特性；4）高的居里点，以期得到较宽的工作温度范围；5）温度、湿度和时间稳定性好，不随时间蜕变。

（2）压电材料的分类及特性

在自然界中大多数晶体具有压电效应，但压电效应十分微弱。应用于压电式传感器中的压电元件材料一般有三类：压电晶体、经过极化处理的压电陶瓷和高分子压电材料。

1）压电晶体。

①石英晶体。石英晶体是一种性能良好的压电晶体，它的突出优点是性能非常稳定，介电常数与压电系数的温度稳定性特别好，且居里点高，可达到 575℃。此外，它还具有很大的机械强度和稳定的机械性能、绝缘性能好、动态响应快、线性范围宽、迟滞小等优点。但石英晶体的压电系数小（$d_{11} = 2.31 \times 10^{-12}$C/N），灵敏度低，且价格较贵，所以只在标准传感器、高精度传感器或高温环境下工作的传感器中作为压电元件使用。石英晶体分为天然与人造晶体两种。天然石英晶体性能优于人造石英晶体，但天然石英晶体价格较贵。

②水溶性压电晶体。最早发现的是酒石酸钾钠（$NaKC_4H_4O_6 \cdot 4H_2O$），它有很大的压电灵敏度和高的介电常数，压电系数 $d_{11} = 3 \times 10^{-9}$C/N，但是它易于受潮，机械强度低，电阻率也低，因此只限于室温（小于 45℃）且湿度低的环境下应用。

③铌酸锂晶体。通过人工提拉制成，铌酸锂（$LiNbO_2$）压电晶体与石英相似，也是一种单晶体，为无色或浅黄色。由于它是单晶，所以时间稳定性远比多晶体的压电陶瓷好，它的居里温度为 1200℃左右，远比石英和压电陶瓷的高，所以在耐高温的传感器上有广泛的应用前景。

2）压电陶瓷。压电陶瓷是人工制造的多晶体压电材料。材料内部的晶粒有许多自发极化的电畴，它有一定的极化方向，从而存在电场。在无外电场作用时，电畴在晶体中杂乱分布，它们各自的极化效应被相互抵消，压电陶瓷内极化强度为零。因此原始的压电陶瓷呈中性，不具有压电性质，如图 3-31(a) 所示。

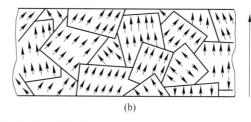

| (a) | (b) |

图 3-31　压电陶瓷的内部极化图

(a) 未极化；(b) 电极化

在压电陶瓷上施加外电场时，电畴的极化方向发生转动，趋向于按外电场方向的排列，从而使材料得到极化。外电场越强，就有越多的电畴更完全地转向外电场方向。当外电场强度大到使材料的极化达到饱和的程度，即所有电畴极化方向都整齐地与外电场方向一致时，在外电场去掉后，电畴的极化方向基本不变化，即剩余极化强度很大，这时的材料才具有压电特性，如图 3-31(b) 所示。

与石英晶体相比，压电陶瓷的压电系数很高，具有烧制方便、耐湿、耐高温、易于成型等特点，制造成本很低。因此，在实际应用中的压电传感器，大多采用压电陶瓷材料。压电陶瓷的弱点是，居里点较石英晶体要低 200~400℃，性能没有石英晶体稳定。但随着材料科学的发展，压电陶瓷的性能正在逐步提高。

常用的压电陶瓷有钛酸钡压电陶瓷、锆钛酸铅系压电陶瓷（PZT）、铌酸盐系压电陶瓷和铌镁酸铅压电陶瓷四大类。

①钛酸钡压电陶瓷（BaTiO$_3$）。钛酸钡由 BaCO$_2$ 和 TiO$_2$ 二者在高温下合成，具有较高的压电系数（$d_{11} = 107 \times 10^{-12} C/N$）和相对介电常数（1000~5000），但居里点较低（约为120℃），机械强度不如石英晶体，由于它的压电系数较高（约为石英的50倍），所以得到广泛应用。

②锆钛酸铅系列压电陶瓷。锆钛酸铅压电陶瓷是钛酸铅和锆酸铅材料组成的固熔体。它有较高的压电常数 [$d_{11} = (200~500) \times 10^{-12} C/N$] 和居里点（300℃以上），工作温度可达 250℃，是目前经常采用的一种压电材料。在上述材料中掺入微量的镧（La）、铌（Nb）或锑（Sb）等，可以得到不同性能的材料。PZT 是工业中应用较多的压电材料。

③铌酸盐系列压电陶瓷。该系列是以铁电体铌酸钾（KNbO$_3$）和铌酸铅（PbNbO$_3$）为基础的，铌酸铅具有很高的居里点（570℃）和低的介电常数；铌酸钾是通过热压过程制成的，它的居里点也较高（435℃），特别适用于 10~40MHz 的高频换能器。

近年来，铌酸盐系压电陶瓷在水声传感器方面有了很好的应用，如深海水听器。

④铌镁酸铅压电陶瓷。铌镁酸铅具有较高的压电系数 [$d_{11} = (800~900) \times 10^{-12} C/N$] 和居里点（260℃），它能在压力大至 70MPa 时正常工作，因此可作为高压下的力传感器。

3）高分子压电材料。某些合成高分子聚合物薄膜经延展拉伸和电场极化后，具有一定的压电性能，这类薄膜称为高分子压电薄膜。目前出现的压电薄膜有聚二氟乙烯 PVF$_2$、聚氟乙烯 PVF、聚氯乙烯 PVC 等。这些是柔软的压电材料，不易破碎，可以大量生产和制成较大的面积。

3.3.2　压电式传感器及应用

压电式传感器是基于某些介质材料的压电效应原理工作的，它是将被测量转化成材料受机械力产生静电电荷或电压变化的传感器。

扫一扫查看
压电式传感器

压电式传感器的体积小、质量小、结构简单、工作可靠，适用于动态力学量的测量，目前多用于加速度和动态力或振动压力的测量。

1. 压电式传感器的连接

压电式传感器的基本原理就是利用压电材料的压电效应，即当有力作用在压电元件上时，传感器就有电荷（或电压）输出。

由于外力作用在压电材料上产生的电荷只有在无泄漏的情况下才能保存，故需要测量回路具有无限大的输入阻抗，这实际上是不可能的，因此压电式传感器不能用于静态测量。如果压电材料在交变力的作用下，电荷可以不断补充，以供给测量回路一定的电流，故适用于动态测量。

考虑到单片压电元件产生的电荷量甚微，输出电量很少，因此在实际使用中常采用两片（或两片以上）同型号的压电元件组合在一起。因为压电材料产生的电荷是有极性的，所以压电元件的接法有两种，如图 3-32 所示。图 3-32（a）是两个压电片的负端粘接在一起，中间插入的金属电极成为压电片的负极，正电极在两边的电极上，从电路上看，这是并联接法，类似两个电容的并联，所以，电容量增加了1倍，外力作用下正负电极上的电荷量增加了1倍，输出电压与单片时相同。图 3-32（b）是两压电片不同极性端粘接在一起，从电路上看是串联的，两压电片中间粘接处正负电荷中和，上、下极板的电荷量与单片时相同，总电容量为单片的 1/2，输出电压增大了 1 倍。

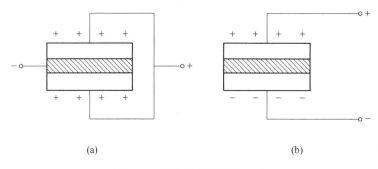

图 3-32　压电元件的连接方式

（a）并联；（b）串联

由上可见，压电元件并联接法输出电荷大，本身电容大，时间常数大，适宜用在测量缓慢变化的信号并且以电荷作为输出量的场合；而压电元件串联接法输出电压大，本身电容小，适宜用于以电压作输出信号，并且测量电路输入阻抗很高的场合。

压电元件作为压电式传感器的核心，在受外力作用时，其受力和变形方式大致有厚度变形、长度变形、体积变形和厚度剪切变形等几种形式，最常用的是厚度变形的压缩式和剪切变形的剪切式两种。

2. 压电传感器等效电路

压电传感器的压电元件，在受到外力作用时，会在一个电极表面聚集正电荷，在另一表面聚集负电荷，因此压电式传感器可以看成一个电荷发生器，或者看成一个电容器。若已知压电片面积为 S，压电片厚度为 b，压电材料的相对介电常数为 ε，等效电容器的电容值为

$$C_a = \frac{\varepsilon S}{b} \tag{3-24}$$

压电元件两侧电荷 Q 的开路电压 U 可等效为一电压源与电容串联，或等效为一电荷源和电容并联。电容上的电压 U、电荷量 Q 与等效电容 C_a 三者关系可表示为

$$U = \frac{Q}{C_a} \tag{3-25}$$

压电元件作为压力传感器使用时，有两种等效电路形式，如图 3-33 所示。图 3-33（a）为电压源等效电路，图 3-33（b）是电流源等效电路。从等效电路可见，只有在外电路负载 R_L 无穷大（$R_L \to \infty$），且内部无漏电时，受力产生的电荷或电压才能长期保存下来，如果负载不是无穷大（$R_L \neq \infty$），电路将按时间常数 $R_L C_a = \tau$ 以指数规律放电，而这种结果必然带来测量误差。

实际上传感器内部不可能没有泄漏，负载也不可能无穷大，只有在工作频率较高时，传感器电荷才能得以补充。从这个意义上说，压电式传感器不适合做静态信号测量。压电元件只有在交变力的作用下，电荷才能源源不断地产生，可以供给测量回路以一定的电流，故只适用于动态测量。

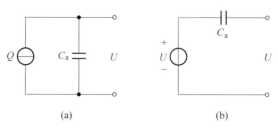

图 3-33　压电元件的等效电路

（a）电荷源；（b）电压源

实际应用中，压电式传感器在连接测量电路时，还要考虑连接电缆等效电容 C_e、前置放大器输入电阻 R_i、输入电容 C_i 以及传感器泄漏电阻 R_a 的影响。压电传感器泄漏电阻 R_a 与前置放大器输入电阻 R_i 并联，为保证传感器有一定的低频响应，要求传感器的泄漏电阻在 $10^{12}\,\Omega$ 以上，使 $R_L C_a$ 足够大。与此相适应，测试系统应有较大的时间常数，也就是要求前置放大器有相当高的输入阻抗。图 3-34 为压电传感器实际等效电路。

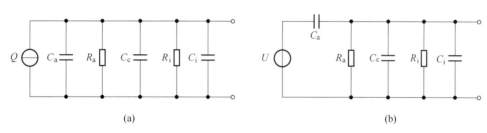

图 3-34　压电元件实际的等效电路图

（a）电荷源实际等效电路；（b）电压源实际等效电路

3. 压电式传感器测量电路

压电式传感器的内阻很高，而输出的信号微弱，因此一般不能直接显示和记录。它要求与高输入阻抗的前置放大电路配合，然后再与一般的放大、检波、显示、记录电路连接，这样，才能防止电荷的迅速泄漏而使测量误差减少。

压电式传感器的前置放大器的作用有两个：一是把传感器的高阻抗输出变为低阻抗输出；二是把传感器的微弱信号进行放大。

根据压电式传感器的工作原理及等效电路，它的输出可以是电荷信号，也可以是电压信号，因此与之配套的前置放大器也有电荷放大器和电压放大器两种形式。由于电压前置放大器的输出电压与电缆电容有关，故目前多采用电荷放大器。

（1）电荷放大器

为解决压电传感器电缆分布电容对传感器灵敏度的影响和低频响应差的缺点，可采用电荷放大器与传感器连接，压电传感器与电荷放大器连接的等效电路如图 3-35 所示。

电荷放大器实际上是一个具有深度负反馈的自增益运算放大器。图中 C_f、R_f 分别为电荷放大器的反馈电容和反馈电阻。理想情况下，放大器的输入电阻和反馈电阻都等于无穷大。因此可以忽略 R_a、R_i、R_f，电荷放大器输出电压近似为反馈电容上电压

$$U_o \approx U_{Cf} = -U_i A \tag{3-26}$$

图 3-35　压电传感器与电荷放大器连接的等效电路

而 C_f 的作用相当于改变了输入阻抗，根据密勒定理也可将反馈电容 C_f 折合到输入端，等效电容为 $(1 + A)C_f$，该电容与 $(C_a + C_c + C_i)$ 相并联，可求得电荷放大器输出电压

$$U_o \approx - \frac{AQ}{C_a + C_c + C_i + (1 + A)\,C_f} \tag{3-27}$$

通常放大器增益 A 足够大，则 $(1 + A)C_f \gg C_a + C_c + C_i$，因此可认为电荷放大器输出电压近似为反馈电容上电压，即

$$U_o = -\frac{Q}{C_f} \tag{3-28}$$

式 (3-28) 说明，电荷放大器的输出电压与传感器电荷量 Q 成正比，与电容 C_f 成反比。并且电缆电容等其他因素可以忽略不计。

（2）电压放大器（阻抗变换器）

串联输出型压电元件可以等效为电压源，但由于压电效应引起的电容量 C_a 很小，因而其电压源等效内阻很大，在接成电压输出型测量电路时，要求前置放大器不仅有足够的放大倍数，而且应具有很高的输入阻抗，图 3-36 所示为电压放大器原理图。

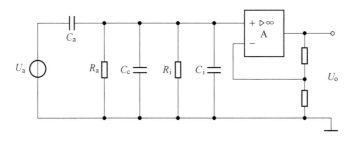

图 3-36　电压放大器原理图

如果压电元件上受到角频率为 ω 的力 F，则可写成 $F = F_m \sin\omega t$，假设压电元件的压电系数为 d，则在外力的作用下，压电元件产生的电压值为

$$U_a = \frac{dF_m}{C_m}\sin\omega t = U_m \sin\omega t \tag{3-29}$$

式中，U_m 为电压幅值，$U_m = \dfrac{dF_m}{C_m}$。

可见当作用于压电元件的力为静态力（$\omega = 0$）时，前置放大器的输出电压为零，因为电荷会通过放大器的输入电阻和传感器本身漏电阻漏掉，所以压电传感器不能用于静态

力的测量。

另外，在改变连接传感器与前置放大器的电缆长度时，C_e 将改变，放大器的输入电压也随之变化，从而使前置放大器的输出电压也发生变化，因此传感器与前置放大器的组合系统输出电压与电缆电容有关。在设计时，常常把电缆长度定为一个常值，使用时如果要改变电缆长度，必须重新校正灵敏度值，否则由于电缆电容 C 的改变将会引入测量误差。

4. 压电式传感器的应用

目前，压电式传感器应用最多的仍是测力，尤其是对冲击、振动加速度的测量。只要被测量能转换成力的其他被测量（如压力、加速度、位移等），就都可以测量。

（1）压电式力传感器

图 3-37 是压电式单向测力传感器的结构图，主要由石英晶体、绝缘套、电极、上盖及基座等组成。传感器上盖为传力元件，它的外缘壁厚为 0.1~0.5mm，当外力作用时它将产生弹性变形，将力传递到石英晶片上，利用石英晶片的压电效应，实现力-电转换。该传感器的测力范围为 0~50N，最小分辨率为 0.01N，固有频率为 50~60kHz，整个传感器重为 10g，可用于机床动态切削力的测量。

图 3-37　压电式单向测力传感器结构图

（2）压电式加速度传感器

压电式加速度传感器由于体积小、质量小、频带宽（零点几赫兹到数十千赫）、测量范围宽（10^{-5}~10^4m/s^2）、使用温区宽（400~700℃），因此广泛用于加速度、振动和冲击测量。

图 3-38 是一种压电式加速度传感器的结构图，它主要由压电元件、质量块、预压弹簧、基座及外壳等组成。整个部件装在外壳内，并由螺栓加以固定。质量块一般由体积质量较大的材料（如钨或重合金）制成。预压弹簧的作用是对质量块加载，产生预压力，以保证在作用力变化时晶片始终受到压缩。整个组件都装在基座上。为了防止被测件的任何应变传到压电晶片上而产生假信号，基座一般要求做得较厚。基座与被测物体刚性固定在一起。

当加速度传感器和被测物一起受到冲击振动时，压电元件受质量块惯性力的作用，所以在压电元件的两个表面上产生交变电压或电荷。当振动频率远低于传感器的固有频率时，传感器输出的电压或电荷与作用力成正比，从而可得知被测物体的加速度。

为了提高灵敏度，一般都采用把两片晶片重叠放置并按串联（对应于电压放大器）

图 3-38　压电式加速度传感器

或并联（对应于电荷放大器）的方式连接。

3.3.3　电容式传感器及应用

电容式传感器是把被测量转换为电容量变化的一种传感器。它具有结构简单、体积小、分辨率高、可非接触式测量等特点，广泛应用于压力、压差、位移、振动、液位等参数的测量。随着电子技术及计算机技术的发展，电容式传感器所存在的易受干扰和易受分布电容影响等缺点不断得以克服，进一步促进了电容式传感器的广泛应用。

扫一扫查看
电容式传感器

1. 电容式传感器的工作原理和类型

电容式传感器的工作原理可以用图 3-39 所示的平行板电容器来说明。平行板电容器是由金属极板及板间电介质构成的。若忽略边缘效应，其电容量为

$$C = \frac{\varepsilon S}{d} \tag{3-30}$$

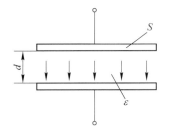

图 3-39　平行板电容器

式中，ε 为两极板间电介质的介电常数；S 为两极板相对有效面积；d 为两个极板间的距离。

由上式可知，改变电容器电容 C 的方法有三种：一是改变介质的介电常数 ε；二是改变形成电容的有效面积 S；三是改变两个极板间的距离 d。通过改变电容得到电参数的输出为电容值的增量 ΔC，从而完成由被测量到电容量变化的转换。

按照上述原理，可将电容式传感器分为三种基本类型：变极距（或称变间隙）型、变面积型和变介电常数型。而它们的电极形状又有平板形、圆柱形和球平面形三种。

（1）变极距型电容传感器

图 3-40 是变极距型电容传感器的结构原理图。图中 1、3 为固定极板，2 为可动极板，其位移是被测量变化而引起的。假设电容极板间的距离由初始值 d_0 减小了 Δd，电容量增加 ΔC，图 3-40(a) 和图 3-40(b) 的电容增量为

$$\Delta C = C - C_0 = \frac{\varepsilon S}{d_0 - \Delta d} - \frac{\varepsilon S}{d_0} = \frac{\varepsilon S}{d_0} \cdot \frac{\Delta d}{d - \Delta d} = C_0 \frac{\Delta d}{d_0 - \Delta d} = C_0 \frac{\Delta d}{d_0} \cdot \frac{1}{1 - \frac{\Delta d}{d_0}} \tag{3-31}$$

式中，C_0 为极距为 d_0 时的初始电容值。

图 3-40　变极距型电容传感器结构原理图
（a）圆极型；（b）圆极型被测物为可动电极；（c）圆极型差动式
1，3—固定极板；2—可动极板

由式（3-31）可以看出 ΔC 与 Δd 不是线性关系。但当 $\Delta d \ll d_0$（即量程远小于极板间初始距离）时，式（3-31）可以简化为

$$\Delta C = C - C_0 = C_0 \frac{\Delta d}{d_0} \tag{3-32}$$

所以，变极距型电容传感器只有在 $\Delta d/d_0$ 很小时，才有近似的线性的关系，因此这种类型传感器一般用来测量微小变化的量，如 $0.01\mu m$ 至零点几毫米的线位移等。

变极距型电容器传感器的灵敏度为

$$K = \frac{\Delta C}{\Delta d} \approx \frac{C_0}{d_0} = \frac{\varepsilon S}{d_0^2} \tag{3-33}$$

由式（3-33）可见，变极距型电容传感器的灵敏度与极距的平方成正比，极距越小灵敏度越高。但 d_0 过小，容易引起电容器击穿或短路。为此极板间可采用高介电常数的材料（云母、塑料膜等）作介质。

实际应用的变极距型传感器常做成差动式［如图 3-40(c) 所示］。上下两个极板为固定极板，中间极板为活动极板，当被测量使活动极板移动一个 Δd 时，由活动极板与两个固定极板所形成的两个平板电容的极距一个减小、一个增大，因此它们的电容量也都发生变化。若 $\Delta d \ll d_0$，则两个平板电容器的变换量大小相等、符号相反。利用后面的转换电路（如电桥等）可以检出两电容的差值，该差值是单个电容传感器电容变化量的两倍。采用差动工作方式，电容传感器的灵敏度提高了一倍，非线性得到了很大的改善，某些因素（如环境温度变化、电源电压波动等）对测量精度的影响也得到了一定的补偿。

变极距型电容传感器的优点是可实现动态非接触测量，动态响应特性好，灵敏度和精度极高（可达纳米级），适应于较小位移（$1nm \sim 1\mu m$）的精度测量。但传感器存在原理上的非线性误差，线路杂散电容（如电缆电容、分布电容等）的影响显著，为改善这些问题而需配合使用的电子电路比较复杂。

（2）变面积型电容传感器

图 3-41 是变面积型电容传感器的结构示意图。与变极距型相比，它们的测量范围大，

可测较大的线位移或角位移。

设图 3-41(a) 中平板形电容传感器的两个相同极板的长为 b，宽为 a，极板间距离为 d，当电容器的可动极板 2 移动 Δx 后，两极板间的电容量为

$$C = \frac{\varepsilon b(a - \Delta x)}{d} = C_0 - \frac{\varepsilon b}{d}\Delta x \tag{3-34}$$

图 3-41　变面积型电容传感器结构原理图
(a) 平板形；(b) 扇形；(c) 圆筒形；(d) 圆筒形差动式
1、3—固定极板；2—可动极板

电容的变化量为

$$\Delta C = C - C_0 = -\frac{\varepsilon b}{d}\Delta x \tag{3-35}$$

电容传感器的灵敏度为

$$K = \frac{\Delta C}{\Delta x} = -\frac{\varepsilon b}{d} \tag{3-36}$$

可见，变面积型电容传感器的输出特性是线性的，适合测量较大的位移，其灵敏度 K 为常数，增大极板长度 b，减小间距 d，可使灵敏度提高，极板宽度 a 的大小不影响灵敏度，但也不能太小，否则边缘影响增大，非线性将增大。

在实际应用中，为了提高测量精度，减少可动极板与固定极板之间的相对面积变化而引起的测量误差，大都采用差动式结构。图 3-41(d) 是改变极板间遮盖面积的差动电容传感器的结构图。上、下两个金属圆筒是定极片，而中间的为动片，当动片向上移动时，与上极片的遮盖面积增大，而与下极片的遮盖面积减小，两者变化的数值相等，方向相反，实现两边的电容成差动变化。

(3) 变介电常数型电容传感器

变介电常数型电容传感器的极距、有效作用面积不变，被测量的变化使其极板之间的介质情况发生变化。这类传感器主要用来测量两极板之间的介质的某些参数的变化，如介质厚度、介质湿度、液位等。

变介电常数型电容传感器结构形式如图 3-42 所示。在图 3-42(a) 中两平行极板固定不动，极距为 δ_0，相对介电常数为 ε_{r2} 的电介质以不同深度插入电容器中，从而改变两种介质的极板覆盖面积。传感器的总电容量 C 为两个电容 C_1 和 C_2 的并联结果，即

$$C = C_1 + C_2 = \frac{\varepsilon_0 b_0}{\delta_0}[\varepsilon_{r1}(l_0 - l) + \varepsilon_{r2}l] \tag{3-37}$$

式中，l_0、b_0 为极板长度和宽度；l 为第二种电介质进入极板间的长度。

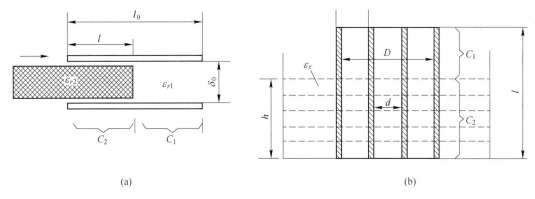

图 3-42　介质变化型电容传感器
（a）平面形；（b）圆柱形

若传感器的极板为两同心圆筒，如图 3-42（b）所示，其液面部分介质为被测介质，相对介电常数为 ε_x；液面以上部分的介质为空气，相对介电常数近似为 1。传感器的总电容 C 等于上、下部分电容 C_1 和 C_2 的并联，即

$$C = C_1 + C_2 = \frac{2\pi\varepsilon_0(l-h)}{\ln(D/d)} + \frac{2\pi\varepsilon_x\varepsilon_0 h}{\ln(D/d)} = \frac{2\pi\varepsilon_0 l}{\ln(D/d)} + \frac{2\pi(\varepsilon_x-1)\varepsilon_0}{\ln(D/d)}h = a + bh$$

（3-38）

其中，$a = \dfrac{2\pi\varepsilon_0 l}{\ln(D/d)}$，$b = \dfrac{2\pi(\varepsilon_x-1)\varepsilon_0}{\ln(D/d)}$。

灵敏度

$$K = \frac{\mathrm{d}C}{\mathrm{d}h} = b$$

（3-39）

由此可见，这种传感器的灵敏度为常数，电容 C 理论上与液面 h 呈线性关系，只要测出传感器电容 C 的大小，就可得到液位 h。

2. 电容式传感器的测量转换电路

电容式传感器中电容值以及电容变化值都十分微小，这样微小的电容量还不能直接为目前的显示仪表所显示，也很难由记录仪记录。测量转换电路就是将电容式传感器看成一个电容，借助于测量电路检出传感器的微小电容增量，并将其转换成与其有函数关系的电压、电流或者频率。电容转换电路有电桥电路（调幅电路）、调频电路、二极管双 T 形交流电桥、运算放大器式电路、脉冲宽度调制电路等。

（1）电容式传感器的等效电路

实际上，电容式传感器并不是一个纯电容，其完整的等效电路如图 3-43（a）所示，L 包括引线电缆电感和电容式传感器本身的电感；r 由引线电阻、极板电阻和金属支架电阻组成；C_0 为传感器本身的电容；C_p 为引线电缆、所接测量电路及极板与外界所形成的总寄生的电容；R_g 是极间等效漏电阻，它包括极板间及与外界间的漏电损耗和介质损耗。

在低频时，传感器电容的阻抗非常大，因此 L 和 r 的影响可以忽略。其等效电路可简化为图3-43(b)，其中等效电容 $C_e = C_0 + C_p$，等效电阻 $R_e \approx R_g$。在高频时，传感器电容的阻抗就变小了，因此 L 和 r 的影响不可忽略，而漏电阻的影响可以忽略。其等效电路可简化为图3-43(c)，其中等效电容 $C_e = C_0 + C_p$，而等效电阻 $r_e \approx r_g$。引线电缆的电感很小，只有工作频率在 10MHz 以上时，才考虑其影响。

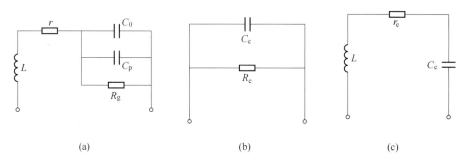

图3-43　电容式传感器等效电路

(a) 完整的等效电路；(b) 低频时的等效电路；(c) 高频时的等效电路

　　传感器电容极板之间的有功损耗致使传感器电容电压和电流相位差比 90° 小一个 δ 角，利用这些特点又可测量更多的量，如石油的含水量和种子或土壤的湿度等。

　　由电容式传感器的等效电路可知，它有一个谐振频率，通常为几十兆赫。当工作频率等于或接近谐振频率时，就破坏了电容的正常作用。因此，供电电源频率必须低于该谐振频率，一般为其 $1/3 \sim 1/2$，传感器才能正常工作。

　　(2) 转换电路

　　1) 电桥电路（调幅电路）。这种转换电路是将电容传感器的两个电容作为交流电桥的两个桥臂，通过电桥把电容的变化转换成电桥输出电压的变化。电路如图3-44所示，其中图3-44(a) 为桥路的单臂接法，高频电源经变压器接到电桥的一条对角线上，电容 C_1、C_2、C_3、C_x 构成电桥的 4 个臂，C_x 为电容传感器，交流电桥平衡时有

$$\frac{C_1}{C_2} = \frac{C_x}{C_3} \tag{3-40}$$

此时，$U_o = 0$。

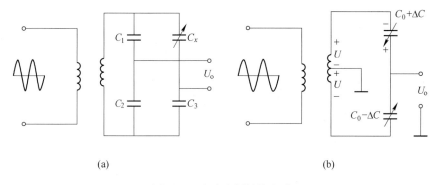

图3-44　交流电桥转换电路

(a) 单臂接法；(b) 差动接法

当 C_x 改变时，$U_o \neq 0$，有电压输出，该电路常用于液位检测仪表中。

图 3-44（b）为差动接法，两个电容为差动电容传感器，其空载输出电压为

$$U_o = \frac{(C_0 - \Delta C) - (C_0 + \Delta C)}{(C_0 + \Delta C) + (C_0 - \Delta C)}U = \frac{\Delta C}{C_0}U \tag{3-41}$$

式中，U 为电源电压；C_0 为电容传感器平衡状态的初始电容值。

电容电桥的主要特点有：①电桥输出调幅波，其幅值与被测量成比例，因此电桥电路又称为调幅电路；②输出电压与电源电压成比例，因此要求电源采用稳幅、稳频等措施；③传感器必须工作在平衡位置附近，否则电桥非线性增大，在要求精度高的场合（如飞机用油量表）应采用自动平衡电桥；④输出阻抗很高（一般达几兆欧至几十兆欧），输出电压低，必须后接高输入阻抗、高放大倍数的处理电路。

2）调频电路。如图 3-45 所示，把传感器接入调频振荡器的 LC 谐振网络中，被测量的变化引起传感器电容的变化，继而导致振荡器谐振频率的变化，振荡器的振荡频率为

$$f = \frac{1}{2\pi\sqrt{LC}} \tag{3-42}$$

式中，L 为振荡回路的电感；C 为振荡回路的总电容，$C = C_i + C_1 + C_0 \pm \Delta C$。

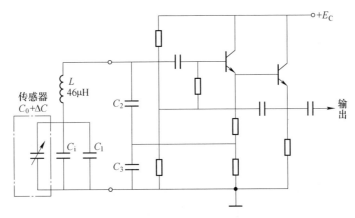

图 3-45 调频电路原理图

当被测信号为 0 时，$\Delta C = 0$，则 $C = C_i + C_1 + C_0$，所以振荡器有一个固有频率为 f_0，

$$f_0 = \frac{1}{2\pi\sqrt{LC}} = \frac{1}{2\pi\sqrt{L(C_i + C_1 + C_0)}} \tag{3-43}$$

当被测信号不为 0 时，$\Delta C \neq 0$，振荡器频率有相应变化，此时频率为

$$f = \frac{1}{2\pi\sqrt{LC}} = \frac{1}{2\pi\sqrt{L(C_i + C_1 + C_0 \pm \Delta C)}} = f_0 \pm \Delta f \tag{3-44}$$

调频电路实际是把电容式传感器作为振荡器谐振回路的一部分，当输入量导致电容量发生变化时，振荡器的振荡频率就发生变化。虽然可将频率作为测量系统的输出量，用以判断被测非电量的大小，但此时系统是非线性的，不易校正，因此必须加入鉴频器，将频率的变化转换为电压振幅的变化，经过放大就可以用仪器指示或记录仪记录下来。

调频电容传感器测量电路具有较高的灵敏度，可以测量高至 0.01 μm 级位移变化量。信号的输出频率易于用数字仪器测量，并与计算机通信，抗干扰能力强，可以发送、接

收，以达到遥测遥控的目的。缺点是电缆电容、温度变化的影响很大，输出电压 μ_0 与被测量之间的非线性一般要靠电路加以校正，因此电路比较复杂。

3）运算放大式电路。如前所述，变极距型电容传感器的电容与极距之间的关系为反比关系，传感器存在原理上的非线性。利用运算放大器的反相比例运算可以使转换电路的输出电压与极距之间关系变为线性关系，从而使整个测试装置的非线性误差得到很大的减小。图 3-46 所示为电容传感器的运算放大式电路。

图 3-46　运算放大式电路

图中 u_s 为高频稳幅交流电源；C_o 为标准参比电容，接在运算放大器的输入回路中；C_x 为传感器电容，接在运算放大器的反馈回路中。根据运算放大器的反向比例运算关系有

$$u_o = -\frac{Z_x}{Z_o}u_s = -\frac{C_o}{C_x}u_s = -\frac{C_o u_s}{\varepsilon \varepsilon_o S}\delta \tag{3-45}$$

式中，Z_o 为 C_o 的交流阻抗，$Z_o = \dfrac{1}{j\omega C_o}$；$Z_x$ 为 C_x 的交流阻抗；$Z_x = \dfrac{1}{j\omega C_x}$，$C_x = \dfrac{\varepsilon \varepsilon_o S}{\delta}$。

由式（3-45）可见，在其他参数稳定不变的情况下，电路输出电压的幅值 u_o 与传感器的极距 δ 呈线性比例关系。该电路由高频稳幅交流电源提供载波，极距变化的信号（被测量）为调制信号，输出为调幅波。与其他转换电路相比，运算式电路的原理较为简单，灵敏度和精度最高。但一般需用"驱动电缆"技术来消除电缆电容的影响，电路较为复杂且调整困难。

4）脉冲宽度调制电路。脉冲宽度调制电路（PWM）是利用传感器的电容充放电使电路输出脉冲的占空比随电容式传感器的电容量变化而变化，再通过低通滤波器得到对应于被测量变化的直流信号。

图 3-47 为脉冲宽度调制电路。它由电压比较器 A_1、A_2，双稳态触发器及电容充放电回路组成。其中 $R_1 = R_2$，VD_1、VD_2 为特性相同的二极管，C_1、C_2 为一组差动电容传感元件，初始电容值相等，u_R 为比较器 A_1、A_2 的参考比较电压。

在电路初始状态时，设电容 $C_1 = C_2 = C_0$，当接通工作电源后双稳态触发器的 R 端为高电平，S 端为低电平，双稳态触发器的 Q 端输出高电平，$\overline{Q}$ 端输出低电平，此时 μ_A 通过 R_1 对 C_1 充电，C 点电压 u_C 升高，当 $u_C > u_R$ 时，电压比较器 A_1 的输出为低电平，即双稳态触发器的 R 端为低电平，此时电压比较器 A_2 的输出为高电平，即 S 端为高电平。

双稳态触发器的 Q 端翻转为低电平，u_C 经二极管 VD_1 快速放电，很快由高电平降为低电平，$\overline{Q}$ 端输出为高电平，通过 R_2 对 C_2 充电，当 $u_D > u_R$ 时，电压比较器 A_2 的输出为低

图 3-47　脉冲宽度调制电路

电平，即 S 端为低电平，电压比较器 A_1 的输出为高电平，即双稳态触发器的 R 为高电平，双稳态触发器的 Q 端翻转为高电平，回到初始状态。如此周而复始，就可在双稳态触发器的两输出端各产生一宽度分别受 C_1、C_2 调制的脉冲波形，经低通滤波器后输出。当 $C_1 = C_2$ 时，线路上各点波形如图 3-48（a）所示，A、B 两点间的平均电压为零。但当 C_1、C_2 值不相等时，如 $C_1 > C_2$，则 C_1 的充电时间大于 C_2 的充电时间，即 $t_1 > t_2$，电压波形如图 3-48（b）所示。

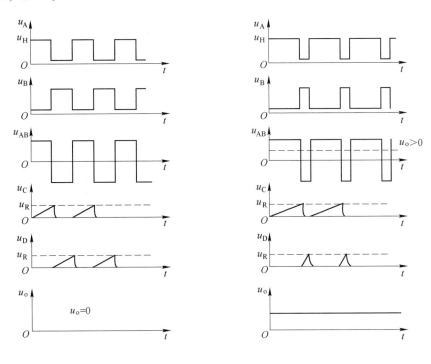

(a)　　　　　　　　　　　　　　　　(b)

图 3-48　各点的电压波形

（a）$C_1 = C_2$ 时的波形；（b）$C_1 > C_2$ 时的波形

$$t_1 = R_1 C_1 \ln \frac{u_H}{u_H - u_R} \qquad (3-46)$$

$$t_2 = R_2 C_2 \ln \frac{u_H}{u_H - u_R} \qquad (3-47)$$

式中，u_H 为触发器输出的高电平值；t_1 为电容 C_1 的充电时间；t_2 为电容 C_2 的充电时间。设电阻 $R_1 = R_2$，经低通滤波器后，获得的输出电压平均值为

$$u_o = \frac{C_1 - C_2}{C_1 + C_2} u_H \tag{3-48}$$

由上式可知，差动电容的变化使充电时间 t_1、t_2 不相等，从而使双稳态触发器输出端的矩形脉冲宽度不等，即占空比不同。

差动脉冲调宽电路能适用于任何差动式电容传感器，并具有理论上的线性特性。另外，差动脉冲调宽电路采用直流电源，其电压稳定性高，不需要稳频和波形纯度，也不需要相敏检波与解调；对元件无线性要求；经低通滤波器可输出较大的直流电压，对输出矩形波的纯度要求也不高。

5）二极管双 T 形交流电桥。图 3-49 所示是二极管双 T 形交流电桥电路原理图。u 是高频电源，它提供幅值为 U_1 的对称方波，VD_1、VD_2 为特性完全相同的两个二极管，$R_1 = R_2 = R$，C_1、C_2 为传感器的两个差动电容。

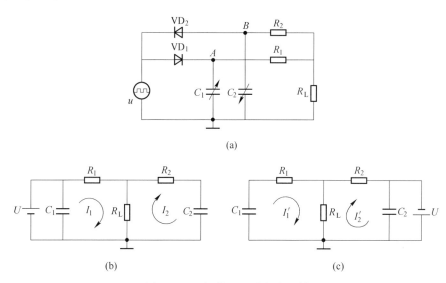

图 3-49　二极管双 T 形交流电桥

(a) 连接电路；(b) 等效电路 1；(c) 等效电路 2

当传感器没有输入时，$C_1 = C_2$，其电路工作原理如下：当 u 为正半周时，二极管 VD_1 导通、VD_2 截止，于是电容 C_1 充电，其等效电路如图 3-49(b) 所示；在随后负半周出现时，电容 C_1 上的电荷通过电阻 R_1、负载电阻 R_L 放电，流过 R_L 的电流为 I_1。当 u 为负半周时，VD_2 导通、VD_1 截止，则电容 C_2 充电，其等效电路如图 3-49(c) 所示；在随后出现正半周时，C_2 通过电阻 R_2、负载电阻 R_L 放电，流过 R_L 的电流为 I_2。根据上面所给的条件，则电流 $I_1 = I_2$ 且方向相反，在一个周期内流过 R_L 的平均电流为零。

若传感器输入不为 0，则 $C_1 \neq C_2$，$I_1 \neq I_2$，此时在一个周期内通过 R_L 上的平均电流不为零，因此产生输出电压，输出电压在一个周期内平均值为

$$U_o = I_L R_L = \frac{1}{T} \int_0^T \left[I_1(t) - I_2(t) \right] \mathrm{d}t \, R_L \approx \frac{R(R + 2R_1)}{(R + R_L)^2} R_L U f (C_1 - C_2) \tag{3-49}$$

式中，f 为电源频率，$f = 1/T_0$。

由式（3-49）可见，输出电压不仅与电源电压 U 的幅值大小有关，而且还与电源频率有关。因此，为保证输出电压比例于电容量的变化，除了要稳压外，还须稳频。这种电路的最大优点是线路简单，不需附加其他相敏整流电路，可直接得到直流输出电压。

3. 电容式传感器的应用

电容式传感器可用来测量直线位移、角位移、振动振幅（测至 0.05μm 的微小振幅），尤其适合测量高频振动振幅、精密轴系回转精度、加速度等机械量，还可用来测量压力、差压力、液位、料面、粮食中的水分含量、非金属材料的涂层、油膜厚度、测量电介质的湿度、密度、厚度等。在自动检测和控制系统中也常常用来作为位置信号发生器。

（1）电容式加速度传感器

电容式加速度传感器的结构如图 3-50 所示。图中，4 为质量块，由两根弹簧片 3 支承，置于壳体 2 内，弹簧较硬使系统的固有频率较高，因此构成惯性式加速度计。

当传感器壳体随被测对象沿垂直方向作直线加速运动时，质量块在惯性空间中相对静止，两个固定电极 1 和 5 将相对于质量块在垂直方向产生大小正比于被测加速度的位移。此位移使两电容 C_1（质量块 4 和固定电极 5）、C_2（质量块 4 和固定电极 1）的间隙发生变化，一个增加，一个减小，从而使电容 C_1、C_2 产生大小相等、符号相反的增量，此增量正比于被测加速度。

电容式加速度传感器的主要特点是频率响应快和量程范围大，大多采用空气或其他气体作阻尼物质。

（2）荷重传感器

电容式荷重传感器的结构如图 3-51 所示。它是在一块特种钢（一般采用镍铬钼钢）上，于同一高度并排平行打一些圆孔，孔的内壁以特殊的黏结剂固定两个截面为 T 形的绝缘体，保持其平行并留有一定间隙，在相对面上粘贴铜箔，从而形成一排平板电容。

图 3-50 电容加速度传感器结构图

1、5—固定电极；2—壳体；

3—弹簧片；4—质量块；6—绝缘体

图 3-51 荷重传感器结构图

当圆孔受荷重变形时，电容值将改变，在电路上各电容并联，因此总电容量将正比于平均荷重 W。该种传感器具有误差较小，接触面影响小，测量电路可装在孔中工作稳定性好等优点。

（3）电容式差压传感器

图 3-52 所示为电容式差压传感器结构示意图。该传感器主要由一个活动电极、两个固定电极和三个电极的引出线组成。

动电极为圆形薄金属膜片，它既是动电极，又是压力的敏感元件；固定电极为两块中凹的玻璃圆片，在中凹内侧，即相对金属膜片侧镀上具有良好导电性能的金属层。

当被测压力通过过滤器 6 进入空腔 5 时，金属弹簧膜片 1 在两侧压力差作用下，将凸向压力低的一侧。膜片和两个镀

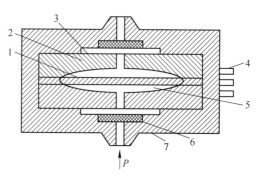

图 3-52　电容式差压传感器
1—弹簧膜片；2—凹玻璃圆片；3—金属涂层；
4—输出端子；5—空腔；6—过滤器；7—壳体

金玻璃圆片 2 之间的电容量便发生变化，由此便可测得压力差。这种传感器分辨率很高，常用于气、液的压力或压差及液位和流量的测量。

（4）电容测厚仪

电容测厚仪可以用来测量金属带材在轧制过程中的厚度，其工作原理如图 3-53 所示。在被测金属带材的上下两侧各放置一块面积相等、与带材距离相等的定极板，定极板与金属带材之间就形成了两个电容器 C_1 和 C_2。把两块定极板用导线连接起来，就相当于 C_1 与 C_2 并联，总电容 $C_x = C_1 + C_2$。如果带材厚度发生变化，则引起极距 d_1、d_2 电容的变化，从而导致总电容 C_x 的改变，用交流电桥将电容的变化检测出来，经过放大，即可由显示仪表显示出带材厚度的变化。使用上、下两个极板是为了克服带材在传输过程中的上下波动带来的误差。例如，当带材向下波动时，C_1 增大，C_2 减小，C_x 基本不变。

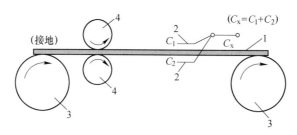

图 3-53　电容测厚仪示意图
1—金属带材；2—电容极板；3—导向轮；4—轧辊

（5）电容式接近开关

电容式接近开关的核心是以电容极板作为检测端的电容器，图 3-54 所示为电容式接近开关的结构示意图。检测极板设置在接近开关的最前端，测量转换电路安装在接近开关壳体内，用介质损耗很小的环氧树脂填充、灌封。当没有物体靠近检测极时，检测板与大地间的电容量 C 非常小，它与电感 L 构成高品质因数 Q 的 LC 振荡电路，$Q = 1/(\omega CR)$。当被检测物体为地电位的导电体（如与大地有很大分布电容的人体、液体等）时，检测极板对地电容 C 增大，LC 振荡电路的 Q 值将下降，导致振荡器停振。

图 3-54　圆柱形电容式接近开关的结构示意图

1—检测极板；2—填充树脂；3—测量转换电路；4—塑料外壳；

5—灵敏度调节电位器；6—工作指示灯；7—信号电缆

当不接地、绝缘被测物体接近检测极板时，由于检测极板上施加有高频电压，在它附近产生交变电场，被检测物体就会受到静电感应而产生极化现象，正负电荷分离，使检测极板的对地等效电容量增大，使 LC 振荡电路的 Q 值降低。对能量损耗较大的介质（如各种含水有机物），它在高频交变极化过程中是需要消耗一定能量，该能量是由 LC 振荡电路提供的，必然使 Q 值进一步降低，振荡减弱，振荡幅度减小。当被测物体靠近到一定距离时，振荡器的 Q 值低到无法维持振荡而停振。根据输出电压 U_0 的大小，可大致判定被测物接近的程度。

任务实施

1. 总体设计

压电式振动传感器利用压电元件对振动力敏感的特性来感知玻璃撞击和破碎时产生的振动波。传感器把振动波转换成电压信号输出，输出电压经放大、滤波、比较等处理后提供给报警系统。压电式玻璃破碎报警器电路框图如图 3-55 所示。

图 3-55　压电式玻璃破碎报警器电路框图

1—传感器；2—玻璃

2. 传感器选择与电路设计

BS-D2 压电式传感器是专门用于检测玻璃破碎的一种传感器，它利用压电元件对振动敏感的特性来感知玻璃受撞击和破碎时产生的振动波。传感器的最小输出电压为 100mV，最大输出电压为 10V，内阻抗为 15～20kΩ。压电式玻璃破碎传感器 BS-D2 的外形图及内部电路如图 3-56 所示。

图 3-56　BS-D2 的外形图及内部电路

（a）外形图；（b）内部电路

使用时将传感器用胶粘贴在玻璃上，然后通过电缆和报警器相连。为了提高报警器的灵敏度，信号经放大后，需经带通滤波器进行滤波，要求它对选定的频谱通带内衰减要小，而对外衰减落差大。由于玻璃振动的波长在音频范围内，这就使带通滤波器成为电路中的关键器件。当传感器输出信号高于设定的阈值时，比较器才会输出报警信号驱动报警执行机构工作。

随着技术的发展，新型振动传感器性能越来越好，图 3-57 所示的振动报警电路中选用 Z02B 集成高灵敏度的振动传感模块，Z02B 工作电压为 DC5V（典型应用为 3V，极限为 12V），由于该模块输出幅度可达到模块端电源电压，满足数字模块的触发电压，所以使用时通过与非门整形后和晶体管 9014 相连，晶体管 9014 集电极通过扬声器 BL 接电电源电压。

图 3-57　振动报警电路

该传感器的灵敏度极高，能检测极其微弱的振动波；抗冲击强度高，能承受同类传感器不能承受的强烈振动工作条件；防水性能好，能适应湿度较大的工作环境。因此，Z02B 非常适用于汽车防盗的振动信号采集，安装在汽车门窗、后车厢盖等一些对振动敏感的地方。也可作为玻璃破碎报警，安装时需将模块安装面与玻璃表面紧贴。

为了避免玻璃轻微振动产生误报警，采用了分压比较电路来实现，通过调整可调电阻来获得玻璃破碎所要达到的报警电压，使门电路刚好可以被驱动，从而使三极管进入饱和状态，实现扬声器 BL 报警，起到防盗功效。

 习　题

1. 什么是电阻应变效应？
2. 简述金属电阻应变片的结构及工作原理。
3. 直流电桥分为几种类型？各自的输出电压和灵敏度有何特点？
4. 直流电桥和交流电桥平衡条件各是什么？
5. 什么叫正压电效应？什么是逆压电效应？
6. 压电元件在使用时常采用多片串接或并接的结构形式。试述在不同接法下输出电压、电荷、电容的关系，它们分别适用于何种应用场合？

7. 应用于压电式传感器中的压电材料常见的有哪些？

8. 根据电容式传感器工作原理，可将其分为几种类型？每种类型各有什么特点？

9. 如何改善单极式变极距电容传感器的非线性？

10. 常用的电容式传感器的测量转换电路有哪几种？各有什么特点？

项目4 位移传感器及应用

在生产实践中，需要进行位移测量的场合非常多。位移是物体在一定方向上的位置变化，是机械行业中最常用的被测物理量之一。位移传感器的作用就是将直线或环形机械位移量转换成电信号。利用相应的位移传感器可以测量位移、距离、位置、尺寸、角度、角位移等物理量。目前用于测量位移的传感器类型很多，本项目中主要介绍电感式、电涡流式、光栅式、超声波式等位移传感器的工作原理及应用。

任务4.1 滚柱直径分选检测电路的设计

任务目标

1）掌握自感式和互感式传感器的结构与工作原理。
2）掌握自感式传感器的测量电路。
3）熟悉自感式和互感式传感器的应用。
4）设计滚柱直径分选检测电路。

任务描述

以往用人工测量和分选轴承所用滚柱直径是费时费力又容易出错的工作。本任务在掌握自感式和互感式传感器原理与应用的基础上，完成滚柱直径分选检测电路的设计。

相关知识

电感式传感器利用电磁感应原理，通过线圈自感或互感的改变来实现非电量的测量。它可以把输入物理量，如位移、振动、压力、流量、比重、力矩、应变等参数，转换为线圈的自感系数 L、互感系数 M 的变化，再由测量电路转换为电流或电压的变化。

电感式传感器具有结构简单、工作可靠、抗干扰能力强、输出功率较大、分辨率较高、稳定性好等优点，并且能实现信息远距离传输、记录、显示和控制，在工业自动控制系统中被广泛采用。

电感式传感器种类很多，根据工作原理的不同分为自感式、互感式和电涡流式三种。

4.1.1 自感式传感器及应用

1. 自感式传感器的结构与工作原理

自感式传感器是把被测量的变化转换成自感 L 的变化，通过一定的转换电路转换成电压或电流输出。按磁路几何参数变化形式的不同，目前常

扫一扫查看
自感式传感器

用的自感式传感器有变气隙式、变截面积式和螺线管式三种，如图 4-1 所示。

变气隙式传感器的结构如图 4-1(a) 所示，它由线圈、铁心、衔铁三部分组成。铁心和衔铁由导磁材料如硅钢片等材料制成，在铁心和衔铁之间留有空气隙 δ。被测物与衔铁相连，当衔铁移动时，气隙厚度 δ 发生改变而引起磁路中磁阻变化，从而导致电感线圈的电感值变化，只要能测出这种电感量的变化，就能确定衔铁位移量的大小和方向。电感量的变化通过测量电路转换为电压、电流或频率的变化，从而实现对被测物位移的检测。

图 4-1　自感式传感器原理图

(a) 变气隙式；(b) 变截面积式；(c) 螺线管式

1—线圈；2—铁心；3—衔铁

当线圈的匝数为 N，流过线圈的电流为 I，磁路磁通为 Φ，则根据电磁感应原理，可得电感量表达式为

$$L = \frac{\Psi}{I} = \frac{N\Phi}{I} \tag{4-1}$$

式中，Ψ 为线圈总磁链。

由磁路欧姆定律 $\Phi = \dfrac{NI}{R_m}$，R_m 为磁路总磁阻，因而有

$$L = \frac{N^2}{R_m} \tag{4-2}$$

磁阻 R_m 包括铁心、衔铁和气隙中的磁阻三部分。对于变隙式传感器，因为气隙很小，所以可以认为气隙中的磁场是均匀的，若忽略磁路磁损，则上式可改写为

$$L = \frac{N^2 \mu_0 S}{2\delta} \tag{4-3}$$

式中，S 为气隙的截面积，μ_0 为空气的磁导率。上式表明当线圈匝数 N 为常数时，电感 L 仅仅是磁路中磁阻 R_m 的函数。

在式 (4-3) 中，如果 S 保持不变，则 L 为 δ 的单值函数，构成变气隙式自感传感器，如图 4-1(a) 所示。若保持 δ 不变，使 S 随被测量（如位移）变化，则构成变截面积式自感传感器，如图 4-1(b) 所示。若线圈中放入圆柱形衔铁，则是一个可变自感，当衔铁上下移动时，自感量将相应发生变化，这就构成了螺线管式自感传感器，如图 4-1(c) 所示。

上述自感传感器，虽然结构简单，运行方便，但也有缺点，如自线圈流往负载的电流不可能等于 0，衔铁永远受有吸力，线圈电阻受温度影响，有温度误差，不能反映被测量

的变化方向等，因此在实际中应用较少，而常采用差动自感传感器。差动自感传感器对干扰、电磁吸力有一定补偿的作用，还能改善特性曲线的非线性。

图 4-2 为差动变气隙式自感传感器的原理结构图。由图 4-2 可知，差动变气隙式自感传感器由两个相同的电感和磁路组成。测量时，衔铁通过导杆与被测位移量相连，当被测体上下移动时，导杆带动衔铁也以相同的位移上下移动，使磁回路中磁阻发生大小相等、方向相反的变化，导致一个线圈的电感量增加，另一个线圈的电感量减小，形成差动形式。当差动使用时，两个电感线圈接成交流电桥的相邻桥臂，另两个桥臂由电阻组成，电桥输出电压与 ΔL 有关。构成差动电桥，不仅可使灵敏度提高一倍，而且使非线性误差大为减小。

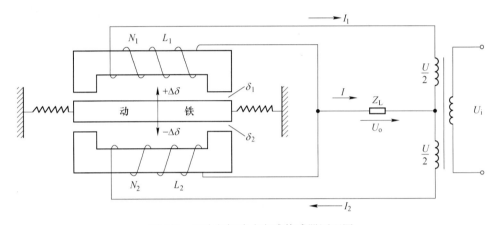

图 4-2　差动变气隙式自感传感器原理图

变气隙式、变截面积式和螺线管式三种类型自感传感器相比较，变气隙式自感传感器灵敏度高，它的主要缺点是非线性严重，为了限制线性误差，示值范围只能较小；它的自由行程小，制造装配困难。变截面积式自感传感器灵敏度较低，变截面积式的优点是具有较好的线性，因而范围可取大些。螺线管式自感传感器的灵敏度比变截面积式的更低，但示值范围大，线性也较好，得到广泛应用。

2. 自感式传感器的测量电路

自感式传感器实现了把被测量的变化转变为自感的变化，为了测出自感的变化，同时也为了送入下级电路进行放大和处理，就要用转换电路把自感的变化转换为电压或电流的变化。一般可将自感变化转换为电压（电流）的幅值、频率、相位的变化，它们分别称为调幅、调频、调相电路。在自感式传感器中一般采用调幅电路，调幅电路的主要形式是交流电桥，有变压器交流电桥和带相敏整流的交流电桥，而调频和调相电路用得较少。

（1）变压器交流电桥

变压器交流电桥如图 4-3 所示，电桥两臂 Z_1 和 Z_2 为传感器两线圈的等效阻抗，另外两臂由交流变压器的二次绕组构成，电压均为 $U_2/2$。

设 O 点为电位参考点，根据电路的基本分析方法，可得到电桥输出电压 $\dot{U}_o$ 为

$$\dot{U}_o = \dot{U}_{AB} = \dot{V}_A - \dot{V}_B = \left(\frac{Z_1}{Z_1 + Z_2} - \frac{1}{2} \right) \dot{U}_2 \tag{4-4}$$

图 4-3　采用变压器二次绕组作平衡臂的交流电桥

当传感器的活动铁心处于初始平衡位置时，即 $Z_1 = Z_{10}$，$Z_2 = Z_{20}$，此时两线圈的电感相等，阻抗也相等，即 $Z_{10} = Z_{20} = Z_0$，其中 Z_0 表示活动铁心处于初始平衡位置时每一个线圈的阻抗。由式（4-4）可知，这时电桥输出电压 $\dot{U}_o = 0$，电桥处于平衡状态。

当铁心向一边移动时，则一个线圈的阻抗增加，即 $Z_1 = Z_0 + \Delta Z$，而另一个线圈的阻抗减小，$Z_2 = Z_0 - \Delta Z$，代入式（4-4）得

$$\dot{U}_o = \left(\frac{Z_0 + \Delta Z}{2Z_0} - \frac{1}{2} \right) \dot{U}_2 = \frac{\Delta Z}{2Z_0} \dot{U}_2 \tag{4-5}$$

当传感器线圈为高 Q 值时，则线圈的电阻远小于其感抗，即 $R \ll \omega L$，则根据式（4-5）可得到输出电压 $\dot{U}_o$ 的值为

$$\dot{U}_o = \frac{\Delta L}{2L_0} \dot{U}_2 \tag{4-6}$$

同理，当活动铁心向另一边（反方向）移动时，则有

$$\dot{U}_o = -\frac{\Delta L}{2L_0} \dot{U}_2 \tag{4-7}$$

综合式（4-6）和式（4-7）可得知电桥输出电压 $\dot{U}_o$ 为

$$\dot{U}_o = \pm \frac{\Delta L}{2L_0} \dot{U}_2 \tag{4-8}$$

上式表明，差动式自感传感器采用变压器交流电桥为测量电路时，电桥输出电压既能反映被测体位移量的大小，又能反映位移量的方向，且输出电压与电感变化量呈线性关系。

（2）带相敏整流的交流电桥

上述变压器式交流电桥中，由于采用交流电源（$u_2 = U_{2m} \sin\omega t$），则不论活动铁心向线圈的哪个方向移动，电桥输出电压总是交流的，即无法判别位移的方向。

为了既能判别衔铁位移的大小，又能判断出衔铁位移的方向，通常在交流测量电桥中引入相敏整流电路，把测量桥的交流输出转换为直流输出，而后用零值居中的直流电压表测量电桥的输出电压。带相敏整流的交流电桥如图 4-4 所示。

图中电桥的两个臂 Z_1、Z_2 分别为差动式传感器中的电感线圈，另两个臂为平衡阻抗 Z_3、Z_4（$Z_3 = Z_4 = Z_0$），VD_1、VD_2、VD_3、VD_4 四只二极管组成相敏整流器，输入交流电

压加在 A、B 两点之间，输出直流电压 U_o 由 C、D 两点输出，测量仪表可以为零刻度居中的直流电压表或数字电压表。下面分析其工作原理。

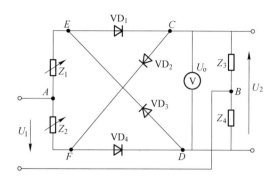

图 4-4 带相敏整流的交流电桥电路

1）初始平衡位置。当差动式传感器的活动铁心处于中间位置时，传感器两个差动线圈的阻抗 $Z_1 = Z_2 = Z_0$，其等效电路如图 4-5 所示。由图可知，无论在交流电源的正半周［见图 4-5(a)］还是负半周［见图 4-5(b)］，电桥均处于平衡状态，桥路没有电压输出，即

$$\dot{U}_o = \dot{U}_{DC} = \dot{V}_D - \dot{V}_C = \left(\frac{Z_0}{Z_0 + Z_0} - \frac{Z_0}{Z_0 + Z_0} \right) \dot{U}_i = 0 \tag{4-9}$$

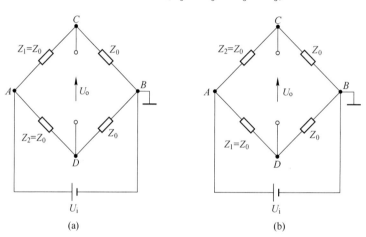

图 4-5 铁心处于初始平衡位置时的等效电路

(a) 交流正半周等效电路；(b) 交流负半周等效电路

2）活动铁心向一边移动。当活动铁心向线圈的一个方向移动时，传感器两个差动线圈的阻抗发生变化，等效电路如图 4-6 所示。

此时 Z_1、Z_2 的值分别为

$$Z_1 = Z_0 + \Delta Z$$
$$Z_2 = Z_0 - \Delta Z$$

在 U_i 的正半周，由图 4-6(a) 可知，输出电压为

$$U_o = V_D - V_C = \frac{\Delta Z}{2Z_0} \cdot \frac{1}{1 - \left(\frac{\Delta Z}{2Z_0} \right)^2} U_i \tag{4-10}$$

当 $\left(\dfrac{\Delta Z}{Z_0} \right)^2 \ll 1$ 时，式 (4-10) 可近似地表示为

$$U_o \approx \frac{\Delta Z}{2 Z_0} U_i \tag{4-11}$$

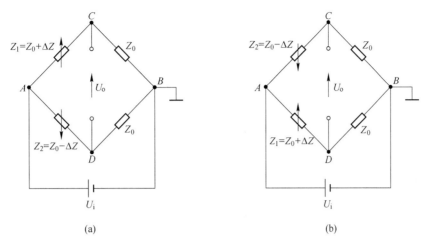

图 4-6　铁心向线圈一个方向移动时的等效电路

（a）交流正半周等效电路；（b）交流负半周等效电路

同理，在 U_i 的负半周，由图 4-6（b）可知

$$U_o = V_D - V_C = \frac{\Delta Z}{2Z_0} \cdot \frac{1}{1 - \left(\frac{\Delta Z}{2Z_0}\right)^2} |U_i| \approx \frac{\Delta Z}{2Z_0} |U_i| \tag{4-12}$$

由此可知，只要活动铁心向一个方向移动，无论在交流电源的正半周还是负半周，电桥输出电压 U_o 均为正值。

3）活动铁心向相反方向移动。当活动铁心向线圈的另一个方向移动时，用上述分析方法同样可以证明，无论在 U_i 的正半周还是负半周，电桥输出电压 U_o 均为负值，即

$$U_o = -\frac{\Delta Z}{2Z_0} |U_i| \tag{4-13}$$

综上所述，采用带相敏整流的交流电桥，其输出电压既能反映位移量的大小，又能反映位移的方向，所以应用较为广泛。图 4-7 为相敏整流交流电桥输出特性。

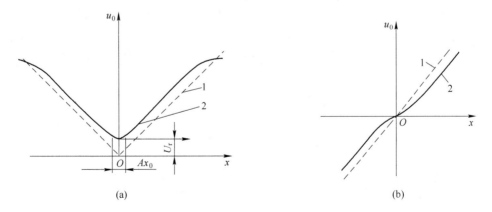

图 4-7　相敏整流交流电桥输出特性曲线

（a）非相敏检波；（b）相敏检波

1—理想特性曲线；2—实际特性曲线

3. 自感式传感器应用实例

自感式传感器的应用很广泛，它不仅可直接用于测量位移，还可以用于测量振动、应变、厚度、压力、流量、液位等非电量。下面介绍两个应用实例。

（1）自感式压力传感器

图 4-8 所示是变气隙电感式压力传感器的结构图，由膜盒、铁心、衔铁及线圈等组成，衔铁与膜盒的上端连在一起。当液体/气体进入膜盒时，膜盒的顶端在压力 P 的作用下产生与压力 P 大小成正比的位移，于是衔铁也发生移动，从而使气隙发生变化，流过线圈的电流也发生相应的变化，电流表指示值就反映了被测压力的大小。

图 4-9 所示为变气隙式差动电感压力传感器，它主要由 C 形弹簧管、衔铁、铁心和线圈等组成。当被测压力进入 C 形弹簧管时，C 形弹簧管产生变形，其自由端发生位移，带动与自由端连接成一体的衔铁运动，使线圈 1 和线圈 2 中的电感发生大小相等、符号相反的变化，即一个电感量增大，另一个电感量减小。电感的这种变化通过电桥电路转换成电压输出。由于输出电压与被测压力之间成比例关系，所以只要用检测仪表测量出输出电压，即可得知被测压力的大小。

图 4-8　变气隙电感式压力传感器　　　　　图 4-9　变气隙式差动电感压力传感器

图 4-10 为 BYM 型自感式压力传感器的结构原理图，它是变气隙式差动传感器的一种。当被测压力 P 变化时，弹簧管 1 产生变形，其自由端（A 端）产生位移，带动与之刚性连接的衔铁 3 移动，使传感器的线圈 5、7 的电感量发生大小相等、符号相反的变化，通过交流电桥测量电路即可将此电感量的变化转换成电压输出，其输出电压的大小与被测压力成正比。

图 4-10　BYM 型自感式压力传感器结构原理图

1—弹簧管；2，4—铁心；3—衔铁；5，7—线圈；6—调节螺钉

（2）自感式测厚仪

图 4-11 所示为自感式测厚仪原理示意图，它采用差动结构，其测量电路为带相敏整流的交流电桥。当被测物的厚度发生变化时，引起测杆上下移动，带动可动铁心产生位移，从而改变了气隙的厚度，使线圈的电感量发生相应的变化。此电感变化量经过带相敏整流的交流电桥测量后，测量仪表显示，其大小与被测物的厚度成正比。

图 4-11　自感式测厚仪原理示意图

1—可动铁心；2—测杆；3—被测物

（3）位移测量

图 4-12(a) 是轴向式测试头的结构示意图；图 4-12(b) 是电感测微仪的原理框图。测量时测头的测端与被测件接触，被测件的微小位移使衔铁在差动线圈中移动，线圈的电感值将产生变化，这一变化量通过引线接到交流电桥，电桥的输出电压就反映被测件的位移变化量。

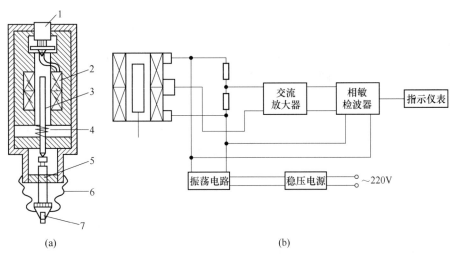

図 4-12　电感测微仪及其测量电路框图

（a）轴向式测试头；（b）电感测微仪原理框图

1—引线；2—线圈；3—衔铁；4—测力弹簧；5—导杆；6—密封罩；7—测头

4.1.2　互感式传感器及应用

把被测的非电量变化转换为线圈互感量变化的传感器称为互感式传感器。这种传感器是根据变压器的基本原理制成的，并且二次绕组都用差动形式连接，故也称差动变压器式传感器。差动变压器式传感器的结构形式较多，有变气隙式、变截面积式和螺线管式等，但其工作原理基本一样。在非电量测量中，应用最多的是螺线管式差动变压器式传感器，它可以测量 $1\sim100\text{mm}$ 范围内的机械位移，并具有测量精度高、灵敏度高、结构简单、性能可靠等优点。

1. 差动变压器式传感器结构与工作原理

图 4-13(a) 所示为螺线管式差动变压器的结构示意图。由图可知，它主要由绕组、活动衔铁和导磁外壳等组成。绕组包括一、二次绕组和骨架等部分。图 4-13(b) 所示是理想的螺线管式差动变压器的原理图，将两匝数相等的二次绕组的同名端反向串联，并且忽略铁损、导磁体磁阻和绕组分布电容的理想条件下，当一次绕组 N_1 加以励磁电压 $\dot{U}_i$ 时，则在两个二次绕组 N_{21} 和 N_{22} 中就会产生感应电动势 $\dot{E}_{21}$ 和 $\dot{E}_{22}$（二次开路时即为 $\dot{U}_{21}$、$\dot{U}_{22}$）。若在工艺上保证变压器结构完全对称，则当活动衔铁处于初始平衡位置时，必然会使两个二次绕组磁回路的磁阻相等，磁通相同，互感系数 $M_1=M_2$。

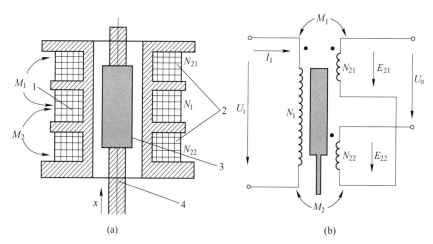

图 4-13　螺线管式差动变压器
(a) 结构示意图；(b) 原理图
1——次绕组；2—二次绕组；3—衔铁；4—测杆

根据电磁感应原理，将有 $\dot{E}_{21}=\dot{E}_{22}$，由于两个二次绕组反向串联，因而 $\dot{U}_o=\dot{E}_{21}-\dot{E}_{22}=0$，即差动变压器输出电压为零，即

$$\dot{E}_{21}=-\mathrm{j}\omega M_1\dot{I}_1$$

$$\dot{E}_{22}=-\mathrm{j}\omega M_2\dot{I}_1 \tag{4-14}$$

式中，ω 为激励电源角频率，单位为 rad/s，M_1、M_2 分别为一次绕组 N_1 与二次绕组 N_{21}、N_{22} 间的互感量，单位为 H，$\dot{I}_1$ 为一次绕组的激励电流，单位为 A。

$$\dot{U}_o = \dot{E}_{21} - \dot{E}_{22} = -j\omega(M_1 - M_2)\dot{I}_1 = 0$$

当活动衔铁向二次绕组 N_{21} 方向（向上）移动时，由于磁阻的影响，N_{21} 中的磁通将大于 N_{22} 中的磁通，即可得 $M_1 = M_0 + \Delta M$、$M_2 = M_0 - \Delta M$，从而使 $M_1 > M_2$，因而必然会使 $\dot{E}_{21}$ 增加 $\dot{E}_{22}$ 减小。因为 $\dot{U}_o = \dot{E}_{21} - \dot{E}_{22} = -2j\omega\Delta M\dot{I}_1$。

同理分析可得，当活动衔铁向二次绕组 N_{22} 方向（向下）移动时，$\dot{U}_o = \dot{E}_{21} - \dot{E}_{22} = 2j\omega\Delta M\dot{I}_1$。综上分析可得

$$\dot{U}_o = \dot{E}_{21} - \dot{E}_{22} = \pm 2j\omega\Delta M\dot{I}_1 \tag{4-15}$$

式中的正负号表示输出电压与励磁电压同相或者反相。

由于在一定的范围内，互感的变化 ΔM 与位移 x 成正比，所以输出电压的变化与位移的变化成正比。差动变压器输出电压特性曲线如图 4-14 所示。实际上，当衔铁位于中心位置时，差动变压器的输出电压并不等于零，通常把差动变压器在零位移时的输出电压称为零点残余电压（见图 4-14 中 Δe）。它的存在使传感器的输出特性曲线不过零点，造成实际特性与理论特性不完全一致。

图 4-14　差动变压器输出电压特性曲线

产生零点残余电压的原因有很多，如变压器的制作工艺和导磁体安装等问题，主要是由传感器的两个二次绕组的电气参数与几何尺寸不对称，以及磁性材料的非线性等引起的。零点残余电压使得传感器在零点附近的输出特性不灵敏，为测量带来误差。为了减小零点残余电压，可采用以下方法：

1）尽可能保证传感器尺寸、线圈电气参数和磁路对称。

2）选用合适的测量电路。

3）采用补偿线路减小零点残余电压。

2. 测量电路

由于差动变压器的输出电压为交流，用交流电压表测量其输出值只能反映衔铁位移的大小，不能反映移动的方向。另外，其测量值含有零点残余电压。为了达到能辨别移动方向和消除零点残余电压的目的，实际测量时，常采用差动整流电路和相敏检波电路。

（1）差动整流电路

差动变压器最常用的测量电路是差动整流电路，如图 4-15 所示，把差动变压器的两个次级输出电压分别整流，然后将整流的电压或电流的差值作为输出。图 4-15（a）和

图 4-15(b) 为电压输出型, 用于连接高阻抗负载电路, 图中的电位器 R_0 用于调整零点残余电压。图 4-15(c) 和图 4-15(d) 为电流输出型, 用于连接低阻抗负载电路。采用差动整流电路后, 不但可以用 0 值居中的直流电表指示输出电压或电流的大小和极性, 还可以有效地消除残余电压, 同时可使线性工作范围得到一定的扩展。

下面结合图 4-15(b) 分析差动整流电路的工作原理。

全波整流电路利用了半导体二极管单向导电原理, 设某瞬间载波为正半周, 此时差动变压器两个次级线圈的相位关系为 A 正 B 负, C 正 D 负; 在上线圈中, 电流自 A 点出发, 路径为 $A \rightarrow 1 \rightarrow 2 \rightarrow 9 \rightarrow 11 \rightarrow 4 \rightarrow 3 \rightarrow B$, 流过电容 C_1 的电流是由 2 到 4, 电容 C_1 上的电压为 U_{24}; 在下线圈中, 电流自 C 点出发, 路径为 $C \rightarrow 5 \rightarrow 6 \rightarrow 10 \rightarrow 11 \rightarrow 8 \rightarrow 7 \rightarrow D$, 流过电容 C_2 的电流是由 6 到 8, 电容 C 两端的电压为 U_{68}。差动变压器的输出电压为上述两电压的代数和, 即 $U_2 = U_{24} - U_{68}$。

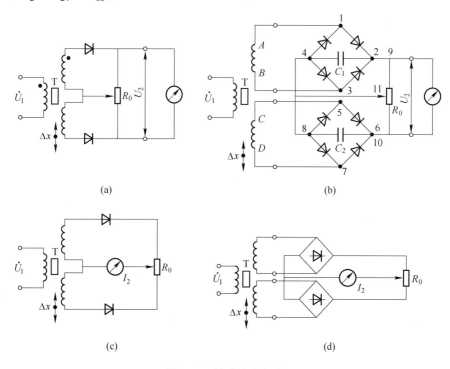

图 4-15　差动整流电路
(a) 半波电压输出; (b) 全波电压输出; (c) 半波电流输出; (d) 全波电流输出

同理, 当某瞬间载波为负半周时, 即两次级线圈的相位关系为 A 负 B 正、C 负 D 正, 按上述分析可知, 不论两个次级线圈的输出瞬时电压极性如何, 流经 C_1 的电流方向总是从 2 到 4, 流经电容 C_2 的电流方向总是从 6 到 8, 可得差动变压器输出电压 U_2 的表达式仍为 $U_2 = U_{24} - U_{68}$。

当铁心在中间位置时, $U_{24} = U_{68}$, 所以 $U_2 = 0$; 当铁心在零位以上时, 因为, $U_{24} > U_{68}$, 所以 $U_2 > 0$; 当铁心在零位以下时, 因为 $U_{24} < U_{68}$, 所以 $U_2 < 0$。

铁心在零位以上或以下时, 输出电压的极性相反, 于是零点残余电压会自动抵消。由此可见, 差动整流电路可以不考虑相位调整和零点残余电压的影响。此外, 还具有结构简单、分布电容影响小和便于远距离传输等优点，获得广泛的应用。在远距离传输时，将此电路的整流部分放在差动变压器的一端，整流后的输出线延长，就可避免感应和引出线分布电容的影响。

（2）相敏检波电路

相敏检波电路的形式很多，过去通常采用分立元件构成的电路，它可以利用半导体二极管或晶体管来实现。随着电子技术的发展，各种性能的集成电路相继出现，例如单片集成电路 LZX1 就是一种集成化的全波相敏整流放大器，它以开关元件的全波相敏解调器，能完成把输入交流信号经全波整流后变为直流信号，以及鉴别输入信号相位等功能。该器件具有重量轻、体积小、可靠性高、调整方便等优点。

差动变压器和 LZX1 的连接电路如图 4-16 所示。其中，u_2 为信号输入电压，u_s 为参考输入电压，R 为调零电位器，C 为消振电容，若无 C 则会产生正反馈，发生振荡。移相器使参考电压和差动变压器次级输出电压同频率，相位相同或相反。

图 4-16　差动变压器和 LZX1 的连接电路

对于测量小位移的差动变压器，由于输出信号小，还需在差动变压器的输出端接入放大器，把放大的信号输入到 LZX1 的信号输入端。

一般经过相敏检波和差动整流输出的信号，还需通过低通滤波器，把调制时引入的高频信号衰减掉，只让铁心运动所产生的有用信号通过。

3. 互感式传感器的应用

与电感传感器类似，差动变压器可以直接用于测量位移和尺寸，并能测量可以转换成位移变化的各种机械量，如振动、加速度、应变、密度、张力和厚度等。

（1）位移的测量

图 4-17 是一个方形结构的差动变压器式位移传感器，可用于多种场合下测量微小位移。其工作原理是：测头 1 通过轴套和测杆 5 相连，活动衔铁 7 固定在测杆 5 上。线圈架 8 上绕有三组线圈。中间是初级线圈，两端是次级线圈、形成三节式结构，它们都通过导线 10 与测量电路相连。初始状态下，调节传感器使其输出为 0，当测头 1 有一位移 x 时，衔铁也随之产生位移 x，引起传感器的输出变化，其大小反映了位移 x 的大小。线圈和骨

架放在磁筒6内,磁筒的作用是增加灵敏度和防止外磁场干扰,圆片弹簧4对测杆起导向作用,弹簧9用来产生一定的测力,使测头始终保持与被测物体表面接触的状态,防尘罩2的作用是防止灰尘进入测杆。

(2) 力和力矩的测量

将差动变压器位移传感器与弹性元件组合可用来测量力和力矩,图4-18为差动变压器式力传感器。其工作原理是:当力作用于传感器上时,使弹性元件3变形,固定在3上的衔铁2相对线圈1移动,因而产生输出电压,输出电压的大小反映了力的大小。

这种传感器的优点是承受轴向力时应力分布均匀,且在长径比较小时,受横向偏心分力的影响较小。

图4-17　方形结构的差动变压器式传感器

1—测头;2—防尘罩;3—轴套;4—圆片弹簧;

5—测杆;6—磁筒;7—活动衔铁;

8—线圈架;9—弹簧;10—导线

图4-18　差动变压器式力传感器

1—线圈;2—衔铁;3—弹性元件

(3) 加速度的测量

图4-19所示是用于加速度计的差动变压器式传感器。质量块2由两片弹簧片1支承。测量时,质量块的位移与被测加速度成正比,因此,将加速度的测量转变为位移的测量。质量块的材料是导磁的,所以它既是加速度计中的惯性元件,又是磁路中的磁性元件。

图4-20为差动变压器式加速度传感器的又一形式。它由悬臂梁1和差动变压器2构成。测量时,将悬臂梁的底座及差动变压器的线圈骨架固定,而将差动变压器中的衔铁3的A端与被测振动体相连。当被测体带动衔铁一定规律振动时,导致差动变压器输出电压也按相同的规律变化。因此,可从差动变压器的输出电压得知被测物体的振动参数。

为满足测量精度的要求,加速度计的固有频率应比被测频率的上限大3~4倍。由于运动系统的质量m不可能太小,而增加弹簧片的刚度又使加速度计的灵敏度受到影响,因此,系统的固有频率不可能很高,它能测量的振动频率的上限就受到限制,一般在150Hz左右。

图 4-19　加速度计用传感器

1—弹簧片；2—质量块

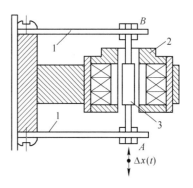

图 4-20　差动变压器式加速度传感器

1—悬臂梁；2—差动变压器；3—衔铁

图 4-21 为测振动加速度的又一种结构形式。衔铁作为惯性质量体与弹簧片 3 相连接，受到振动加速度的作用使得弹簧受力变形，变形的大小与加速度有关。所反映的被测加速度大，变形就大，衔铁的位移量就大，传感器的输出电压就高。这种传感器的测振频率同样受结构性能的限制，一般为 0~150Hz。

（4）压力的测量

差动变压器式传感器还可测量压力、压差等力学参数。图 4-22 为微压传感器。在无压力时，固接在膜盒中心的衔铁 6 位于差动变压器 5 的中部，因而输出为零。当被测压力 P 由接头 1 输入到膜盒中时，膜盒的自由端产生一个正比于被测压力的位移，并且带动衔铁 6 在差动变压器中移动，因而得到能反映被测压力的输出电压。这种传感器经分挡处理，可以测量 $-4 \times 10^4 \sim 6 \times 10^4$ Pa 的压力，输出信号电压为 0~50mV，精度为 1%~1.5%。

图 4-21　加速度传感器

1—差动变压器；2—质量块；3—弹簧片；4—壳体

图 4-22　微压传感器

1—接头；2—膜盒；3—底座；4—线路板；
5—差动变压器；6—衔铁；7—插头；8—通孔

任务实施

1. 传感器选择

图 4-23 是电感式滚柱直径分选装置的示意图，检测装置主要由汽缸、活塞、推杆、

落料管、电感测微器和钨钢测头等组成。其中，电感测微器是电感式直径分选装置的关键部件，其内部主要由差动变压器式传感器组成，根据电路的具体要求来选择适合的电感测微器。本设计中选用 DX-1 型电感测微器，其传感器的重复精度最高可达 $0.03\mu m$。

2. 工作过程

由机械排序装置送来的滚柱按顺序进入电感测微器。电感测微器的推杆在电磁铁的控制下，先是提升到一定的高度，让滚柱进入其正下方，然后电磁铁释放，衔铁向下压住滚柱，滚柱的直径决定了衔铁位移的大小。电感传感器的输出信号送到计算机，计算出直径的偏差值。完成测量的滚柱被机械装置推出电感测微器，这时相应的翻板打开，滚柱落入与其直径偏差相对应的容器中。

图 4-23 滚柱直径分选装置的示意图
1—汽缸；2—活塞；3—推杆；4—被测转轴；5—落料管；
6—电感测微器；7—钨钢测头；8—限位挡板；9—电磁翻板；10—容器（料斗）

3. 测量电路设计

本任务中采用的电感测微器电路如图 4-24 所示，主要由激励电源电路、相敏检波电路及放大电路等组成。其中差动变压器的激励电源由 A_4 组成正弦波振荡电路产生，A_5 为电压放大级，A_6 与光电耦合器 PC 构成负反馈，即自动增益控制（AGC）电路进一步稳幅，A_7 与 VT_1、VT_2 组成升压电路。

本任务中差动变压器的测量电路为相敏检波电路，这里采用 LM1496 集成电路，LM1496 是一个双差分模拟乘法器电路，由于 LM1496 的 1 脚（SIG）加有直流偏置电压，因此用电容 C_1 隔直流耦合，以免影响差动变压器工作，差动变压器的交流激励信号作为载波信号加到 LM1496 的 7 脚（CAR），用 VS_3 稳压管降低并限定载波信号的电压，接在 2 脚和 3 脚间的 R_1 和 RP_1 用来调整 LM1496 的增益，LM1496 的 9 脚和 6 脚为对称输出，再通过 A_2 变为非对称（单端）输出。

由 LM1496 相敏检波后的信号经 A_2 和 A_3 进行放大，A_2 的增益调整要进行均衡调整，要保证负反馈电阻和同相端的平衡电阻相等，因此要采用同轴电位器分别串入负反馈电阻

图 4-24　电感测微器电路

（10kΩ）和同相端接地电阻（10kΩ）进行调整，A_3 为缓冲放大器，并能通过 RP_4 适当调整增益，使输出为 0~±10V 的电压。

4. 模拟调试

1）按照图 4-24 所示电路将各元件焊接到实验板上，并检查正确性（考虑到是实验室模拟测试，可在 A_3 放大器输出 TP_7 端连接数字万用表）。

2）调整 RP_2，使观察到的与振荡频率相同的交流分量最小，这时万用表上应显示为 0V 电压。若不为 0V，可减小 LM1496 的 7 脚的载波输入，输入必须为正负对称的交流波形。

3）此时稍微移动差动变压器的衔铁，万用表显示正负直流电压信号，则电路工作正常。

任务 4.2　金属表面镀膜厚度测量电路

任务目标

1）掌握高频反射式和低频透射式涡流传感器的结构与原理。

2）掌握电涡流式传感器的测量电路。

3）熟悉电涡流式传感器的应用。

4）设计金属表面镀膜厚度测量电路。

任务描述

在采用镀膜技术对零部件表面进行处理时，其表面镀膜厚度的检测就显得尤为重要。若镀膜层太薄，可能满足不了零部件表面性能的要求，达不到表面处理的目的；若镀膜层太厚，不仅造成材料的浪费，还会造成镀膜层内应力过大，降低了镀膜层的结合强度；若镀膜层厚薄不均，也会对镀膜层的多种力学物理性能产生不良影响。因此，实时准确的镀膜厚度检测对于提高过程控制质量和零部件在线检测与维修效率具有重要意义。本任务在掌握电涡流式传感器基本知识的基础上，设计金属表面镀膜厚度测量电路。

相关知识

扫一扫查看
电涡流式传感器

4.2.1　电涡流传感器的结构与工作原理

根据法拉第电磁感应定律，块状金属导体置于变化的磁场中或在磁场中做切割磁力线运动时，导体内将产生呈涡旋状的感应电流，此电流叫作电涡流，以上现象称为电涡流效应。

根据电涡流效应制成的传感器称为电涡流式传感器。按照电涡流在导体内的贯穿情况，此传感器可分为高频反射式和低频透射式两类，但从基本工作原理上来说仍是相似的。

电涡流式传感器最大的特点是能对位移、厚度、表面温度、速度、应力、材料损伤等进行非接触式连续测量，此外还具有体积小、灵敏度高、频率响应宽等特点，应用极其广泛。

1. 高频反射式电涡流传感器

高频反射式电涡流传感器的结构比较简单，主要是一个安置在框架上的线圈，线圈可以绕成扁平圆形粘贴于框架上；也可以在框架上开一条槽，导线绕制在槽内形成一个线圈。线圈的导线一般采用高强度漆包线；如要求高一些，可用银或银合金线；在较高的温度条件下，须用高温漆包线。传感器的结构示意图如图 4-25 所示。

图 4-25　高频反射式电涡流传感器的结构示意图
1—线圈；2—框架；3—框架衬套；4—支架；5—电缆；6—插头

需要指出的是，由于电涡流式传感器是利用传感器线圈与被测导体之间的电磁耦合进行工作的，因而作为传感器的线圈装置仅仅是"实际传感器"的一半，而另一半则是被测导体；所以，被测导体的材料物理性质、尺寸和形状等都与传感器的特性密切相关。

图 4-26 所示为高频反射式涡流式传感器的原理图，该图由传感器线圈和被测导体组成线圈-导体系统。根据法拉第定律，当传感器线圈通以正弦交变电流 $\dot{I}_1$ 时，线圈周围空间必然产生正弦交变磁场 $\dot{H}_1$，使置于此磁场中的金属导体中感应电涡流 $\dot{I}_2$，$\dot{I}_2$ 又产生新的交变磁场 $\dot{H}_2$。根据楞次定律，$\dot{H}_2$ 的作用将反抗原磁场 $\dot{H}_1$，导致传感器线圈的等效阻抗发生变化。由上可知，线圈阻抗的变化完全取决于被测金属导体的电涡流效应。而电涡流效应既与被测体的电阻率 ρ、磁导率 μ 以及几何形状有关，又与线圈几何参数、线圈中激磁电流频率 ω 有关，还与线圈与导体间的距离 x 有关。

因此，传感器线圈受电涡流影响时的等效阻抗 Z 的函数关系式为

$$Z = F(\rho,\ \mu,\ R,\ \omega,\ x) \tag{4-16}$$

式中，R 为线圈与被测体的尺寸因子。

如果保持上式中其他参数不变，而只改变其中一个参数，传感器线圈阻抗 Z 就仅仅是这个参数的单值函数。通过与传感器配用的测量电路测出阻抗 Z 的变化量，即可实现对该参数的测量。

若把导体等效成一个短路线圈，可画出涡流传感器等效电路图，如图 4-27 所示。

图 4-26　高频反射式涡流式传感器的原理图

图 4-27　涡流传感器等效电路图
1—传感器线圈；2—涡流短路环

图中 R_2 为电涡流短路环等效电阻。根据基尔霍夫第二定律，可列出如下方程：

$$\begin{cases} R_1\dot{I}_1 + \mathrm{j}\omega L_1\dot{I}_1 - \mathrm{j}\omega M\dot{I}_2 = \dot{U}_1 \\ -\mathrm{j}\omega M\dot{I}_1 + R_2\dot{I}_2 + \mathrm{j}\omega L_2\dot{I}_2 = 0 \end{cases} \tag{4-17}$$

式中，ω 为线圈激磁电流角频率；R_1、L_1 为线圈电阻和电感；L_2、R_2 为短路环等效电感和等效电阻。

由式（4-17）解得等效阻抗 Z 的表达式为

$$Z = \frac{\dot{U}_1}{\dot{I}_1} = R_1 + \frac{\omega^2 M^2}{R_2^2 + (\omega L_2)^2} R_2 + \mathrm{j}\omega \left[L_1 - \frac{\omega^2 M^2}{R_2^2 + (\omega L_2)^2} L_2 \right] \tag{4-18}$$

电涡流传感器的等效阻抗可表示为 $Z = R + j\omega L$

等效电阻为

$$R = R_1 + \frac{\omega^2 M^2}{R_2^2 + (\omega L_2)^2} R_2 \tag{4-19}$$

等效电感

$$L = L_1 - \frac{\omega^2 M^2}{R_2^2 + (\omega L_2)^2} L_2 \tag{4-20}$$

线圈的等效品质因数 Q 值为:

$$Q = \frac{\omega L}{R} \tag{4-21}$$

可见, 由于涡流的影响, 线圈复阻抗的实数部分增大, 虚数部分减小, 因此线圈的品质因数 Q 下降。

上述分析结果表明, 电涡流式传感器的等效电气参数如线圈阻抗 Z、线圈电感 L 和品质因数 Q 值都是互感系数 M 平方的函数, 而互感系数 M 又是线圈与金属导体之间距离 x 的非线性函数。由于金属导体的电阻率 ρ、金属导体的磁导率 μ 以及线圈激磁频率 f 将决定 H、R_2、L_2 和 M 的大小, 因此可以说, 高频透射式传感器的阻抗 Z、电感 L 和品质因数 Q 都是由 ρ、μ、x、f 等多参数决定的多元函数, 若只改变其中一个参数, 其余参数保持不变, 便可测定这个可变参数。

2. 低频透射式电涡流传感器

图 4-28 所示为低频透射式电涡流传感器结构原理图。在被测金属的上方设有发射传感器线圈 L_1, 在被测金属板的下方设有接受传感器线圈 L_2。当 L_1 上加低频电压 u_1 时, 则在 L_1 上产生交变磁通 $\varPhi_1$, 若两线圈之间无金属板, 则交变磁场直接耦合至 L_2 中, L_2 产生感应电压 u_2。如果将被测金属板放入两线圈之间, 则 L_1 线圈产生的磁通将导致在金属板中产生电涡流 i_e, 此时磁场能量受到损耗, 到达 L_2 的磁通将减弱为 $\varPhi_2$, 从而使 L_2 产生的感应电压 u_2 下降。显然, 金属板厚度尺寸 d 越大, 穿过金属板到达 L_2 的磁通 $\varPhi_2$ 就越小, 感应电压 u_2 也相应减小。因此, 可根据 u_2 的大小得知被测金属板的厚度。

u_2 与 d 之间有着对应关系, $u_2 = f(d)$, 曲线如图 4-29 所示。由图可知, 频率越低, $f_1 < f_2 < f_3$, 磁通穿透能力越强, 在接受线圈上感应的电压 u_2 也越高; 频率较低时, 线性较好, 因此要求线性好时应选择较低的激励频率 (通常为 1kHz 左右); d 较小时, f_3 曲线的斜率较大, 因此测薄板时应选较高的激磁频率, 测厚板时应选较低的激磁频率。低频透射式涡流传感器的检测范围可达 1~100mm, 分辨率为 0.1。

4.2.2　测量电路

由电涡流式传感器的工作原理可知, 当被测对象的参数变化时, 可由传感器将参数的变化转换为传感器线圈的阻抗 Z、电感 L 和品质因数 Q 的变化。转换电路的作用就是将 Z、L 或 Q 转换为电压和电流的变化。目前, 品质因数 Q 的转换电路很少用, 阻抗 Z 的转换一般用电桥, 电感 L 的转换电路一般用谐振电路, 它又可分为调幅法和调频法两种。

扫一扫查看涡流
传感器测量电路

图 4-28　低频透射式电涡流传感器原理图

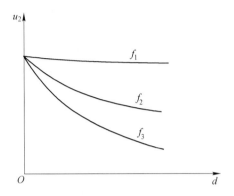

图 4-29　不同频率下的 $u_2 = f(d)$ 曲线

1. 电桥电路

图 4-30 为电涡流式传感器的电桥电路：L_1、L_2 为两个涡流线圈的电感值，组成差动电路；也可以一个是涡流传感器线圈，另一个是固定线圈，起平衡桥路的作用。由 $L_1 C_1$ 并联、$L_2 C_2$ 并联及 R_1、R_2 组成电桥的四个桥臂，振荡器提供电源 $\dot U$ 及涡流传感器工作所需频率。

2. 调幅式测量电路

图 4-31 为谐振调幅式测量电路，它由石英振荡器给 LC 并联谐振回路供电，其中 L 为涡流传感器的线圈。石英晶体振荡器相当于一个恒流源，由它向并联谐振回路提供一个频率稳定的高频激励电流。R 称为耦合电阻，它既有降低振荡器负载的作用，又可视为恒流源的内阻。耦合电阻 R 变大，灵敏度降低；R 变小，灵敏度增加。当 R 太小时，由于谐振回路的旁路作用，反而会使灵敏度降低。耦合电阻的选择要考虑振荡器的输出阻抗和传感器线圈的品质因素。

图 4-30　电涡流式传感器电桥电路

图 4-31　谐振调幅原理图

在没有被测物体时，传感器线圈的电感为 L_0，将谐振回路调谐在谐振状态。这时的谐振频率为 $f_0 = \dfrac{1}{2\pi\sqrt{L_0 C}}$，谐振回路上的压降 $U_o = I_0 Z_0$ 为最大值。

当非软磁材料的被测导体靠近传感器线圈时，线圈的电感值将由于涡流作用而减小为 L_1，谐振回路失调，振荡幅值下降，并且使谐振曲线向右移，频率 f_0 对应的阻抗减小，因而压降也减小。随着被测物体的靠近，压降也进一步减小。LC 谐振回路的压降 U 能反映被测物体与传感器线圈间的距离。

3. 调频式测量电路

图 4-32 是一种调频式测量电路原理图，它与前述的调幅电路的不同之处是取 LC 回路的谐振频率作为输出量。当被测物体靠近传感器线圈时，电感 L 发生变化，从而改变了 LC 振荡器的频率。频率的变化作为输出量，也即反映了被测物体与传感器线圈间的距离。频率信号可以直接由频率计测出，也可通过频率-电压转换电路由测量电压测得。

采用调频法时，连接电缆的分布电容的影响不容忽视。电容几皮法的变化将使频率变化几千赫兹，严重影响测量结果。通常将电容 C 和线圈 L 都装在传感器内，并尽可能将传感器与测量电路靠近，以抑制分布电容的影响。

图 4-32　调频式测量电路原理图

4.2.3　电涡流式传感器的应用

电涡流式传感器由于具有测量范围大、灵敏度高、结构简单、抗干扰能力强、可以实现非接触式测量等优点，被广泛地应用于工业生产和科学研究的各个领域，可以用来测量位移、振幅、尺寸、厚度、热膨胀系数、轴心轨迹和金属件探伤等。

1. 测量转速

对于所有旋转机械而言，都需要监测旋转机械轴的转速，转速是衡量机器正常运转的一个重要指标。而电涡流传感器测量转速的优越性是其他任何传感器测量无法比拟的，它既能响应零转速，也能响应高转速，抗干扰性能也非常强。

图 4-33 所示为电涡流式转速传感器工作原理图。在软磁材料制成的输入轴上加工一键槽，在距输入表面 d_0 处设置电涡流传感器，输入轴与被测旋转轴相连。

当被测旋转轴转动时，输出轴的距离发生 $d_0 + \Delta d$ 的变化。由于电涡流效应，这种变化将导致振荡谐振回路的品质因数变化，使传感器线圈电感随 Δd 的变化也发生变化，它们将直接影响振荡器的电压幅值和振荡频率。因此，随着输入轴的旋转，从振荡器输出的信号中包含有与转数成正比的脉冲频率信号。该信号内检波器检出电压幅值的变化量，然后经整形电路输出脉冲频率信号 f。该信号送单片机或其他装置便可得到被测转速。

图 4-33 电涡流式转速传感器测量转速

这种转速传感器可实现非接触式测量，抗污染能力很强，可安装在旋转轴近旁，实现长期对被测转速进行监视。最高测量转速可达 600000r/min。

图 4-34 主轴轴向位移测量原理图

2. 测位移

如图 4-34 所示，接通电源后，在涡流探头的有效面（感应工作面）将产生一个交变磁场。当金属物体接近此感应面时，金属表面将吸取电涡流探头中的高频振荡能量，使振荡器的输出幅度线性衰减，根据衰减量的变化，可计算出与被检物体的距离、振动等参数。这种位移传感器属于非接触测量，工作时不受灰尘等非金属因素的影响，寿命较长，可在各种恶劣条件下使用。

3. 电涡流接近开关

接近开关又称无触点行程开关。当有物体接近时，即发出控制信号。常用的接近开关有电涡流式（俗称电感接近开关）、电容式、磁性干簧开关、霍尔式、光电式、微波式、超声波式、多普勒式、热释电式等。在此以电涡流式为例加以简介。

电涡流式接近开关属于一种开关量输出的位置传感器，原理如图 4-35 所示。它由 LC 高频振荡器和放大处理电路组成，利用金属物体在接近这个能产生交变电磁场的感应磁罐时，使物体内部产生涡流。这个涡流反作用于接近开关，使接近开关振荡能力衰减，内部电路的参数发生变化，由此识别出有无金属物体接近，进而控制开关的通或断。这种接近开关所能检测的物体必须是导电性能良好的金属物体。

图 4-35 接近开关原理图

4. 测厚度

电涡流传感器可以无接触地测量金属板的厚度和非金属板的镀层厚度，图 4-36 所示是高频反射式涡流测厚仪测试系统。为了克服带材不够平整或运行过程中上下波动的影响，在带材的上、下两侧对称地设置了两个特性完全相同的涡流传感器 S_1、S_2。S_1、S_2 与被测带材表面之间的距离分别为 x_1 和 x_2。若带材厚度不变，则被测带材上、下表面之间的距离总有 "$x_1 + x_2 =$ 常数" 的关系存在。两传感器的输出电压之和为 $2U$ 数值不变。如果被测带材厚度改变量为 $\Delta\delta$，则两传感器与带材之间的距离也改变了一个 $\Delta\delta$，两传感器输出电压此时为 $2U_o + \Delta U$。ΔU 经放大器放大后，通过指示仪表电路即可指示出带材的厚度变化值。带材厚度给定值与偏差指示值的代数和就是被测带材的厚度。

图 4-36　高频反射式涡流测厚仪测试系统

任务实施

1. 传感器选型

目前在工程中对于金属工件表面的镀膜，通常采用涡流式测厚仪来测量其厚度。由于涡流式测厚仪的种类和型号较多，应根据不同的金属基体以及表面膜的材料来选择适合的涡流式测厚仪。在本任务中，采用 ED300 型涡流式测厚仪，主要用于测量非磁性金属基体表面的氧化膜或涂层厚度，其测量范围为 0~150μm，测量精度为 ±3%。

氧化膜厚度测试示意图如图 4-37 所示，将电涡流式传感器探头放置在距某待测金属面 x_0 的位置，当金属表面有氧化膜时，传感器与它的距离为 x，则氧化膜的深度为 $x-x_0$。根据电涡流式传感器工作原理，金属表面产生的电涡流对传感器线圈中磁场的反作用，能够改变传感器的电感量。假设当金属表层无氧化膜时，电感的电感量为 L_0，则当金属表面有氧化膜时，

图 4-37　氧化膜厚度测试示意图

其电感量变为 $L-L_0$。根据此时的电感量，可计算出电感变化量 ΔL，由此得到氧化膜厚度 $\Delta x = x - x_0$。

2. 测量电路设计

金属氧化膜的涡流测量电路如图 4-38 所示。电路主要由振荡器、检测电桥、放大器（图中未画出）等组成。VT_1 及外围元件组成频率为 10kHz 的振荡器，其输出通过变压器 T 耦合至电桥。电桥由 RP_1、RP_2、RP_3、R_1、C_6 及传感器 L 组成，适当调节 RP_1、RP_2 和 RP_3，可使电桥在金属物表面无氧化膜时接近平衡，几乎无交流信号从电桥输出。若此时金属物表面有氧化膜，传感器产生的感应电流使电桥失去平衡，A 点就会输出检测信号。

图 4-38　金属氧化膜的涡流测量电路

3. 模拟调试

1）按照图 4-38 所示的电路，将各元件焊接到实验板上，并检查正确性（考虑到是实验室模拟测试，可在输出 A 端连接万用表）。

2）在金属物表面无氧化膜时，调整 RP_1、RP_2 和 RP_3，此时电桥平衡，无电压输出，这时万用表上应显示为 0V 电压。

3）金属物表面有氧化膜时，万用表显示不为 0V，若电压值随着膜厚变化而变化，则电路工作正常。

任务 4.3　数控机床工作台位移检测

任务目标

1）熟悉光栅的类型及结构。
2）掌握莫尔条纹的两个特性。
3）熟悉光栅传感器的测量装置。
4）熟悉光栅传感器的应用。
5）熟悉光栅传感器在数控机床工作台位移检测的应用。

任务描述

　　光栅式位移传感器具有测量精度高、测量范围大、信号抗干扰能力强等优点。在对传统机床进行数字化改造及现代数控机床中得到广泛的应用。本任务在熟悉光栅传感器基本知识的基础上，学习光栅传感器在数控机床工作台位移检测的应用。

扫一扫查看
光栅的类型

相关知识

4.3.1　光栅的类型

　　光栅式传感器是光电式传感器的一个特殊应用。它利用光栅莫尔条纹现象，把光栅作为测量元件，具有结构原理简单、测量精度高等优点，在数控机床和仪器的精密定位或长度、速度、加速度、振动测量等方面得到了广泛应用。

　　光栅主要由光栅尺（光栅副）和光栅读数头两部分构成。光栅尺包括主光栅（标尺光栅）和指示光栅，主光栅和指示光栅的栅线的刻线宽度和间距完全一样。将指示光栅与主光栅重叠在一起，两者之间保持很小的间隙。主光栅和指示光栅中一个固定不动，另一个安装在运动部件上，两者之间可以形成相对运动。光栅读数头包括光源、透镜、指示光栅、光电接收元件、驱动电路等。

　　在计量工作中应用的光栅称为计量光栅。计量光栅可分为透射式光栅和反射式光栅两大类，均由光源、光栅副、光敏元件三大部分组成。

　　透射式光栅一般用光学玻璃作基体，在其上均匀地刻画出等间距、等宽度的条纹，形成连续的透光区和不透光区。反射式光栅用不锈钢作基体，在其上用化学方法制作出黑白相间的条纹，形成强反光区和不反光区。如图 4-39 所示，光栅上栅线的宽度为 a，线间宽度 b，一般取 $a = b$，而光栅栅距 $W = a + b$。长光栅的栅线密度一般为 10 线/mm、25 线/mm、50 线/mm、100 线/mm 和 200 线/mm 等几种。

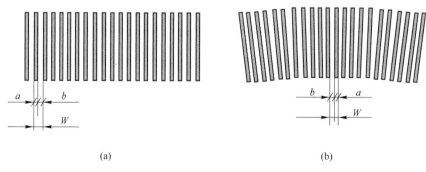

(a)　　　　　　　　　　　　　　　　(b)

图 4-39　光栅刻线
(a) 长光栅；(b) 径向圆光栅

　　计量光栅按其形状和用途可分为长光栅和圆光栅两类。

　　1) 长光栅又称为光栅尺，用于长度或直线位移的测量。按栅线形状的不同，长光栅可分为黑白光栅和闪耀光栅。黑白光栅是指只对入射光波的振幅或光强进行调制的光栅，所以也称为振幅光栅。闪耀光栅是对入射光波的相位进行调制，也称相位光栅，按其刻线的断面形状可分为对称和不对称两种。

2）圆光栅又称为光栅盘，用来测量角度或角位移。根据刻线的方向可分为径向光栅和切向光栅。径向光栅的延长线全部通过光栅盘的圆心，切向光栅栅线的延长线全部与光栅盘中心的一个小圆（直径为零点几到几毫米）相切。圆光栅的两条相邻栅线的中心线之间的夹角称为角节距，每周的栅线数从较低精度 100 线到高精度等级的 21600 线不等。

无论长光栅或圆光栅，由于刻线很密，如果不进行光学放大，则不能直接用光敏元件来测量光栅移动所引起的光强变化，必须采用莫尔条纹来放大栅距。

扫一扫查看
莫尔条纹

4.3.2　莫尔条纹

如果把两块栅距 W 相等的光栅面平行叠合在一起，并且让它们的刻痕之间有较小的夹角 θ，这时光栅上会出现若干条明暗相间的条纹，这种条纹称为莫尔条纹，如图 4-40 所示。莫尔条纹是光栅非重合部分光线透过而形成的亮带，它由一系列四棱形图案组成，如图 4-40 中 d—d 线区所示。f—f 线区则是由于光栅的遮光效应形成的。

莫尔条纹具有两个重要的特性：

1）当指示光栅不动，主光栅左右平移时，莫尔条纹将沿着指示栅线的方向上下移动，根据莫尔条纹的移动方向，即可确定主光栅左右移动的方向。

图 4-40　莫尔条纹

2）莫尔条纹有位移的放大作用。当主光栅沿着与刻线垂直的方向移动一个栅距 W 时，莫尔条纹随之移动一个条纹间距 B。当两个等距光栅的栅间夹角 θ 较小时，主光栅移动一个栅距 W，莫尔条纹移动 KW 距离，K 为莫尔条纹的放大系数，可由下式确定，即

$$K = B/W \approx 1/\theta \qquad (4-22)$$

式中，条纹间距与栅距的关系为

$$B = W/\theta \qquad (4-23)$$

由式（4-23）可知，θ 越小，B 越大，这相当于把栅距 W 放大了 $1/\theta$ 倍。例如 $\theta = 0.1°$，则 $1/\theta \approx 573$，即莫尔条纹宽度 B 是栅距 W 的 573 倍，相当于把栅距放大了 573 倍，说明光栅具有位移放大作用。这样，就可把肉眼看不见的光栅位移变成清晰可见的莫尔条纹移动，可以用测量条纹的移动来检测光栅的位移，从而实现高灵敏的位移测量。

4.3.3　光栅式传感器的测量装置

计量光栅作为一个完整的测量装置包括光栅读数头、光栅数显表两大部分。光栅读数头把输入量（位移量）转换成相应的电信号，光栅数显表是实现细分、辨向和显示功能的电子系统。

1. 光电转换

光栅读数头主要由主光栅、指示光栅、光路系统和光电元件等组成，如图 4-41 所示。

主光栅的有效长度即为测量范围,指示光栅比主光栅短得多。主光栅一般固定在被测物体上,且随被测物体一起移动,指示光栅相对于光电元件固定。

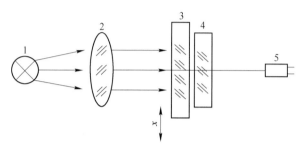

图 4-41　光栅读数头结构示意图

1—光源;2—透镜;3—主光栅;4—指示光栅;5—光电元件

莫尔条纹是一个明暗相间的光带。两条暗带中心线之间的光强变化是从最暗、渐亮、最亮、渐暗直到最暗的渐变过程。主光栅移动一个栅距 W,光强变化一个周期,若用光电元件接收莫尔条纹移动时光强的变化,则将光信号转换为电信号,接近于正弦周期函数,若以电压输出,即

$$u = u_o + u_m \sin\left(\frac{\pi}{2} + \frac{2\pi x}{W}\right) \quad (4\text{-}24)$$

输出电压反映了位移量的大小,如图 4-42所示。

2. 辨向原理

采用一个光电元件的光栅传感器,无论光栅是正向移动还是反向移动,莫尔条纹都做明暗交替变化,光电元件总是输出同一规律变化的电信号,此信号只能计数,不能辨向。为此,必须设置辨向电路。

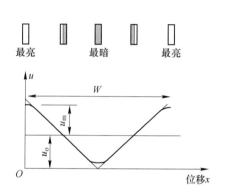

图 4-42　光电元件输出波形

为了能够辨向,需要有相位差为 π/2 的两个电信号。如图 4-43 所示,在相隔 1/4 条纹间距的位置上,放置两个光电元件,得到两个相位差 π/2 的电信号 u_1 和 u_2(图中波形是消除直流分量后的交流分量),经过整形后得两个方波信号 u_1' 和 u_2'。

当光栅沿 A 方向移动时(u_1 超前 u_2 90°),u_1' 经微分电路后产生的脉冲,正好发生在 u_2' 的“1”电平时,从而经 Y_1 输出一个计数脉冲;而 u_1' 经反相并微分后产生的脉冲,则与 u_2' 的“0”电平相遇,与门 Y_2 被阻塞,无脉冲输出。

在光栅沿 $\overline{A}$ 方向移动时,u_1' 的微分脉冲发生在 u_2' 为“0”电平时,与门 Y_1 无脉冲输出;而 u_1' 的反相微分脉冲则发生在 u_2' 的“1”电平时,与门 Y_2 输出一个计数脉冲。

u_2' 的电平状态作为与门的控制信号,来控制在不同的移动方向时,u_1' 所产生的脉冲输出。这样就可以根据运动方向正确地给出加计数脉冲或减计数脉冲,再将其输入可逆计数器,实时显示出相对于某个参考点的位移量。

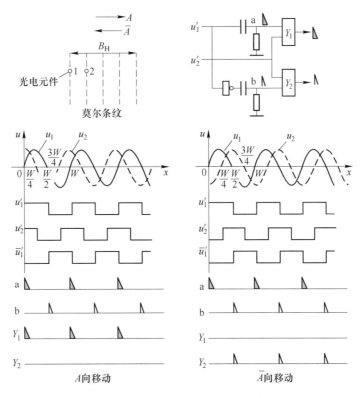

图 4-43　辨向的工作原理及电路

3. 细分技术

由前面分析可知当两光栅相对移动一个栅距 W，莫尔条纹移动一个间距 B，光电元件输出变化一个电周期 2π，经信号转换电路输出一个脉冲，若按此进行计数，则它的分辨率为一个光栅栅距 W。

为了提高分辨率，可以采用增加刻线密度的方法来减少栅距，但这种方法受到制造工艺或成本的限制。另一种方法是采用细分技术，可以在不增加刻线数的情况下提高光栅的分辨率，在光栅每移动一个栅距，莫尔条纹变化一周时，不只输出一个脉冲，而是输出均匀分布的 n 个脉冲，从而使分辨率提高到 W/n。由于细分后计数脉冲的频率提高了，因此细分又叫倍频。

细分的方法有很多种，常用的细分方法是直接细分，如细分数为 4，称为四倍频细分。实现的方法有两种。一种是在莫尔条纹宽度内依次放置四个光电元件采集不同相位的信号，从而获得相位依次相差 90° 的四个正弦信号，再通过细分电路，分别输出四个脉冲。

另一种方法是采用在相距 $B/4$ 的位置上，放置两个光电元件，得到相位差 90° 的两路正弦信号 s 和 c，然后将此两路信号送入细分辨向电路。这两路信号经过放大器放大，再由整形电路整形为两路方波信号，并把这两路信号各反向一次，就可以得到四路相位依次为 90°、180°、270°、360° 方波信号，它们经过 RC 微分电路，就可以得到四个尖脉冲信号。当指示光栅正向移动时，四个微分信号分别和有关的高电平相与。与辨向原理中阐述的过程相类似，可以在一个 W 的位移内，在输出端得到四个加法计数脉冲。当指示光栅反向移动一个栅距 W 时，就在输出端得到四个减法脉冲。这样，就在莫尔条纹变化一个周期内获得 4 个输出脉冲，达到细分的目的。

4.3.4　光栅传感器的应用

光栅传感器在检测技术领域中有着广泛的应用，比较成熟的应用范围有：

1）长度和角度的精密测量。在长度和线位移测量方面，主要应用于要求精度高、量程大和分辨力高的仪器中，如工具显微镜、测长机、三坐标测量机；在角度和圆度测量方面，主要应用于高精度分度头、圆转台、度盘检查仪等。

2）复合参数测量，如渐开线齿形检查仪、齿轮单面啮合检查仪、丝杠动态检查仪等。

3）数控机床的伺服系统、数控系统的位置检测。

4）其他物理量的检测，如速度、加速度、振动、应力、应变、三维面形的检测等。

任务实施

1. 传感器选型

对于数控机床导轨直线位移检测，根据光栅式传感器的相关知识，可选用直线光栅位移传感器。本任务中选用 BG-1 型光栅式传感器，如图 4-44 所示。根据运动行程选择相应的长度 L_0，并根据检测精度要求选择光栅的栅距。

图 4-44　BG-1 型光栅式传感器实物图

BG-1 型光栅式传感器将发光器件、光电转换器件和光栅尺（50 线/mm）封装在坚固的铝合金盒内。BG-1 型光栅传感器分为上滑体和读数头两部分。下滑体上固定有 5 个精度确定位的微型滚动轴承，并沿导轨运动，以保证运动中副光栅（指示光栅）与主光栅尺（标尺光栅）之间保持准确夹角和正确间隙。读数头内装有前置放大和整形电路，读数头与下滑体之间采用刚柔结合的连接方式，既保证了很高的可靠性，又有很好的灵活性。

2. 光栅式传感器的安装

光栅位移传感器的安装比较灵活，可安装的机床的不同部位。一般将下滑体安装在机床的工作台滑板上，随机床走刀而动。读数头固定在床身上，尽可能使读数头安装在主尺的下方。光栅式传感器的读数头带有两个连接孔，固定在机床的工作台上，随机床走刀而动。主光栅尺两端装有安装孔，将其固定在机床床身上，如图 4-45 所示。

图 4-45　光栅位移传感器的安装

（1）安装基面

安装光栅线位移传感器时，不能直接将传感器安装在粗糙不平的机床床身上，更不能安装在打底涂漆的机床身上。光栅主尺及读数头应分别安装在机床相对运动的两个部件上。用千分表检查机床工作台的主尺安装面与导轨运动的方向平行度。

（2）主尺安装

将光栅主尺用螺钉紧在机床床身安装面上，暂不要上紧，用千分表测量主尺平面与机床工作台运动方向的平行度，当主尺平行度在 0.1mm/1000mm 以内时，把螺钉彻底上紧。在安装光栅主尺时，应注意如果安装超过 1.5m 以上的光栅时，要在标尺中部设置支撑。

（3）读数头安装

将读数头用螺钉安装在机床的工作台安装面上，其安装方法与主尺相似。调整读数头，使读数头与光栅主尺平行度在 0.1mm 之内，其读数头与主尺的间隙控制在 1~1.5mm。

（4）限位装置

光栅线位移传感器全部安装完以后，一定要在机床导轨上安装限位装置，以免机床加工产品移动时读数头冲撞到主尺两端，从而损坏光栅尺。

（5）检查

光栅线位移传感器安装完毕后，可接通数显表，移动工作台，观察数显表计数是否正常。在机床上选取一个参考位置，来回移动工作点至该选取的位置。数显表读数应相同（或回零）。另外，也可使用千分表（或百分表），使千分表与数显表同时调至零（或记忆起始数据），往返多次后回到初始位置，观察数显表与千分表的数据是否一致。

3. 光栅式传感器使用注意事项

1）光栅式传感器与数显表插拔插头时应关闭电源后进行。

2）尽可能外加保护罩，并及时清理溅落在尺上的切屑和油液，严格防止任何异物进入光栅式传感器的壳体内部。

3）定期检查安装的连接螺钉是否松动。

4）为延长防尘密封条的寿命，可在密封条上均匀涂上一薄层硅油，注意勿溅落在玻璃光栅刻画面上。

5）为保证光栅式传感器使用的可靠性，可每隔一定时间用乙醇混合液清洗擦拭光栅尺面及指示光栅面，保持玻璃光栅尺面清洁。

6）光栅式传感器严禁剧烈振动及摔打，以免破坏光栅尺。如果光栅尺断裂，光栅式传感器即失效了。

7）不要自行拆开光栅式传感器，更不能任意改动主栅尺与副栅尺的相对间距，否则一方面可能破坏光栅式传感器的精度；另一方面还可能造成主栅尺与副栅尺的相对摩擦，损坏铬层也就损坏了栅线，从而造成光栅尺报废。

8）应注意防止油污及水污染光栅尺面，以免破坏光栅尺线条纹分布，引起测量误差。

9）光栅式传感器应尽量避免在有严重腐蚀作用的环境中工作，以免腐蚀光栅铬层及光栅尺表面，破坏光栅尺质量。

任务 4.4　简易超声波倒车防撞报警器电路

任务目标

1）理解超声波的性质与特点。

2）掌握超声波的发生与接收原理。

3）了解超声波探头的种类及特点。

4）熟悉超声波传感器的应用。

5）设计简易超声波倒车防撞报警器电路。

任务描述

超声波传感器是将声信号转换成电信号的声电转换装置，又称为超声波换能器或超声波探头，它是利用超声波产生、传播及接收的物理特性工作的。超声波传感器在医疗中的应用已经家喻户晓，此外，还广泛应用于超声清洗、超声加工、超声检测等多个方面。

本任务在学习超声波基础知识基础上，设计简易超声波倒车防撞报警器电路，它在工作时能产生 40kHz 的超声波，用于汽车在倒车时检测车尾 3m 左右是否有障碍物并进行声光提醒。

相关知识

4.4.1　超声波的物理基础

1. 超声波的概念和波形

扫一扫查看
超声波的物理基础

机械振动在弹性介质内的传播称为波动，简称为波。人能听见声音的频率为 20Hz ~ 20kHz，即为声波。超出此频率范围的声音，20Hz 以下的声音称为次声波，20kHz 以上的声音称为超声波，一般说话的频率范围为 100Hz ~ 8kHz。声波频率的界限划分如图 4-46 所示。

图 4-46　声波频率的界限划分

当超声波由一种介质入射到另一种介质时，由于在两种介质中传播速度不同，在介质界面上会产生反射、折射和波形转换等现象。声源在介质中施力方向与波在介质中传播方向的不同，造成声波的波形也不同。波一般有以下几种。

1）纵波：质点振动方向与波的传播方向一致的波。

2）横波：质点振动方向垂直于传播方向的波。

3）表面波：质点的振动介于横波与纵波之间，沿着表面传播的波。

横波只能在固体中传播，纵波能在固体、液体和气体中传播，表面波随深度增加衰减很快。为了测量各种状态下的物理量，多采用纵波。

2. 声速、波长与指向性

（1）声速

纵波、横波及表面波的传播速度取决于介质的弹性系数、介质的密度以及声阻抗。这里，声阻抗是描述介质传播声波特性的一个物理量。介质的声阻抗 Z 等于介质的密度 ρ 和声速 c 的乘积，即

$$Z = \rho c \tag{4-25}$$

由于气体和液体的剪切模量为零，所以超声波在气体和液体中没有横波，只能传播纵波。气体中的声速为 344m/s，液体中的声速 900m/s。在固体中，纵波、横波和表面波三者的声速有一定的关系，通常可认为横波声速为纵波声速的一半。表面波声速约为横波声速的 90%。

（2）波长

超声波的波长 λ 与频率 f 乘积恒等于声速 c，即

$$\lambda f = c \tag{4-26}$$

（3）指向性

超声波声源发出的超声波束以一定的角度逐渐向外扩散，如图 4-47 所示。在波束横截面的中心轴线上，超声波最强，且随着扩散角度的增大而减小。指向角 θ 与超声源的直径 D 以及波长 λ 之间的关系为

$$\sin\theta = 1.22\lambda/D \tag{4-27}$$

设超声源的直径 $D = 20mm$，射入钢板的超声波（纵波）频率为 5MHz，则根据式 (4-27) 可得 $\theta = 4°$，可见该超声波的指向性是十分尖锐的。

3. 超声波的反射和折射

超声波从一种介质传播到另一介质，在两个介质的分界面上一部分能量被反射回原介质，称为反射波；另一部分透射过界面，在另一种介质内部继续传播，则称为折射波。这两种情况分别称为声波的反射和折射，如图 4-48 所示。

图 4-47　声场指向性及指向角　　　　　图 4-48　波的反射和折射

当纵波以某一角度入射到第二种介质（固体）的界面上时，除有纵波的反射、折射以外，还发生横波的反射及折射。在某种情况下，还能产生表面波。各种波形都符合反射及折射定律。

（1）反射定律

入射角 α 的正弦与反射角 α' 的正弦之比等于波速之比。当入射波和反射波的波形相同、波速相等时，入射角 α 等于反射角 α'。

（2）折射定律

入射角 α 的正弦与折射角 β 的正弦之比等于超声波在入射波所处介质的波速 c_1 与在折射波中介质的波速 c_2 之比，即

$$\frac{\sin\alpha}{\sin\beta} = \frac{c_1}{c_2} \tag{4-28}$$

（3）超声波的衰减

超声波在介质中传播时因被吸收而衰减，气体吸收最强而衰减最大，液体次之，固体吸收最小而衰减最小，因此对于给定强度的声波，在气体中的传播距离会明显比在液体和固体中传播的距离短。另外声波在介质中传播时衰减的程度还与声波的频率有关，频率越高，声波的衰减也越大，因此超声波比其他声波在传播时的衰减更明显。

4.4.2　超声波的发生与接收

要以超声波作为检测手段，必须能产生超声波和接收超声波。超声波是由超声波发生器产生的，其结构分为两部分：一部分为产生高频电流或电压的电源；另一部分为换能器，它的作用是将电磁振荡变换为机械振荡而产生超声波。

扫一扫查看
超声波的
发生与接收

1. 压电式超声波发生器

压电式超声波发生器是利用压电晶体的电致伸缩效应制成的。常用的压电元件为石英

晶体、压电陶瓷等。在压电元件上施
加交变电压，使它产生电致伸缩振动，
而产生超声波，如图 4-49 所示。

图 4-49　压电式超声波发生器

压电材料的固有频率与晶片厚度 d
有关，即

$$f = n \frac{c}{2d} \qquad (4-29)$$

式中，n 为谐波的级数（$n = 1$，2，
3，…）；c 为波在压电材料中的传播速

度（纵波），$c = \sqrt{E/\rho}$，其中 E 为杨氏模量，ρ 为压电材料的密度。

根据共振原理，当外加交变电压的频率等于晶片的固有频率时产生共振，这时产生的
超声波最强。

压电式超声波发生器可以产生几万赫兹到几十兆赫兹的高频超声波，产生的声强可达
$10 W/cm^2$。

2. 磁致伸缩超声波发生器

铁磁性物质在交变的磁场中，顺着磁场方向产生伸缩的现象，叫做磁致伸缩效应。

磁致伸缩效应的大小，即伸长缩短的程度，不同的铁磁物质其情况不相同。镍的磁致
伸缩效应最大，它在一切磁场中都是缩短的。如果先加一定的直流磁场，再加以交流电
时，它可工作在特性最好的区域。

磁致伸缩超声波发生器是把铁磁材料置于交变磁场中，使它产生机械尺寸的交替变
化，即机械振动，从而产生超声波。

磁致伸缩超声波发生器是用厚度为 0.1~0.4mm 的镍片叠制而成，片间绝缘以减少涡
流损耗。其结构有矩形、窗形等，如图 4-50 所示。

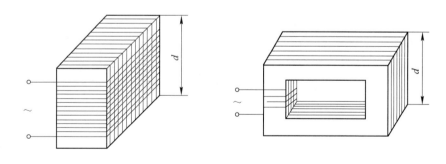

图 4-50　磁致伸缩超声波发生器

磁致伸缩超声波发生器的机械振动固有频率的表达式与压电式相同。磁致伸缩超声波
发生器所使用的材料，除镍外，还有铁钴钒合金和含锌、镍的铁氧体。磁致伸缩超声波发
生器只能用在几万赫兹的频率范围内，但功率可达 $10^5 W$，声强每平方厘米可达几千瓦，
能耐较高的温度。

3. 超声波的接收

在超声波技术中，除需要能产生一定频率及强度的超声波发生器以外，还需要能接收超声波的接收器。一般的超声波接收器是利用超声波发生器的逆效应而进行工作的。

当超声波作用于压电晶片时，晶片产生正压电效应而产生交变电荷，经电压放大器或电荷放大器放大，最后记录或显示结果：其结构和超声波发生器基本相同，有时就用同一个超声波发生器兼做超声波接收器。

磁致伸缩超声波接收器是利用磁致伸缩的逆效应而制成的。当超声波作用于磁致伸缩材料时，使材料伸缩，引起它的内部磁场（即导磁特性）的变化。根据电磁感应原理，磁致伸缩材料上所绕线圈产生感应电动势，将此电动势送至测量电路并记录显示，可得测量结果。它的结构也与发生器差不多。

4.4.3 超声波探头

超声波传感器是实现声、电转换的装置，又称超声换能器或超声波探头。按作用原理不同，超声波传感器有压电式、磁致伸缩式、电磁式等方式。在检测技术中主要采用压电式。超声波探头常用的材料是压电晶体和压电陶瓷，这种探头统称为压电式超声波探头，它是利用压电材料的压电效应来工作的。逆压电效应将高频电振动转换成高频机械振动，以产生超声波，可作为发射探头。而利用压电效应则将接收的超声波振动转换成电信号，可作为接收探头。

根据其结构不同，超声波探头又分为直探头、斜探头、双探头、表面波探头、聚焦探头、冲水探头、水浸探头、空气传导探头以及其他专用探头等，如图 4-51 所示。

图 4-51   超声波探头结构示意图
（a）单晶直探头；（b）双晶直探头；（c）斜探头
1—接插件；2—外壳；3—阻尼吸收块；4—引线；5—压电晶体；6—保护膜；
7—隔离层；8—延迟块；9—有机玻璃斜锲块；10—试件；11—耦合剂

1. 单晶直探头

用于固体介质的单晶直探头（俗称直探头）的结构如图 4-51(a) 所示。压电晶片采用 PZT 压电陶瓷材料制作，外壳用金属制作，保护膜用于防止压电晶片磨损。保护膜可以用三氧化二铝（钢玉）、碳化硼等硬度很高的耐磨材料制作。阻尼吸收块用于吸收压电晶片背面的超声脉冲能量，防止杂乱反射波产生，提高分辨率。阻尼吸收块用钨粉、环氧树脂等浇注。

发射超声波时，将 500V 以上的高压电脉冲加到压电晶片上，利用逆压电效应，使晶片发射出一束频率在超声范围内、持续时间很短的超声振动波。向上发射的超声振动波被阻尼块所吸收，而向下发射的超声波垂直透射到的试件内。

假设该试件为钢板，而其底面与空气交界，在这种情况下，到达钢板底部的超声波的绝大部分能量被底部界面所反射。反射波经过短暂的传播时间回到压电晶片。利用压电效应，晶片将机械振动波转换成同频率的交变电荷和电压。由于衰减等原因，该电压通常只有几十毫伏，还要加以放大，才能在显示器上显示出该脉冲的波形和幅值。

从以上分析可知，超声波的发射和接收虽然均是利用同一块晶片，但时间上有先后之分，所以单晶直探头是处于分时工作状态，必须用电子开关来切换这两种不同的状态。

2. 双晶直探头

双晶直探头结构如图 4-51(b) 所示。它由两个单晶探头组合而成，装配在同一壳体内。其中一片晶片发射超声波，另一片晶片接收超声波。两晶片之间用一片吸声性能强、绝缘性能好的薄片加以隔离，使超声波的发射和接收互不干扰。晶片下方还设置延迟块，它用有机玻璃或环氧树脂制作，能使超声波延迟一段时间后才入射到试件中，可减小试件接近表面处的盲区，提高分辨能力。双晶探头的结构虽然复杂些，但检测精度比单晶直探头高，且超声波信号的反射和接收的控制电路较单晶直探头简单。

3. 斜探头

有时为了使超声波能倾斜入射到被测介质中，可选用斜探头，如图 4-51(c) 所示。压电晶片粘贴在与底面成一定角度（如 30°、45°等）的有机玻璃斜楔块上，压电晶片的上方用吸声性强的阻尼吸收块覆盖。当斜楔块与不同材料的被测介质（试件）接触时，超声波产生一定角度的折射，倾斜入射到试件中去，折射角可通过计算求得。

4. 聚焦探头

由于超声波的波长很短（mm 数量级），所以它也像光波一样可以被聚焦成十分细的声束，其直径可小到 1mm 左右，可以分辨试件中细小的缺陷，这种探头称为聚焦探头，是一种很有发展前途的新型探头。

聚焦探头采用曲面晶片来发出聚焦的超声波，也可以采用两种不同声速的塑料来制作声透镜，还可利用类似光学反射镜的原理制作声凹面镜来聚焦超声波。如果将双晶直探头的延迟块按上述方法加工，也可具有聚焦功能。

5. 箔式探头

利用压电材料聚偏二氟乙烯（PVDF）高分子薄膜，制作出的薄膜式探头称为箔式探头，可以获得 0.2mm 直径的超细声束，用在医用 CT 诊断仪器上可以获得很高清晰度的图像。

6. 空气传导型探头

由于空气的声阻抗是固体声阻抗的几千分之一，所以空气超声探头的结构与固体传导探头有很大的差别。此类超声探头的发射换能器和接收换能器一般是分开设置的，两者结构也略有不同。图 4-52 为空气传导型超声波发射换能器和接收换能器（简称为发射器和接收器或超声波探头）的结构示意图。发射器的压电片上粘贴了一只锥形共振盘，以提高发射效率和方向性。接收器在共振盘上还增加了一只阻抗匹配器，以滤除噪声，提高接收效率。空气传导的超声发射器和接收器的有效工作范围可达几米至几十米。

图 4-52　空气传导型超声波探头结构示意图

（a）发射换能器；（b）接收换能器

1—外壳；2—金属丝网罩；3—锥形共振盘；4—压电晶体片；5—引脚；6—阻抗匹配器；7—超声波束

无论是直探头还是斜探头，一般不能直接将其放在被测介质（特别是粗糙金属）表面来回移动，以防磨损。更重要的是，由于超声探头与被测物体接触时，在工件表面不平整的情况下，探头与被测物体表面间存在一层空气薄层。空气的密度很小，将引起三个界面间强烈的杂乱反射波，造成干扰，而且空气也将对超声波造成很大的衰减。为此，必须将接触面之间的空气排挤掉，使超声波能顺利地入射到被测介质中。

在工业中，经常使用一种称为耦合剂的液体物质，使之充满在接触层中，起到传递超声波的作用。常用的耦合剂有水、机油、甘油、水玻璃、胶水、化学糨糊等。耦合剂的厚度应尽量薄一些，以减小耦合损耗。

有时为了减少耦合剂的成本，还可在单晶直探头、双晶直探头或斜探头的侧面，加工一个自来水接口。在使用时，自来水通过此孔压入保护膜和试件之间的空隙中。使用完毕，将水迹擦干即可，这种探头称为水冲探头。

4.4.4　超声波传感器的应用

超声波传感器的应用十分广泛，常见的应用包括超声波探伤、测距、测厚、物位检测、流量检测、检漏以及医学诊断（超声波CT）等。

扫一扫查看
超声波传感器的应用

根据超声波的出射方向，超声波传感器的应用有两种基本类型。当超声发射器与接收器分别置于被测物两侧时，这种类型称为透射型。透射型可用于遥控器、防盗报警器、接近开关等。当超声发射器与接收器置于同侧的属于反射型，反射型可用于接近开关、测距、测液位或料位、金属探伤以及测厚等。

　　从超声波的波形来分，又可分为连续超声波和脉冲波。连续波是指持续时间较长的超声振动。而脉冲波是持续时间只有几十个重复脉冲的超声振动。为了提高分辨力，减少干扰，超声波传感器多采用脉冲超声波。下面简要介绍超声波传感器的几种应用。

1. 超声波探伤

　　对高频超声波，由于它的波长短，不易产生绕射，遇到杂质或分界而就会有明显的反射，而且方向性好，能成为射线而定向传播；在液体、固体中衰减小，穿透本领大。这些特性使得超声波成为无损探伤方面的重要工具。

　　（1）穿透法探伤

　　穿透法探伤是根据超声波穿透工件后的能量变化状况来判别工件内部质量的方法。穿透法用两个探头分别置于工件的相对面，一个发射超声波，另一个接收超声波。发射波可以是连续波，也可以是脉冲。其工作原理如图 4-53 所示。

图 4-53　穿透法探伤示意图

　　在测量中，当工件内无缺陷时、接收的能量大，仪表的指示值大；工件内有缺陷时，因部分能量被反射，接收的能量小，仪表的指示值小。据此就可检测出工件内部的缺陷。

　　（2）反射法探伤

　　反射法探伤是以超声波在工件中反射情况的不同来探测缺陷的方法。下面以纵波的一次脉冲反射为例，说明其检测原理。

　　图 4-54 是以一次底波为依据进行探伤的方法。高频脉冲发生器产生的脉冲加在探头上，激励压电晶体振荡，产生超声波。超声波以一定的速度向工件的内部传播。一部分超声波遇到缺陷反射回来（缺陷波 F）；另一部分超声波继续传至工件底面也反射回来（底波 B）。由缺陷及底面反射回来的超声波被探头接收，又变为电脉冲。发射波 T、缺陷波 F 及底波 B 经放大后在显示器荧光屏上显示出来。由发射波 T、缺陷波 F 及底波 B 在扫描线上的位置，可确定缺陷的位置；由缺陷波的幅度，可判断缺陷的大小；由缺陷波的形状，可判断缺陷的介质。当缺陷面积大于声束截面积时，声波全部由缺陷处反射回来，荧光屏上只有 T、F 波，没有 B 波。当工件内无缺陷时。荧光屏上只有 T、B 波，没有 F 波。

图 4-54　反射法探伤示意图

2. 超声波测厚

超声波测量金属零件的厚度，具有测量精度高、测试仪器轻便、操作安全简单、易于读数及实行连续自动检测等优点。但是对于声衰减很大的材料，以及表面凹凸不平或形状很不规则的零件，利用超声波测厚比较困难。超声波测厚常用脉冲回波法。图 4-55 为脉冲回波法检测厚度的工作原理。超声波探头与被测物体表面接触。主控制器产生一定频率的脉冲信号，送往发射电路，经电流放大后激励压电式探头，以产生重复的超声波脉冲。脉冲波传到被测工件另一面被反射回来，被同一探头接收。

图 4-55　脉冲回波法测厚工作原理图

如果超声波在工件中的声速 v 是已知的，设工件厚度为 d，脉冲波从发射到接收的时间间隔 t 可以测量，因此可求出工件厚度为 $d = vt/2$。

为测量时间间隔，可将发射和回波反射脉冲加至示波器垂直偏转板上。标记发生器输出已知时间间隔的脉冲，也加在示波器垂直偏转板上。线性扫描电压加在水平偏转板上。因此可以从显示器上直接观察发射和回波反射脉冲，并求出时间间隔 t。当然也可以用稳频晶振产生的时间标准信号来测量时间间隔 t，从而做成厚度数字显示仪表。

3. 超声波测液位

超声波测液位是利用超声波在两种介质的分界面上的反射特性而制成的。如果从发射超声脉冲开始，到换能器接收到反射波为止的这个时间间隔为已知，就可以求出液面的高度。根据发射和接收换能器的功能，传感器又可分为单换能器和双换能器。单换能器的传感器发射和接收超声波使用同一个换能器，而双换能器的传感器发射和接收各由一个换能器担任。

图 4-56 给出了几种超声波液位检测的原理示意图。超声波发射和接收换能器可设置在液体介质中，让超声波在液体介质中传播，如图 4-56(a) 所示；超声波发射和接收换能器也可以安装在液面的上方，让超声波在空气中传播，如图 4-56(b) 所示，这种方式便于安装和维修，但超声波在空气中的衰减比较厉害。

对于单换能器来说，超声波从发射器到液面，又从液面反射到换能器的时间设为 t，因此，探头到液面的距离可由下式求出

$$h = \frac{1}{2}ct \tag{4-30}$$

式中，h 为换能器距地面的距离；c 为超声波在被测介质中的传播速度。

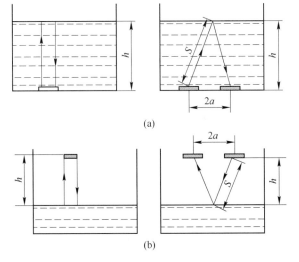

图 4-56　超声波测液位原理

（a）超声波在液体介质中传播；（b）超声波在空气中传播

对于双换能器，液位高度则为

$$h = \sqrt{s^2 - a^2} \tag{4-31}$$

式中，$s = \dfrac{1}{2}ct$，为两个传感器探头的直线距离。

从以上公式可以看出，只要测得超声波脉冲从发射到接收的时间间隔，便可以求得待测的液位高度。

超声波的速度 c 在不同的液体中是不同的。即使在同一种液体中，由于温度、压力的不同，其值也是不同的。因为液体中其他成分的存在及温度的影响都会使超声波速度发生变化，引起测量的误差，故在精密测量时，要采取补偿措施。

任务实施

1．超声波倒车防撞报警器电路设计

倒车防撞报警器主要是利用了超声波来检测汽车与障碍物之间的距离，与障碍物达到一定距离后，防撞报警器发出报警信息，提醒车辆驾驶员。超声波测距的原理一般采用渡越时间法 TOF（Time of Flight）。首先测出超声波从发射到遇到障碍物返回所经历的时间 t，再乘以超声波的速度 v 就得到 2 倍的声源与障碍物之间的距离 s。

图 4-57 所示是由 LM1812 组成的超声波车辆倒车防撞报警电路，其防撞距离为 3m 左右，报警灵敏度可由 RP_2 进行调节。该倒车防撞报警器主要是由 40kHz 的超声波振荡器、超声波接收、控制和报警等电路组成。

2．电路分析

（1）40kHz 的超声波振荡器

40kHz 的超声波振荡器主要由一块 555 时基集成电路 IC_3（NE555）和 R_{11}、R_2、C_{16} 等

图 4-57　超声波车辆倒车防撞报警电路

元件构成，是一种无稳态多谐振荡器。振荡电路工作后产生的方波信号从 IC_3 的 3 脚输出，经 R_{13} 电阻器加到 VT_2 的基极，经 VT_2 放大后的信号从其集电极输出，直接加到 LM1812 的 8 脚内。

在这部分电路中，R_{13} 起限流作用；R_9 为 VT_2 集电极负载电阻器；R_{11}、R_2、C_{16} 为振荡器的振荡频率设定元件，调整其值，可以改变振荡电路的振荡频率。

（2）功率放大与发射电路

功率放大电路由 LM1812 集成电路 8 脚与 6 脚内的部分电路及驱动管 VT_1 等组成。用于将振荡电路产生的信号进行功率放大以满足发射电路的幅度要求。

LM1812 是一种性能优良，且既能发送又能接收超声波的通用型超声波集成器件。芯片内部包括：脉冲调制 C 类振荡器、高增益接收器、脉冲调制检测器及噪声抑制器。它除了可用于遥控器、报警器、自动门控制及通信方面外，还可用于工业上的料位或液位的测量与控制、测距及测厚等方面，应用非常广泛。LM1812 内部电路框架图如图 4-58 所示。

图 4-58　LM1812 内部电路框架图

加到 LM1812 的 8 脚的振荡信号经过其内部有关电路处理后从 6 脚输出，给由两只电阻器（R_5 和 R_6）和一只电容器 C_{14} 组成的 T 字形滤波电路滤波后加到 VT_1 功率放大管基极。给 VT_1 进行功率放大后，加到 L_2 线圈抽头处。

L_2 与 C_3 两者组成的并联谐振网络经对信号进一步滤波选频后，由带状屏蔽电缆线传送给超声波发射头 MA40EIS，经超声波发射头对信号进一步处理后向外空间发射。

在这部分电路中，高阻抗的超声波发射头 MA40EIS 与由 C_3、L_2 组成的 40kHz 的输出谐振回路采用并联方式。为了防止负载对该谐振回路产生影响，回路电感器 L_2 采用中间抽头的方式与 VT_1 的集电极相连接。

（3）接收传感器

接收传感器采用与发射传感器 MA40EIS 相配套的 MA40EIR，其接收、放大用的谐振回路与发射回路一样，谐振在 40kHz 频率上。接收传感器接收到的信号，经其内部电路进行整形放大等一系列电路处理后，得到的信号由带屏蔽电缆引入控制电路后，经 C_{13} 电容器→R_4 电阻器，送到 LM1812 集成电路 4 脚内。

3. 单稳态及声光报警电路

声光报警电路受 IC_2（NE555）时基集成电路和 R_{10}、C_{15} 等组成的单稳态电路的控制，单稳态电路输出的脉冲宽度为：

$$\tau = 1.1 \times R_{10} \times C_{15}$$

因此，电子蜂鸣器发出的是断续的报警声。同时，发光二极管 LED 发出可见的闪烁光，进行同步闪烁。其工作过程如下：当超声波发射传感器发生的超声波在倒车时碰到物体反射回来，被超声波接收传感器 MA40EIR 接收处理后，得到的信号经 C_{13}、R_4 进入 LM1812 的 4 脚，经处理识别后，就会从其 14 输出控制信号，该控制信号经 C_4 电容器耦合加到 IC_2 的 2 脚，触发单稳态电路翻转，从 IC_2 的 3 脚输出高低变化的电平。当输出高电平时，导致电子蜂鸣器发出报警声并使 LED 发光二极管导通（经 R_{12}）发光；当输出低电平时，声、光均消失，由此完成了防撞报警工作。

4. 电路调试

此电路相对简单，只要安装无误，就能正常工作。

（1）超声波发射频率的调整

调试时可以在 IC_3（NE555）的 3 脚接示波器，看是否产生 40kHz 的矩形波，通过调整 R_{11}、R_2 的阻值或 C_{16} 的容量，可以改变多谐振荡器的工作频率。直到频率符合要求。

（2）报警灵敏度的调整

调节 RP_2 进行报警灵敏度的调整。

（3）单稳态及声光报警电路的调整

可通过调整 R_{10}、C_{15} 的参数使 IC_2（NE555）时的 3 脚产生出合适的频率能声光报警。

 ## 习　题

1. 简述电感式传感器的基本工作原理和主要类型。
2. 简述变气隙式传感器的结构和工作原理。
3. 变气隙式、变截面积式和螺线管式传感器各有何特点？
4. 什么是零点残余电压？简要说明产生零点残余电压的原因及减小残余电压的方法。
5. 差动变压器式传感器有几种结构形式？螺线管式差动变压器式传感器有什么特点？
6. 何谓电涡流效应？怎样利用电涡流效应进行位移测量？
7. 简述涡流传感器测厚度的原理。
8. 光栅传感器的基本原理是什么？莫尔条纹是如何形成的，有何特点？
9. 简述超声波测量厚度的工作原理。
10. 试述超声波反射法探伤的基本原理。

项目 5   磁敏传感器及应用

在传感器中，有一类是对磁信号变化敏感的，称为磁敏传感器。这类传感器主要包括霍尔传感器、磁阻传感器、磁敏二极管、磁敏晶体管等。它们都是利用材料内部的载流子在磁场作用下改变运动方向这一特性制成的磁传感器。另外，还有利用电磁感应原理制作的磁电感应传感器。

磁敏传感器结构牢固，体积小，质量轻，寿命长，安装方便，功耗小，频率高（最高可达 1MHz），耐振动，不怕灰尘、油污、水汽及烟雾等的污染或腐蚀。其应用极其广泛，包括自动控制、信息传递、电磁测量、生物医学等领域。根据被检测对象性质不同，磁敏传感器的应用分为直接应用和间接应用。直接应用主要是磁量测量和检测，如地磁的测量、磁带和磁盘的读出、漏磁探伤及磁控设备等。间接应用主要是检测受检对象上人为设置的磁场，以此磁场为载体将电流、电压、功率、频率、相位等非磁电量和厚度、位移、振动、转速、转数、流量、角度、角速度、力（压力、拉力）及工作状态发生变化的时间等非磁非电量转变成电量进行检测和控制。

磁敏传感器可实现非接触测量，不从磁场中获得能量，可采用永久磁铁来产生磁场而不需要附加能源。本项目主要介绍霍尔元件、霍尔集成传感器、磁敏电阻、磁敏二极管、磁敏晶体管等的原理、结构、特性及应用。

任务 5.1   自动供水装置电路的设计

任务目标

1）熟悉霍尔效应，掌握霍尔传感器的工作原理。
2）了解霍尔元件的结构及主要技术参数。
3）熟悉霍尔传感器测量电路。
4）了解霍尔传感器的应用。
5）设计一个使用霍尔传感器的自动供水控制电路。

任务描述

本任务主要学习霍尔效应、霍尔传感器的工作原理、霍尔元件的结构及主要特性参数，了解霍尔传感器的应用。在掌握以上知识的基础上设计一个使用霍尔传感器的自动供水控制电路。

设计要求：当将取水牌（铁材料制成）投入到投牌口后，自动打开水龙头，水被放出来，延时一定时间后自动关闭水龙头。

相关知识

　　霍尔式传感器是基于霍尔效应的一种传感器。1879 年美国物理学家霍尔首先在金属材料中发现了霍尔效应，但由于金属材料的霍尔效应太弱而没有得到应用。随着半导体技术的发展，开始用半导体材料制成霍尔元件，由于它的霍尔效应显著而得到应用和发展。

　　霍尔传感器具有体积小、成本低、灵敏度高、性能可靠、频率响应宽、动态范围大的特点，并可采用集成电路工艺，因此被广泛用于电磁测量、压力、加速度、振动等方面的测量。

5.1.1　霍尔传感器的工作原理

　　置于磁场中的导体或半导体内通入电流，如电流与磁场垂直，则在与磁场和电流都垂直的方向上会出现一个电势差，这种现象称为霍尔效应。利用霍尔效应制成的传感器称为霍尔传感器。

　　如图 5-1 所示，将 N 型半导体薄片置于磁感应强度为 B 的磁场中，在薄片左右两端通以电流 I，电流与磁场垂直，那么半导体中的载流子（电子）将沿着与电流 I 相反的方向运动。由于外磁场 B 的作用，使电子受到磁场力 F_L（洛伦兹力）而发生偏转，结果在半导体的前断面上电子积累带负电，而后断面缺少电子带正电，在前后断面间形成电场。该电场产生的电力力 F_E 阻止电子继

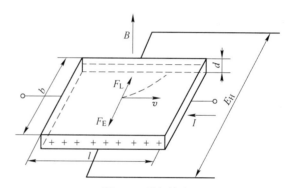

图 5-1　霍尔效应

续偏转。当 F_E 和 F_L 相等时，电子积累达到动态平衡。这时在半导体前后两断面之间（即垂直于电流和磁场方向）建立电场，称为霍尔电场 E_H，相应的电势 U_H 称为霍尔电势。

　　N 型半导体中的多数载流子电子的运动方向与电流方向相反。在磁场 B 中导体自由电子在磁场的作用下做定向运动，每个电子受洛伦兹力 F_L 作用为

$$F_L = Bev \tag{5-1}$$

式中，e 为电子的电量，$e = 1.602 \times 10^{-19} \mathrm{C}$；$v$ 为半导体电子的运动速度，其方向与外电路 I 的方向相反，在讨论霍尔效应时，假设所有电子载流子的运动速度相同。

　　在力 F_L 的作用下，电子向半导体片的一个侧面偏转，在该侧面上形成电子的积累，而在相对的另一侧面上因缺少电子而出现等量的正电荷。在这两个侧面上产生霍尔电场 E_H。半导体片两侧面间出现电位差 U_H，称为霍尔电势，该电场使运动电子受到霍尔电场力 F_E，F_E 阻止电子偏转，其大小与霍尔电势 U_H 有关。

$$F_E = e E_H = e \frac{U_H}{b} \tag{5-2}$$

　　电场力阻止电子继续向原侧面积累，当电子所受电场力和洛伦兹力相等时，电荷的积

累达到动态平衡，即 $F_L = F_E$，有

$$F_L = Bev = eE_H = e\frac{U_H}{b}$$

$$E_H = Bv$$

$$U_H = Bvb \tag{5-3}$$

设（半）导体薄片的电流为 I，载流子浓度为 n（金属代表电子浓度），电子运动速度为 v，薄片横截面积为 $d \times b$，有电流关系式 $I = -nevbd$。其中

$$v = -\frac{I}{nebd}$$

所以

$$U_H = Bvb = -\frac{IB}{ned} = R_H\frac{IB}{d} = K_H IB \tag{5-4}$$

式中，R_H 为霍尔系数；K_H 为霍尔元件的灵敏度。

由式（5-4）可见，霍尔电势正比于激励电流及磁感应强度，其灵敏度与霍尔系数 R_H 成正比而与霍尔片厚度 d 成反比。为了提高灵敏度，霍尔元件常制成薄片形状。

如果磁场与薄片法线夹角为 θ，那么

$$U_H = K_H IB\cos\theta \tag{5-5}$$

又因 $R_H = \mu\rho$，即霍尔系数等于霍尔片材料的电阻率 ρ 与电子迁移率 μ 的乘积。一般金属材料载流子迁移率很高，但电阻率很小，而绝缘材料电阻率极高，但载流子迁移率极低，故只有半导体材料适于制造霍尔片。目前常用的霍尔元件材料有：锗、硅、砷化镓、锑化铟等半导体材料。

其中 N 型锗容易加工制造，其霍尔系数、温度性能和线性度都较好。N 型硅的线性度最好，其霍尔系数、温度性能同 N 型锗相近。锑化铟对温度最敏感，尤其在低温范围内温度系数大，但在室温时其霍尔系数较大。砷化镓的霍尔系数较小，温度系数也较小，输出特性线性度好。

5.1.2　霍尔元件的结构及技术参数

1. 霍尔元件的结构

霍尔元件的结构很简单，它由霍尔片、引线和壳体组成，如图 5-2(a) 所示。霍尔片是一块矩形半导体单晶薄片，引出四个引线。A、B 两根引线加激励电压或电流，称为激励电极；C、D 引线为霍尔输出引线，称为霍尔电极，如图 5-2(b) 所示。霍尔元件壳体由非导磁金属、陶瓷或环氧树脂封装而成。在电路中霍尔元件的图形符号如图 5-2(c) 所示。

2. 霍尔元件主要特性参数

1）霍尔灵敏系数 K_H。在单位控制电流和单位磁感应强度作用下，霍尔器件输出端的开路电压，称为霍尔灵敏系数 K_H，单位为 V/(A·T)。

2）额定激励电流 I_N 和最大允许激励电流 I_{max}。霍尔元件在空气中产生的温升为 10℃

图 5-2　霍尔元件

（a）实物图；（b）结构图；（c）图形符号

时，所对应的激励电流称为额定激励电流 I_N。以元件允许的最大温升为限制，所对应的激励电流称为最大允许激励电流 I_{max}。

3）输入电阻 R_i 和输出电阻 R_o。R_i 为霍尔器件两个激励电极之间的电阻，R_o 为两个霍尔电极之间的电阻。

4）不等位电势 U_0 和不等位电阻 R_o。当霍尔元件的激励电流为额定值 I_N 时，若元件所处位置的磁感应强度为零，则它的霍尔电势应该为零，但实际不为零，这时测得的空载霍尔电势称为不等位电势。不等位电势主要由霍尔电极安装不对称造成，由于半导体材料的电阻率不均匀、基片的厚度和宽度不一致、霍尔电极与基片的接触不良（部分接触）等原因，即使霍尔电极的装配绝对对称，也会产生不等位电势。不等位电阻定义为 $R_0 = U_0/I_N$，R_0 越小越好。

5）寄生直流电势 U_{0D}。当不加磁场，器件通以交流控制电流，这时器件输出端除出现交流不等位电势以外，如果还有直流电势，则此直流电势称为寄生直流电势 U_{0D}。产生交流不等位电势的原因与直流不等位电势相同。产生 U_{0D} 的原因主要是器件本身的四个电极没有形成欧姆接触，有整流效应。

6）霍尔电势温度系数 α。在一定磁感应强度和激励电流下，温度每变化 1℃时，霍尔电势变化的百分率，称为霍尔电势温度系数 α。α 越小越好。

5.1.3　霍尔传感器测量电路

扫一扫查看霍尔
传感器测量电路

1. 基本电路及原理

霍尔元件的基本电路如图 5-3 所示。控制电流由电源 E 供给，RP 为调节电阻，调节控制电流的大小。霍尔输出端接负载 R_f，R_f 可以是一般电阻，也可以是放大器的输入电阻或指示器内阻。在磁场与控制电流的作用下，负载上就有电压输出。在实际使用时，I 或 B 或两者同时作为信号输入，而输出信号则正

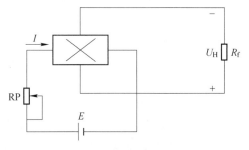

图 5-3　霍尔元件的基本电路

比于 I 或 B 或两者的乘积。

由于建立霍尔效应所需的时间很短（$10^{-14} \sim 10^{-12}$ s），因此，控制电流为交流时，频率可以很高（几千兆赫）。

2. 温度误差及其补偿

（1）温度误差

霍尔元件测量的关键是霍尔效应，而霍尔元件是由半导体制成的，因半导体对温度很敏感，霍尔元件的载流子迁移率、电阻率和霍尔系数都随温度而变化，因而使霍尔元件的特性参数（如霍尔电势和输入、输出电阻等）成为温度的函数，导致霍尔传感器产生温度误差。

（2）温度误差的补偿

为了减小霍尔元件的温度误差，需要对基本测量电路进行温度补偿的改进，可以采用的补偿方法有许多种，常用的有以下方法：采用恒流源提供控制电流，选择合理的负载电阻进行补偿，利用霍尔元件回路的串联或并联电阻进行补偿，也可以在输入回路或输出回路中加入热敏电阻进行温度误差的补偿。

采用温度补偿元件是一种最常见的补偿方法。图 5-4 所示为采用热敏电阻进行补偿的几种补偿方法。图 5-4(a) 所示为输入回路补偿电路，锑化铟元件的霍尔输出随温度升高而减小的因素，被控制电流的增加（热敏电阻的阻值随温度升高而减小）所补偿。

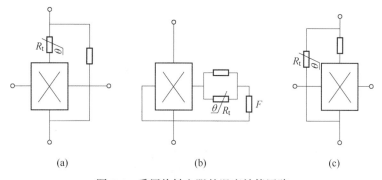

图 5-4 采用热敏电阻的温度补偿回路
（a）输入回路补偿；（b）输出回路补偿；（c）正温度系数热敏电阻的补偿电路

图 5-4(b) 所示为输出回路补偿电路，负载上得到的霍尔电势随温度升高而减小的因素，被热敏电阻阻值减小所补偿。图 5-4(c) 所示为用正温度系数的热敏电阻进行补偿的电路。

在使用时，温度补偿元件最好和霍尔元件封在一起或靠近，使它们温度变化一致。

5.1.4 集成霍尔元件

随着微电子技术的发展，目前霍尔元件多已集成化。集成霍尔元件有许多优点，如体积小、灵敏度高、输出幅度大、温漂小且对电流稳定性要求低等。

集成霍尔传感器是利用硅集成电路工艺将霍尔元件、放大器、施密特触发器以及输出电路等集成在一起的一种传感器。它取消了传感器和测量电路之间的界限，实现了材料、元件、电路三位一体。集成霍尔传感器与分立元件相比，由于减少了焊点，因此可靠性显著地提高了。按照输出信号的形式，可以分为开关型集成霍尔传感器和线性集成霍尔传感器两种类型。

1. 线性集成霍尔传感器

线性集成霍尔传感器的特点是输出电压与外加磁感应强度 B 呈线性关系，内部框图和输出特性如图 5-5 所示，由霍尔元件 HG、放大器 A、差动输出电路 D 和稳压电源 R 等组成。图 5-5(c) 为其输出特性，在一定范围内输出特性为线性，线性中的平衡点相当于 N 和 S 磁极的平衡点。较典型的线性霍尔器件有 UGN3501 等。

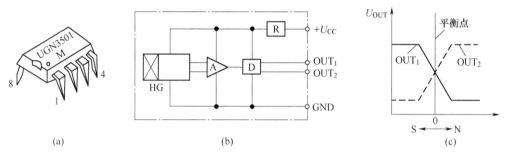

图 5-5　线性集成霍尔传感器

(a) UGN3501；(b) 内部框图；(c) 输出特性

2. 开关型集成霍尔传感器

图 5-6 是开关型集成传感器。它由霍尔元件 HG、放大器 A、输出晶体管 VT、施密特电路 C 和稳压电源 R 等组成，与线性集成传感器不同之点是增设了施密特电路 C，通过晶体管 VT 的集电极输出。图 5-6 (c) 为输出特性，它是一种开关特性。开关型集成传感器只有一个输出端，是以一定磁场电平值进行开关工作的。由于内设有施密特电路，开关特性具有时滞性，因此有较好的抗噪声效果。集成霍尔传感器一般内有稳压电源，工作电源的电压范围较宽，为 3~16V。较典型的线性霍尔器件有 UGN3020 等。

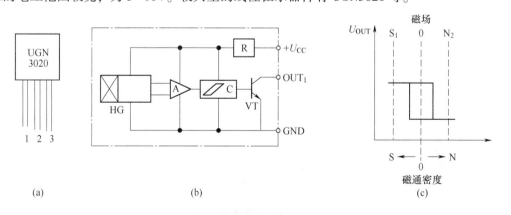

图 5-6　开关型集成霍尔传感器

(a) UGN3020；(b) 内部框图；(c) 输出特性

5.1.5 霍尔传感器的应用

霍尔元件具有体积小、外围电路简单、动态特性好、灵敏度高、频带宽等许多优点，因此广泛应用于工业测量、自动控制等领域。

在霍尔元件确定后，霍尔灵敏度 K_H 为一定值，它们的 U_H、I、B 三个变量，控制其中之一就可以通过测量电压、电流、磁场来测量非电量，如力、压力、应变、振动、加速度等。所以霍尔元件应用有三种方式：

1）激励电流不变，霍尔电势正比于磁场强度，可进行位移、加速度、转速测量。

2）激励电流与磁场强度都为变量，传感器输出与两者乘积成正比，可测量乘法运算的物理量，如功率。

3）磁场强度不变时，传感器输出正比于激励电流，可检测与电流有关的物理量，并可直接测量电流。

1. 霍尔元件测压力、压差

图 5-7 为霍尔压力传感器的结构原理图。霍尔式压力、压差传感器一般由两部分组成：一部分是弹性元件，用来感受压力，并把压力转换成为位移量；另一部分是霍尔元件和磁路系统，通常把霍尔元件固定在弹性元件上，当弹性元件产生位移时，将带动霍尔元件在具有均匀梯度的磁场中移动，从而产生霍尔电势的变化，完成将压力（或压差）变换成电量的转换过程。

2. 霍尔转速表

图 5-8 所示为霍尔转速表结构示意图。在被测转速的转轴上安装一个齿盘，也可选取机械系统中的一个齿轮，将霍尔元件及磁路系统靠近齿盘，随着齿盘的转动，磁路的磁阻也周期性的变化，测量霍尔元件输出的脉冲频率就可以确定被测物的转速。

图 5-7 霍尔压力传感器结构原理图

图 5-8 霍尔转速表结构示意图
1—磁铁；2—霍尔元件；3—齿盘

3. 霍尔计数装置

霍尔开关传感器 SL3501 是具有较高灵敏度的集成霍尔元件，能感受到很小的磁场变化，因而可对黑色金属零件进行计数检测。图 5-9 是对钢球进行计数的工作示意图和电路图。当钢球通过霍尔开关传感器时，传感器可输出峰值 20mV 的脉冲电压，该电压经运算放大器 A(μA741) 放大后，驱动半导体晶体管 VT(2N5812) 工作，VT 输出端便可接计数器进行计数，并由显示器显示检测数值。

　　4. 霍尔无刷电动机

　　传统的直流电动机使用换向器来改变转子（或定子）电枢电流的方向，以维持电动机的持续运转。霍尔无刷电动机取消了换向器和电刷，而采用霍尔元件来检测转子和定子之间的相对位置，其输出信号经放大、整形后触发电子电路，从而控制电枢电流的换向，维持电动机的正常运转。图 5-10 是霍尔无刷电动机的结构示意图。

　　由于无刷电动机不产生电火花及电刷磨损等问题，所以它在录像机、CD 唱机、光盘驱动器等家用电器中得到越来越广泛的应用。

图 5-9　钢球计数的工作示意图和电路图
(a) 计数的工作示意图；(b) 计数的工作电路图

图 5-10　霍尔无刷电动机结构示意图
1—定子底座；2—定子铁心；3—霍尔元件；4—线圈；5—外转子；6—转轴；7—磁极

任务实施

　　1. 控制电路结构框图

　　按照控制功能要求，控制电路结构框图如图 5-11 所示。磁检测装置检测到铁制取水牌后，输出一个脉冲电压信号触发延时电路，延时电路翻转输出一个持续一定时间的高电平，用此高电平控制开关电路，开关电路接通执行机构（电磁阀）的电源开始放水，时间到后开关电路被断开，从而关闭了水龙头。

图 5-11　控制电路结构框图

2. 自动供水控制电路

自动供水控制电路如图 5-12 所示。开关型霍尔传感器 CS3020 为磁检测装置，其外形如图 5-13 所示，555 构成单稳延时电路，为了得到单稳触发所需的低电平，由 VT 构成反相器；开关控制电路是固态继电器；执行机构是 JO11SA-1-15-Y 型不锈钢电磁阀。

图 5-12　自动供水控制电路

220V 的交流电压经降压、整流、滤波，最后由稳压器 W7809 输出 9V 直流电压作为控制电路直流电源向电路供电。

CS3020 是三端器件，有 3 种封装，除外形尺寸和磁敏感区位置不同，引脚排列都相同，图 5-13 所示为 TO-92U 封装，图中数据是磁敏感区的位置数据，单位为 mm。当磁铁 S 极距离 CS3020 较近时，敏感区检测到磁感应强度较大，由磁电转换特性曲线知其输出端输出低电平即"开"；当 S 极和 CS3020 间的空气间隙有铁金属物质（取水牌）通过时，在通过的一瞬间，原来穿过传感器敏感区的磁感应线被铁物质旁路，磁感应线回路不经过磁敏感区，导致传感器检测到的磁感应强度很小，从而输出高电平即"关"；铁物质通过

图 5-13　CS3020 的一种封装
及其磁敏感区位置

后，传感器再次检测到强的磁感应强度而输出低电平。可见，取水牌通过传感器一瞬间，传感器输出高电平，其他时间传感器输出的都是低电平。将传感器输出信号送入反相器，则仅取水牌投入到投牌口后，才会产生一个短暂的低电平信号（单次负脉冲）。

555 是广泛应用的定时器，其中一种结构框图如图 5-14 所示。将脚 6、脚 7 连接到 RC 充电电路的电容一端，构成单稳触发电路，其稳定状态是脚 3 输出低电平，不稳定状态是脚 3 输出高电平，高电平持续时间即延时时间由 RC 充电电路决定；触发条件是在脚 2 上输入单次负脉冲信号，所需脉冲信号正好是取水牌投入后产生的。

图 5-14　555 结构框图

固态继电器是一种无触头开关器件，具有结构紧凑、开关速度快、能与微电子逻辑电路兼容等特点，主要由输入（控制）电路、驱动电路和输出（负载）电路三部分组成。输入电路为输入控制信号提供一个回路，使之成为固态继电器的触发信号源。输入电路多为直流输入，个别的为交流输入。直流输入电路又分为阻性输入和恒流输入。阻性输入电路的输入控制电流随输入电压呈线性的正向变化。恒流输入电路，在输入电压达到一定值时，电流不再随电压的升高而明显增大，这种继电器可适用于相当宽的输入电压范围。驱动电路的主要作用是给功率开关器件（电力电子器件）提供触发信号，并实现了控制回路与负载回路之间的电隔离。输出电路是在触发信号的控制下实现功率开关器件的通断切换。从功能上看，当控制端无信号时，其主回路（输出回路）呈阻断状态；当控制端加信号时，其主回路呈导通状态。单相固态继电器对外具有四个引出端，其中输入端两个、输出端两个。按切换负载性质可分为直流固态继电器和交流固态继电器；按输入与输出之间的隔离可分为光电隔离固态继电器和磁隔离固态继电器；按控制触发信号可分为过零型、非过零型、有源触发型和无源触发型。本任务选择单相 10A 固态继电器。

执行机构选择不锈钢电磁阀，要求工作介质适用于水，工作温度超过 100℃，常闭。

3. 电路安装与调试

1）安装电路：注意正确连接和操作安全，变压器可选择输出 15V/10W 左右的变压器，7809 加装散热片，555 的引脚 2 暂不连接。

2）测试稳压器输出：接通电源，用直流电压表测 7809 引脚 3，电压应为 9V。

3）调试单稳电路：先将电位器 RP 旋钮旋到中间位置，555 的 2 脚连接到单次负脉冲源，然后接通电源，送单次脉冲信号，观察电磁阀，能听到其动作声音，测量持续时间；如果时间不满足要求，调节 RP 旋钮，再送脉冲信号并计时直到满足要求（为方便，3 脚可连接到逻辑电平显示电路）。

4）调试传感装置：连接 555 的引脚 2，接通电源，调整磁铁位置改变它与传感器的空气隙间距，测量传感器引脚 3 的电位，应为低电平，测量 555 引脚 2 的电位，应为高电平；接着在磁铁与传感器之间空气隙内放置取水牌，再次测量引脚 3 的电位，应为高电平，测量 555 引脚 2 的电位，应为低电平，并听到电磁阀动作声音；移走取水牌后传感器引脚 3 的电位恢复为低电平。

自动供水电路的供水触发信号来自铁制取水牌，通过巧妙安装，取水牌将旁路局部空间的磁感应线，此变化由开关型集成霍尔传感器检测后输出单脉冲信号作为供水触发源信号。

任务 5.2 电子指南针电路的设计

任务目标

1）熟悉磁敏电阻的原理，了解磁敏电阻的基本结构和特性参数。
2）熟悉磁敏二极管、磁敏晶体管的结构、原理及特性。
3）熟悉磁敏元件的应用。
4）设计电子指南针电路。

任务描述

本任务在学习磁敏电阻、磁敏二极管、磁敏晶体管的工作原理及特性参数的基础上，设计一个使用磁阻元件构成的简易测量地理方向（罗盘）电路，它在工作时能准确地指示南方，既可以代替传统的机械式指南针，也可以通过适当的电路改进（如使用三轴传感器），进行精确的方位测量，应用于精确导航等领域。

相关知识

磁敏元件与霍尔元件类似，也是基于磁电转换原理，20 世纪 60 年代西门子公司研制了第一个磁敏元件，1968 年索尼公司研制成磁敏二极管，目前磁敏元件已获得广泛应用。磁敏传感器主要有磁敏电阻、磁敏二极管、磁敏晶体管等。

5.2.1 磁敏电阻

1. 磁阻效应

磁敏电阻是基于磁阻效应的磁敏元件。磁敏电阻与普通电阻不同的是它的电阻值随磁场的变化而变化。磁敏电阻是一种根据几何磁阻效应原理制造的器件。

扫一扫查看
磁敏电阻

　　当长方形半导体片受到与电流方向垂直的磁场作用时，不但产生霍尔效应，而且还会出现电流密度下降、电阻率增大的现象。若适当地选几何尺寸，还会出现电阻值增大的现象。前一种现象称为物理磁阻效应，后一种现象称为几何磁阻效应。半导体磁阻器件就是综合利用这样两种效应而制成的磁敏器件。

　　影响半导体电阻改变的原因首先是载流子在磁场中运动受到洛伦兹力作用，另一个作用是霍尔电场，由于霍尔电场作用会抵消电子运动时受到的洛伦兹力作用，磁阻效应被大大减弱，但仍然存在。磁敏电阻的磁阻效应可表示为

$$\rho_B = \rho_0(1 + 0.273 \mu^2 B^2) \tag{5-6}$$

式中，ρ_0 为零磁场电阻率；μ 为磁导率；B 为磁场强度。式（5-6）表示磁导率为 μ 的磁敏电阻，其电阻率 ρ_B 随磁场强度变化的特性。

　　2. 磁敏电阻结构

　　磁阻电阻的阻值与制作材料的几何形状有关。

　　1）长方形样品，如图 5-15(a) 所示，由于电子运动的路程较远，霍尔电场对电子的作用力部分（或全部）抵消了洛伦兹力作用，即抵消磁场作用，电子行进路线基本还为直线运动，电阻率变化很小，磁阻效应不明显；

　　2）扁条状长方形，如图 5-15(b) 所示，因为是扁条形状，其电子运动的路程较短，霍尔电势 E_H 作用很小，洛伦兹力引起的电流磁场作用使电子经过的路径偏转厉害，磁阻效应显著；

　　3）圆盘样品，如图 5-15(c) 所示。这种结构与以上两种不同，它将一个电极焊在圆盘中央，另一个电极焊在外圆，无磁场时电流向外围电极辐射，外加磁场时中央流出的电流以螺旋形路径指向外电极，使电子经过的路径增大，电阻增加。这种结构的样品在圆盘中任何地方都不会积累电荷，因此不会产生霍尔电场，磁阻效应更明显。

　　为了消除霍尔电场影响并获得大的磁阻效应，通常将磁敏电阻制成圆形或扁条长方形，实用价值较大的是扁条长方形元件。当样品几何尺寸为 $L<B$ 时，磁阻效应较明显。

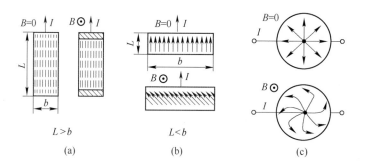

图 5-15　磁敏电阻的形状与磁阻效应
(a) 长方形样品；(b) 扁条状长方形；(c) 圆盘样品

　　磁阻元件主要有两种材料：一种是半导体磁阻元件，如锑化铟（InSb）；另一种是强磁性金属薄膜磁阻元件。图 5-16 为几种 InSb 磁敏电阻结构及等效电路。

图 5-16 InSb 磁敏电阻结构及等效电路

(a) 两端型；(b) 三端差分型；(c) 四端桥型

3. 磁敏电阻的输出特性

磁敏电阻与霍尔元件属于同一类，都是磁电转换元件，两者不同的是磁敏电阻没有判断极性的能力，只有与辅助材料（磁钢）并用时才具有识别磁极的能力。

磁敏电阻在无偏置磁场情况下检测磁场时与磁极性无关，磁敏电阻只有大小的变化，不能判别磁极性，无偏置磁场时磁敏电阻的磁场强度与磁阻关系为

$$R = R_0(1 + MB^2) \tag{5-7}$$

式中，R_0 为零磁场内阻；M 为零磁场系数；B 为磁通密度。

无偏置磁场时磁敏电阻的输出特性如图 5-17 所示。

磁敏电阻在外加偏置磁场时，相当于在检测磁场中外加了偏置磁场，其输出特性如图 5-18 所示。由于偏置磁场的作用，工作点移到线性区，这时磁场灵敏度提高，磁极性也作为电阻值的变化表现出来。磁敏电阻在附加偏置磁场时的阻值变化可表示为

$$R = R_B(1 + MB) \tag{5-8}$$

式中，R_B 为加入偏置磁场时电阻值；M 为加入偏置磁场时的系数。

图 5-17 无偏置磁场时磁敏电阻的输出特性

图 5-18 加偏置磁场时磁敏电阻特性

4. 磁敏电阻的应用

磁阻式传感器可由磁阻元件、磁钢及放大整形电路构成，可作为转速测量传感器、线位移测量传感器，加入偏置磁场可用于磁场强度测量。

磁敏电阻应用时一般采用恒压源驱动，分压输出。三端差分型磁敏电阻有较好的温度特性，内部结构如图 5-19 所示。利用磁敏电阻由磁场改变阻值的特性可应用于无触点开关、磁通计、编码器、计数器、电流计、电子水表、流量计、可变电阻图形识别等。

在自动检测技术中有许多微小磁信号需要测量，如录音机、录像机的磁带，防伪纸

币、票据、信用（磁）卡上用的磁性油墨等。利用三端差分型磁敏电阻做成磁头来检测微弱信号，又称为图形识别器。

　　图 5-20 所示为磁迹信号阅读电路，磁图形识别传感器由磁敏元件 R_{M1}、R_{M2} 和放大器组成。TL072 是两级高增益放大整形检测电路，7805 为三端稳压器，为传感器提供高稳定度的 5V 直流电压源。磁敏电阻工作电压为 5V，输出为 0.3~0.8V，被检测物体的距离为 3mm，可测磁性齿轮、磁性墨水、磁性条形码、磁带，可识别有机磁性（自动售货机）等。

图 5-19　三端差分型磁敏电阻内部结构

图 5-20　磁迹信号阅读电路

5.2.2　磁敏二极管与磁敏晶体管

　　磁敏晶体管是在霍尔元件和磁敏电阻之后发展起来的磁电转换器件，具有很高的磁灵敏度，灵敏度量级比霍尔元件高出数百甚至数千倍，可在弱磁场条件下获得较大的输出，这是霍尔元件和磁敏电阻所不及的。它不仅能够测出磁场大小，还能测出磁场方向，目前已在许多方面获得应用。

扫一扫查看
磁敏二极管
及磁敏晶体管

1. 磁敏二极管

　　磁敏二极管与普通晶体二极管相似，也有锗管（2ACM）和硅管（2DCM），它们都是长"基区"（I 区）的 P^+-I-N^+ 型二极管结构。由于注入形式是双注入的，所以也称双注入长基区二极管，特点是 P-N 为掺杂区，本征区（I 区）为高纯度锗，长度较长，构成高阻半导体。磁敏二极管结构及工作原理如图 5-21 所示，其结构特征是，在长"基区"的一个侧面用打磨的方法设置了复合区 r 面，r 面是个粗糙面，载流子复合速度非常高。r 区对面是复合率很小的光滑面，一般基区长度要比载流子的扩散长度大 5 倍以上。

　　磁敏二极管的工作过程叙述如下：无外加磁场情况下，当磁敏二极管接入正向电压时，如图 5-21（a）所示。P 区的空穴，N 区的电子同时注入 I 区，大部分空穴跑向 N 区，电子跑向 P 区，从而形成电流，只有少部分电子和空穴在 I 区复合。

　　当外加一个正向磁场时［如图 5-21（b）所示］，磁敏二极管受 H^+ 磁场作用。由于洛伦兹力作用，使空穴、电子偏向高复合区（r 区），并在 r 区很快复合，导致本征区（I 区）载流子减少，相当 I 区电阻增加，电流减少。结果外加电压在 I 区的压降增加了，而在 P-I 和 N-I 结的电压却减小了。所以载流子注入效率减少，进一步使 I 区的电阻增加，一直达到某种稳定状态。

当外加一个反向磁场时，如图 5-21(c) 所示，磁敏二极管受 H^- 磁场作用，空穴和电子受洛伦兹力作用向 r 区对面的光画面偏转，于是电子和空穴复合明显减少，I 区载流子密度增加，电阻减少，电流增加，结果使 I 区电压降减少，而加在 P-I 和 N-I 结的电压却增加了，促使载流子进一步向 I 区注入，直到电阻减小到某一稳定状态为止。磁敏二极管反向偏置时，流过的电流很小，几乎与磁场无关。

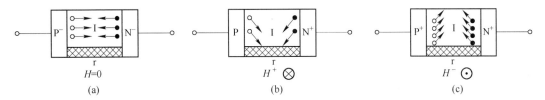

图 5-21 磁敏二极管工作原理
(a) 无磁场；(b) 正向磁场；(c) 反向磁场

上述原理说明，在正向磁场作用下，电阻增大，电流减小；在负向磁场作用下，电阻减小，电流增大，通过二极管的电流越大，灵敏度越高。磁敏二极管在弱磁场情况下可获得较大的输出电压，这是磁敏二极管的霍尔元件和磁敏电阻所不同之处。在一定条件下，磁敏二极管的输出电压与外加磁场的关系叫磁敏二极管的磁电特性，如图 5-22 所示。

在磁场作用下，磁敏二极管灵敏度大大提高，并具有正、反磁灵敏度，这是磁阻元件所欠缺的。单个使用时，正向磁灵敏度大于反向磁灵敏度，互补使用时，正反向特征曲线可基本对称。

磁敏二极管温度特性较差，使用时一般要进行补偿。温度补偿电路可以一组两只、两组四只磁敏二极管，磁敏感面相对，按反磁性组合。图 5-23 为互补电路。电路除进行温度补偿外还可提高灵敏度。图 5-23(a) 为差分式温度补偿电路，若输出电压不对称可适当调节 R_1、R_2。图 5-23(b) 为全桥温度补偿电路，具有更高的磁灵敏度。其工作点选择在小电流区，有负阻现象的磁敏二极管不采用这种电路。

图 5-22 磁敏二极管磁电特性

图 5-23 磁敏二极管温度补偿电路
(a) 差分补偿；(b) 全桥补偿

磁敏二极管可用来检测交直流磁场，特别是弱磁场，可用作无触点开关，作箱位电流计，对高压线不断线侧电流，还可用作小量程高斯计、漏磁仪、磁力探伤仪等设备装置。

2. 磁敏晶体管

磁敏晶体管有硅磁敏晶体管和锗磁敏晶体管两种，也分为NPN和PNP型，以锗管NPN型锗磁敏晶体管为例加以讨论。普通晶体管基区很薄，磁敏晶体管的基区长得多，它也是以长基区为特征，有两个PN结，发射极与基极之间的PN结由长基区二极管构成，有一个高复合基区。磁敏晶体管结构原理图如图5-24所示，集电极的电流大小与磁场有关。

图5-24　磁敏晶体管工作原理
（a）无磁场；（b）正向磁场；（c）反向磁场

无磁场作用时，如图5-24（a）所示，从发射结e注入的载流子除少部分输入到集电极形成集电极电流I_c外，大部分受横向电场的作用，通过"e-I-b"形成基极电流I_b。显然，磁敏晶体管的基极电流大于集电极电流，所以发射极电流增益$\beta<1$。

当受到反方向磁场H^-作用时，如图5-24（b）所示，由于洛伦兹力作用，载流子偏向基极结的高复合区，使集电极I_c明显下降，电流减小，基极电流增加。另一部分电子在高复合区与空穴复合，不能达到基极，又使基极电流减小。基极电流既有增加又有减小的趋势，平衡后基本不变。但集电极电流下降了许多。

当受到正向磁场H^+作用时，如图5-24（c）所示，由于洛伦兹力作用，载流子背向高复合区，向集电结一侧偏转，使集电极I_c增加。

可见当基极电流I_b恒定，靠外加磁场同样可以改变集电极电流I_c，这是与普通晶体管不同之处。由于基区长度大于扩散长度，而集电极电流有很高的磁灵敏度，所以电流放大系数$\beta<1$。普通晶体管由I_b改变集电极电流I_c，磁敏晶体管主要由磁场改变集电极电流I_c。

磁敏晶体管主要应用于这样几个方面：

1）磁场测量，特别适于10^6T以下的弱磁场测量，不仅可测量磁场的大小，还可测出磁场方向。

2）电流测量，特别是大电流不断线地检测和保护。

3）制作无触点开关和电位器，如计算机无触点电键、机床接近开关等。

4）漏磁探伤及位移、转速、流量、压力、速度等各种工业控制中参数测量。

3. 磁敏晶体管的应用

（1）测位移

图5-25为磁敏二极管位移测量原理示意图，其中四只磁敏二极管$D_{M1} \sim D_{M4}$组成电桥，

磁铁处于磁敏元件之间。假设磁敏二极管为理想二极管，有结电阻 $R_{M1} = R_{M2} = R_{M3} = R_{M4}$，电桥平衡时输出 $U_o = 0$。当位移变化 Δx 时，磁敏元件感受磁场强度不同，结电阻及 $R_{M1} \sim R_{M4}$ 的阻值发生变化，流过二极管电流不同，使电桥失衡，在磁场作用下输出与位移的大小和方向有关，位移方向相反时，输出的极性发生变化，可判别位移方向。

图 5-25　磁敏二极管测量位移

（2）涡流流量计

图 5-26(a) 为磁敏晶体管涡流流量计结构原理图，传感器安装在齿轮上方，齿轮必须采用磁性齿轮，液体流动时涡轮转动，流速与涡轮转速成正比。磁敏晶体管感受磁铁周期性远近变化时输出电流大小变化，输出波形近似正弦信号，经整形输出为方波，输出波形如图 5-26(b) 所示，其信号频率与齿轮的转速成正比。因转速正比于流量，频率正比于转速，即频率正比于流量。经电路整形放大、计算后将计数转换成流量。

(a)　　　　　　　　　　　　　　　(b)

图 5-26　磁敏晶体管涡流流量计原理图

(a) 涡流流量计结构；(b) 输出波形

任务实施

1. 元器件选择

由磁敏传感器 HMC1021S 为主要器件组成的电子指南针电路可以测试出地磁场的方向，从而确定地理方向。由于电路采用单轴磁敏器件，数据处理部分较为简单，不能给出高精度的方向指示。如果采用多轴磁敏传感器（如 HMC5883）采集地磁场信息，并辅以较强的计算和显示力，则可获得精确方向信息。

集成电路 HMC1021 是霍尼韦尔公司设计生产的一种单轴各向异性磁阻（AMR）器件，是一种具有灵敏度高、安装使用方便、可靠，价格低廉等特性的磁场强度传感器，可用于磁场测量、方位测试导航等领域。

集成电路 AD623 是集成运算放大器，采用独立设计，可单、双电源供电，使用单电阻即可调节电压放大倍数，线性度好。这些优点，使其常用于传感器接口、数据采集等仪表设备的差分输入型前置放大器。

集成电路 TLV431 提供 1.24V 基准参考电压。

2. 电路设计

采用磁阻元件设计的电子指南针电路如图 5-27 所示。

图 5-27　采用磁阻元件设计的电子指南针电路

（1）电源管理与复位电路

当磁敏电阻器件处于较强外磁场中，传感器元件会分成若干方向随机的磁区域，如图 5-28（a）所示，从而导致灵敏度衰减。峰值电流高于最低要求电流的脉冲电流通过置位/复位电流带，将生成一个强磁场，该磁场可以重新将此区域对准到一个方向上，如图 5-28（b）和图 5-28（c）所示，恢复器件性能。

本电路的置位脉冲由 IC_2、IC_3、VT_1、$R_1 \sim R_3$、C_5、C_6、C_8、C_{10}、SA_1（自复位开关）等器件组成。当按下开关 SA_1 时，电源接通，R_1、C_5、IC_2 产生一个低位脉冲，该脉

图 5-28　磁区域方位

(a) 随机磁区域方位；(b) "置位"脉冲作用之后；(c) "复位"脉冲作用之后

冲又控制由 NE555 等电路构成的单稳电路，产生高位脉冲。该脉冲送到驱动电路，经电流放大后，加载到由电容和置位/复位电流带（小电阻）构成的微分电路，形成窄脉冲，从而实现此区域复位的目的。当释放开关 SA_1 时，断开主电源，并把线路 U_{CC} 接地，达到了省电目的，又可以保持电路的初态，使电路能够稳定工作。

（2）信息采集及信号放大电路

该部分电路由 $IC_4 \sim IC_6$ 构成。当磁敏传感器 HMC1021S 外加适当工作电压（+5V）时，四只磁阻构成的惠斯通电桥的输出端（OUT+、OUT-），输出大小和极性均与外磁场相关的差分电压。由于该电压很低（毫伏级），需要放大后再用于驱动显示电路。该放大器由 IC_5、IC_6、R_4 等组成，包括差分直流输入、线性电压放大（其放大倍数由单只电阻决定，当 $R_4 = 200\Omega$ 时，电压放大倍数为 500）等功能，其输出为伏特级。IC_5 构成基准参考电压（1.24V），为放大器提供输出参考电压，即放大器的输入电压为零时的输出电平。

（3）显示电路

显示电路由参考电压、比较器、LED 及限流电阻等器件组成。参考电压由 IC_5 提供 1.24V 的参考电压基准，对于高于 1.24V 的电压，由电阻 $R_5 \sim R_8$、RP_1 网络组成分压器，将其划分成 5 个非线性参考电压值，用于判断当测试器与地磁场同方向时放大器输出的情况（即测试器的指向与地磁方向偏差情况）；对于低于 1.24V 的电压，由电阻 $R_9 \sim R_{11}$ 网络组成分压器，将其划分成 3 个线性参考电压值，用于判断当测试器与地磁场反方向时放大器输出的情况。比较器由两块 LM324 集成运算放大器（每块集成电路有 4 只运算放大器）组成，比较器的输入电压（来自放大器的输出端）与其对应的参考电压进行比较，当条件满足时驱动 LED 发光，用以显示测试设备与地磁方向的接近度。LED 有两组，$LED_1 \sim LED_5$ 为绿色发光二极管，用以指示同相（测试设备与地磁场）的接近度，亮灯的数量越多，表示测试器的指向越接近地磁北方；$LED_6 \sim LED_8$ 为红色发光二极管，用以指示反相（测试设备与地磁场）的接近度，亮灯的数量越多越接近地磁北（南）方。指向北方测试时，设备的测试精度较高。

3. 电路调试

1）指示灯（LED）单排直线安装（5 绿+3 红），传感器的易磁化轴与 LED 的安装轴线平行，且易磁化轴的方向应由红色 LED 指向绿色 LED。按钮开关安装在便于操作的位置。

2）各点工作电压符合设计要求，特别是参考电源的输出电压，需要保证其输出为 $1.24 \times (1 \pm 2\%) \mathrm{V}$。

3）方向指示的校正。将测试设备的指示灯（红色→绿色）对准北方（非南方），调节 RP_1，尽量使更多的绿色 LED 点亮即可。

 ## 习　题

1. 什么是霍尔效应？霍尔电势与哪些因素有关？
2. 霍尔传感器温度误差产生的原因及补偿方法有哪些？
3. 霍尔传感器可能的应用场合有哪些？
4. 什么是磁阻效应？
5. 磁敏晶体管的主要应用有哪些？
6. 某霍尔元件的 l、b、d 尺寸分别是 $1.0 \mathrm{cm}$、$0.35 \mathrm{cm}$、$0.1 \mathrm{cm}$，沿 l 方向通以电流 $I = 1.0 \mathrm{mA}$，在垂直 lb 面的方向加有均匀磁场 $B = 0.3 \mathrm{T}$，传感器的灵敏度系数为 $22 \mathrm{V}/(\mathrm{A} \cdot \mathrm{T})$，试求其输出霍尔电动势及载流子浓度。

项目 6 光电传感器及应用

光电式传感器是以光电器件作为转换元件的传感器。光电传感器是将被测量的变化通过光信号（如光强、光频率等）变化转换成电信号。

图 6-1 为光电传感器原理图。光电式传感器一般由辐射源、光学通路和光电器件三部分组成。被测量通过对辐射源或光学通路的影响，将被测信息调制到光波上，通过改变光波的强度、相位、空间分布和频谱分布等，光电器件将光信号转化为电信号。电信号经后续电路的解调分离出被测信息，从而实现对被测量的测量。

图 6-1 光电式传感器原理框图

光电式传感器具有非接触、快速、结构简单、性能可靠等优点，广泛应用于自动控制、智能设备、导航系统、广播电视等各个领域。近年来，半导体光敏传感器由于体积小、重量轻、低功耗、灵敏度高、便于集成等特点，越来越受到重视。

任务 6.1 全自动声光控制电路的设计

任务目标

1）掌握光电效应的概念及分类。
2）掌握光电传感器的结构与基本原理。
3）掌握光电传感器的应用。
4）设计一个自动声光控制电路。

任务描述

自动声光控制电路适用于医院、学生宿舍及各种公共场所，实现无人管理的全自动路灯照明控制。电路采用声、光双重控制，白天不管是否有人走动电灯都自动关闭。夜间无人走动时开关自动关闭，电灯不会点亮；夜间有人走动时的脚步声、谈话声或其他振动声会使开关动作，电灯点亮；人走后或振动声消失后即无声响 30s 后电灯自动熄灭。

相关知识

6.1.1 认识光电效应

光电式传感器的作用原理是基于一些物质的光电效应。光照射在某些

扫一扫查看
认识光电效应

物质上，使该物质吸收光能后电子的能量和电特性发生变化，这种现象称为光电效应。光电效应可分为两大类，即外光电效应和内光电效应，内光电效应又分为光电导效应和光生伏特效应两种。具有检测光信号功能的材料称为光敏材料，利用这种材料做成的器件称为光敏器件。

1. 外光电效应

在光线照射下，物体内的电子逸出物体表面向外发射的现象称为外光电效应。向外发射的电子叫做光电子。光子是具有能量的基本粒子，光照射物体时，可以看成具有一定能量的光子束轰击这些物体。每个光子具有的能量可由式（6-1）确定

$$E = h\nu \tag{6-1}$$

式中，$h = 6.626 \times 10^{-34}$，是普朗克常数；$\nu$ 是光的频率。

根据爱因斯坦假设：一个光子的能量只能给一个电子，要使电子逸出物体表面，需对其做功以克服对电子的约束。设电子质量为 m，电子逸出物体表面时的速度为 v_0，一个光电子逸出物体表面时具有的初始动能为 $mv^2/2$。根据能量守恒定律，光子能量与电子的动能有如下关系

$$E = h\nu = \frac{1}{2}mv^2 + A_0 \tag{6-2}$$

式中，A_0 为电子的逸出功。

如果光子的能量是大于电子的逸出功 A_0，超出的能量部分则表现为电子逸出的动能。电子逸出物体表面时产生光电子发射，并且光的波长越短，频率越高，能量大。光电子能否逸出物体表面产生光电效应，取决于光子的能量是否大于该物体表面的电子逸出功。

不同的物质具有不同的逸出功，这表示每一种物质都有一个对应的光频阈值，称为红限频率或长波限。光线频率如果低于红限频率，其能量不足以使电子退出，光强再大也不会产生光电子发射；反之，入射光频率如果高于红限频率，即使光线很微弱也会有光电子射出。当入射光的频谱成分不变时，产生的光电流与光强呈正比，光强越强，入射光子的数目越多，逸出的电子数目也就越多。由于光电子逸出物体表面具有初始动能，因此光电管（外光电器件）在不加阳极电压时也会有光电流产生，为使光电流为零，必须给器件加反向的或负的截止电压。

2. 内光电效应

光在半导体中传播时具有衰减现象，即产生光吸收。理想半导体在绝对温度时，价带完全被电子占满，价带的电子不能被激发到更高的能级，电子能级示意图如图 6-2 所示。当一定波长的光照射到半导体时，电子吸收足够能量的光子，从价带跃迁到导带形成电子-空穴对。

图 6-2　电子能级示意图

当光线照在物体上，使物体的电导率发生变化或产生光生电动势的现象叫作内光电效

应，所以内光电效应又分为光电导效应和光生伏特效应。

（1）光电导效应

入射光强改变物质导电率的现象称为光电导效应。几乎所有高电阻率半导体都有光电导效应，这是由于在入射光线作用下，电子吸收光子能量，电子从价带被激发到导带上，过渡到自由状态，同时价带也因此形成自由空穴，使导带的电子和价带的空穴浓度增大，电阻率减少。为使电子从价带激发到导带，入射光子的能量 E_0 应大于禁带宽度 E_g。基于光电导效应的光电器件有光敏电阻。

（2）光生伏特效应

光照时物体中能产生一定方向电动势的现象称为光生伏特效应。光生伏特效应是半导体材料吸收光能后，在 PN 结上产生电动势的效应。PN 结因光照产生光生伏特效应分为以下两种情况。

1）不加偏压的 PN 结。

如图 6-3 所示，当 PN 结不加偏压，光照射在PN 结时，如果入射光子的能量大于半导体禁带宽度，使价带中电子跃迁到导带，可激发出光生的电子-空穴对，在 PN 结阻挡层的内电场作用下被光激发的空穴移向 P 区，电子移向 N 区，结果使得 P 区带正电，N 区带负电，形成一定强度的电场，这个电场产生的电压就是光生伏特效应产生的光生电动势。基于这种效应的器件有光电池。

图 6-3　不加偏压的 PN 结

图 6-4　处于反向偏压的 PN 结

2）处于反偏的 PN 结。

如图 6-4 所示，PN 结处于反向偏置。无光照时P 区电子和 N 区空穴很少，反向电阻很大，反向电流很小；当有光照时，光生电子-空穴对在 PN 结内电场作用下，P 区电子穿过 PN 结会移向 N 区，N 区空穴穿过 PN 结进入 P 区，各自向反方向运动，光生的载流子在外电场作用下形成光电流，电流方向与反向电流一致，并且光照越强光电流越大。具有这种性能的器件有光敏二极管、光敏晶体管。

6.1.2　光电器件及应用

光电器件工作原理主要基于外光电效应、光电导效应和光生伏特效应。基于光电效应可以制作成各种光电器件，即光电式传感器。

扫一扫查看

光电器件

1. 光电管

（1）结构与工作原理

光电管有真空光电管和充气光电管两类，二者结构相似，它们由一个涂有光电材料的阴极 K 和一个阳极 A 封装在玻璃壳内，如图 6-5(a) 所示。当入射光照射在阴极上时，阴极就会发射电子，由于阳极的电位高于阴极，在电场力的作用下，阳极便收集到由阴极发射出来的电子，因此，在光电管组成的回路中形成了光电流 I_Φ，并在负载电阻 R_L 上输出电压 U_o，如图 6-5(b) 所示。在入射光的频谱成分和光电管电压不变的条件下，输出电压 U_o 与入射光通量成正比。

（2）光电管特性

光电管的性能指标主要有伏安特性、光电特性、光谱特性、响应特性、响应时间、峰值探测率和温度特性等。下面仅对其中的主要性能指标作简单介绍。

1）光电特性。光电特性表示当阳极电压一定时，阳极电流 I 与入射在光电管阴极上光通量 Φ 之间的关系，如图 6-6 所示。光电特性的斜率（光电流与入射光光通量之比）称为光电管的灵敏度。

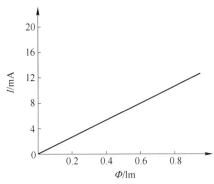

图 6-5　光电管的结构、符号及测量电路　　　　　　　　图 6-6　光电管光电特性曲线
（a）光电管的结构；（b）光电管测量电路

2）伏安特性。当入射光的频谱及光通量一定时，阳极电流与阳极电压之间的关系叫伏安特性，如图 6-7 所示。当阳极电压比较低时，阴极所发射的电子只有一部分到达阳极，其余部分受光电子在真空中运动时所形成的负电场作用回到光电阴极。随着阳极电压的增高，光电流随之增大。当阴极发射的电子全部到达阳极时，阳极电流便很稳定，称为饱和状态。当达到饱和时，阳极电压再升高，光电流 I 也不会增加。

3）光谱特性。光电管的光谱特性通常是指阳极和阴极之间所加电压不变时，入射光的波长（或频率）与其绝对灵敏度的关系。它主要取决于阴极材料，不同阴极材料的光电管适用于不同的光谱范围，同时，不同光电管对于不同频率（即使光强度相同）的入射光，其灵敏度也不同。图 6-8 中曲线 Ⅰ、Ⅱ 为常用的银氧铯光电阴极和锑铯光电阴极。此外，光电管还有温度特性、疲劳特性、惯性特性、暗电流和衰老特性等，使用时应根据产品说明书和有关手册合理选用。

图 6-7　光电管伏安特性曲线　　　　　　　　图 6-8　光电管光谱特性曲线

2. 光电倍增管及基本测量电路

（1）结构与工作原理

光电倍增管是能把微弱的光输入转换成电子，并使电子获得倍增的电真空器件。它有放大光电流的作用，灵敏度非常高，信噪比大，线性好，多用于微光测量。光电倍增管是由两个主要部分构成：阴极室和若干光电倍增极组成的二次发射倍增系统，结构示意图如图 6-9 所示。

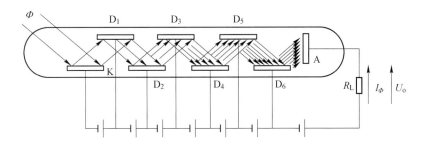

图 6-9　光电倍增管结构示意图

从图中可以看到光电倍增管也有一个阴极 K、一个阳极 A。与光电管不同的是，在它的阴极与阳极之间设置许多二次倍增极 D_1，D_2，…，D_n，它们又称为第一倍增极、第二倍增极、…、第 n 倍增极，相邻电极之间通常加上 100V 左右的电压，其电位逐级提高，阴极电位最低，阳极电位最高，两者之差一般在 600～1200V。

当微光照射阴极 K 时，从阴极 K 上逸出的光电子在 D_1 的作用下，以高速向第一倍增极 D_1 射去，产生二次发射，于是更多的二次发射的电子又在 D_2 电场作用下，射向第二倍增极，激发更多的二次发射电子，如此下去，一个光电子将激发更多的二次发射电子，最后被阳极所收集。若每级的二次发射倍增率为 δ，共有 n 级（通常 9～11 级），则光电倍增管阳极得到的光电流比普通光电管大 δ^n 倍，因此光电倍增管的灵敏度极高。其光特性基本上是一条直线。

（2）光电倍增管的主要参数和特性

1）光电倍增管的倍增系数 M 与工作电压的关系。倍增系数 M 等于 n 个倍增电极的二次电子发射系数 δ 的乘积。如果 n 个倍增电极的 δ 都相同，则 $M = \delta_i^n$，因此，阳极电流 I 为

$$I = i\delta_i^n \tag{6-3}$$

式中，i 为光电阴极的光电流。

光电倍增系数 M 与工作电压 U 的关系是光电倍增管的重要特性。随着工作电压的增加，倍增系数也相应增加，如图 6-10 所示。M 与所加电压有关，M 在 $10^5 \sim 10^8$，稳定性为 1%左右，加速电压稳定性要在 0.1%以内。如果有波动，倍增系数也要波动，因此 M 具有一定的统计涨落。一般阳极和阴极之间的电压为 1000～2500V，两个相邻的倍增电极的电位差为 50～100V。对所加电压越稳越好，这样可以减小统计涨落，从而减小测量误差。

2）光电倍增管的伏安特性。光电倍增管的伏安特性也叫阳极特性，它是指阴极与各

倍增极之间电压保持恒定条件下，阳极电流 I_A（光电流）与最后一级倍增极和阳极间电压 U_{AD} 的关系，典型光电倍增管伏安特性如图 6-11 所示。它是在不同光通量下的一组曲线族。像光电管一样，光电倍增管的伏安特性曲线也有饱和区，照射在光电阴极上的光通量越大，饱和阳极电压越高。当阳极电压非常大时，由于阳极电位过高，使倒数第二级倍增极发出的电子直接奔向阳极，造成最后一级倍增极的入射电子数减少，影响了光电倍增管的倍增系数，因此，伏安特性曲线过饱和区段后略有降低。

图 6-10　光电倍增管的特性曲线

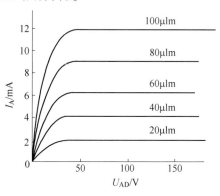

图 6-11　光电倍增管的伏安特性

3）光电倍增管的光电特性。光电倍增管的光电特性是指阳极电流（光电流）与光电阴极接收到的光通量之间的关系。典型光电倍增管的光电特性如图 6-12 所示。图中当光通量 Φ 在 $10^{-3} \sim 10^{-4}$ lm，光电特性曲线具有较好的线性关系，当光通量超过 10^{-4} lm 时曲线就明显向下弯曲，其主要原因是强光照射下，较大的光电流使后几级倍增极疲劳，灵敏度下降，因此，使用时光电流不要超过 1mA。

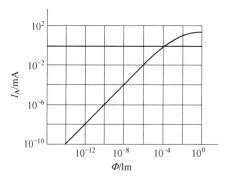

图 6-12　光电倍增管的光电特性

3. 光敏电阻

（1）结构与工作原理

光敏电阻又称光导管，是一种均质半导体光电器件。光敏电阻的结构很简单，在半导体光敏材料两端装上电极引线，将其封装在带透明窗的管壳内就构成光敏电阻，如图 6-13（a）所示。为了增加灵敏度，常将两电极做成梳状，如图 6-13（b）所示，图形符号如图 6-13（c）所示。

光敏电阻的工作原理是基于光电导效应。在无光照时，光敏电阻具有很高的阻值，在有光照时，当光子的能量大于材料禁带宽度，价带中的电子吸收光子能量后跃迁到导带，激发出可以导电的电子-空穴对，使电阻降低。光线越强，激发出的电子-空穴对越多，电阻值越低；光照停止后，自由电子与空穴复合，导电性能下降，电阻恢复原值。制作光敏电阻的材料常用硫化镉、硒化镉、硫化铅、硒化铅和锑化铟等。

图 6-13　光敏电阻

（a）原理图；（b）外形图；（c）图形符号

为了避免外来干扰，光敏电阻外壳的入射孔用一种能透过所要求光谱范围的透明保护窗（例如玻璃），有时用专门的滤光片作保护窗。为了避免灵敏度受潮湿的影响，故将电导体严密封装在壳体中。

（2）光敏电阻的基本特性和主要参数

1）暗电阻和暗电流。置于室温、全暗条件下测得的稳定电阻值称为暗电阻，此时流过电阻的电流称为暗电流。这些是光敏电阻的重要特性指标。

2）亮电阻和亮电流。置于室温、在一定光照条件下测得的稳定电阻值称为亮电阻，此时流过电阻的电流称为亮电流。

3）伏安特性。光照度不变时，光敏电阻两端所加电压与流过电阻的光电流关系称为光敏电阻的伏安特性，如图 6-14 所示。从图中可知，伏安特性近似直线，但使用时应限制光敏电阻两端的电压，以免超过虚线所示的功耗区。因为光敏电阻都有最大额定功率、最高工作电压和最大额定电流，超过额定值可能导致光敏电阻的永久性损坏。

4）光电特性。在光敏电阻两极间电压固定不变时，光照度与亮电流间的关系称为光电特性，如图 6-15 所示。光敏电阻的光电特性呈非线性，这是光敏电阻的主要缺点之一。

图 6-14　光敏电阻的伏安特性

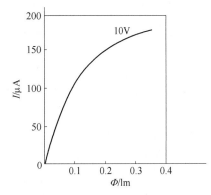

图 6-15　硒光敏电阻的光电特性

5）光谱特性。如图 6-16 所示，光敏电阻对不同波长的入射光，其对应光谱灵敏度不相同，而且各种光敏电阻的光谱响应峰值波长也不相同，所以在选用光敏电阻时，把元件和入射光的光谱特性结合起来考虑，才能得到比较满意的效果。

图 6-16　光敏电阻的光谱特性

6）响应时间。光敏电阻受光照后，光电流并不立刻升到最大值，而要经历一段时间（上升时间）才能达到最大值。同样，光照停止后，光电流也需要经过一段时间（下降时间）才能恢复到其暗电流值，这段时间称为响应时间。光敏电阻的上升响应时间和下降响应时间约为 $10^{-3} \sim 10^{-1}$ s，故光敏电阻不适用于要求快速响应的场合。

7）温度特性。光敏电阻和其他半导体器件一样，受温度影响较大。随着温度的升高，光敏电阻的暗电流上升，但是亮电流增加不多，因此，它的光电流下降，即光电灵敏度下降。不同材料的光敏电阻、温度特性互不相同，一般硫化镉的温度特性比硒化镉好、硫化铅的温度特性比硒化铅好。

光敏电阻具有很高的灵敏度、很好的光谱特性，光谱响应可从紫外区到红外区的范围内，而且体积小、质量小、机械强度高、耐冲击、抗过载能力强、寿命长、价格低，因此，光敏电阻广泛应用于光电耦合器、光电自动开关、测量仪表、电声电视感测、摄影曝光、通信设备和工业电子设备中。

4. 光电池

光电池是一种利用光生伏特效应把光直接转换成电能的半导体光电器件。光电池在有光线作用时实质就是电源，电路中有了这种器件就不需要外加电源。由于光电池广泛用于把太阳能直接变成电能，因此又称太阳能电池。通常，把光电池的半导体材料的名称放在光电池（或太阳能电池）名称之前以示区别，例如硒光电池、砷化镓光电池、硅光电池、锗光电池等。

（1）光电池的结构及工作原理

图 6-17 所示为光电池结构示意图与图形符号。通常是在 N 型衬底上渗入 P 型杂质形成一个大面积的 PN 结，作为光照敏感面。当入射光子的能量足够大时，即光子能量 $h\gamma$ 大于硅的禁带宽度，P 型区每吸收一个光子就产生一对光生电子-空穴对，光生电子-空穴对的浓度从表面向内部迅速下降，形成由表及里扩散的自然趋势。由于 PN 结内电场的方向是由 N 区指向 P 区，它使扩散到 PN 结附近的电子-空穴对分离，光生电子被推向 N 区，光生空穴被留在 P 区，从而使 N 区带负电，P 区带正电，形成光生电动势。若用导线连

接 P 区和 N 区，电路中就有电流流过。

图 6-17 光电池

（a）结构；（b）符号

（2）光电池的基本特性

1）光谱特性。光电池对不同波长的光有不同的灵敏度。图 6-18 是硅光电池和硒光电池的光谱特性曲线。从图中可知，不同材料的光电池对各种波长的光波灵敏度不同。硅光电池的适用范围宽，对应的入射光波长可为 0.45～1.1μm，而硒光电池只能在 0.34～0.57μm 的波长范围内，适用于可见光检测。在实际使用中可根据光源光谱特性选择光电池，也可根据光电池的光谱特性，确定应该使用的光源。

2）光电特性。硅光电池的负载电阻不同，输出电压和电流也不同。图 6-19 中的曲线 1 是负载开路时的“开路电压”特性曲线，曲线 2 是负载短路时的“短路电流”特性曲线。开路电压与光照度的关系是非线性的，并且在 2000lx 照度以上时趋于饱和，而短路电流在很大范围内与光照度呈线性关系，负载电阻越小，线性关系越好，而且线性范围越宽。当负载电阻短路时，光电流在很大程度上与照度呈线性关系，因此当测量与光照度成正比的其他非电量时，应把光电池作为电流源来使用；当被测非电量是开关量时，可以把光电池作为电压源来使用。

图 6-18 硅光电池光谱特性曲线

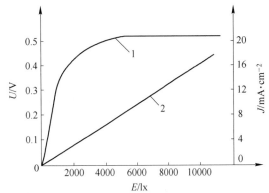

图 6-19 硅光电池的光电特性

1—开路电压特性曲线；2—短路电流特性曲线

3）温度特性。光电池的开路电压和短路电流随温度变化的关系称为温度特性，如图 6-20 所示，从图中可以看出，光电池的光电压随温度变化有较大变化，温度越高，电压越低，而光电流随温度变化很小。当仪器设备中的光电池作为检测元件时，应考虑温度漂移的影响，要采用各种温度补偿措施。

图 6-20　光电池的温度特性

4）频率特性。频率特性是指输出电流与入射光的调制频率之间的关系。当光电池受到入射光照射时，产生电子-空穴对需要一定时间，入射光消失，电子-空穴对的复合也需要一定时间。因此，当入射光的调制频率太高时，光电池的输出光电流将下降。

如图 6-21 所示，硅光电池的频率特性较好，工作调制频率可达数十千赫至数兆赫。而硒光电池的频率特性较差，目前已很少使用。

图 6-21　光电池的频率特性

5）稳定性。当光电池密封良好，电极引线可靠、应用合理时，光电池的性能是相当稳定的，使用寿命也很长。硅光电池的性能比硒光电池更稳定。光电池的性能和寿命除了与光电池的材料及制造工艺有关外，在很大程度上还与使用条件密切相关。如在高温和强光条件下，会使光电池的性能变坏，而且使用寿命降低，使用中要加以注意。

光电池是形式最简单的光电器件，它能在几伏的偏置电压下工作，具有稳定性好、光谱范围宽、频率特性好、换能效率高、耐高温辐射等优点。

光电池种类虽多，但主要的是硅光电池。国产系列产品有方形和圆形 ZCR 系列硅光电池、特殊 ZCR 系列硅光电池等。其中，方形、圆形及特殊规格硅光电池适用于光电探测、近红外探测、光电读出、光电耦合、光电开关等。硅蓝光电池对紫蓝光有较高灵敏度，适用于紫蓝光和可见光的接收，可做成色探测器。

5. 光敏二极管和光敏晶体管

光敏二极管和光敏晶体管的工作原理主要基于光生伏特效应，是重要的光敏器件。与光敏电阻相比有许多优点，尤其是光敏二极管，响应速度快、频率响应好、灵敏度高、可靠性高，广泛应用于可见光和远红外探测，以及自动控制、自动报警、自动计数装置等。

(1) 光敏二极管

光敏二极管实物外形、电路符号如图 6-22(a) 所示。光敏二极管结构与一般二极管相似，它们都有一个 PN 结，并且都是单向导电的非线性元件。但是，作为光敏元件，光电二极管在结构上有特殊之处，一般光敏二极管封装在透明玻璃外壳中，PN 结在管子的顶部，可以直接受到光的照射。为了提高转换效率，PN 结的面积比一般二极管大。

光敏二极管的基本电路如图 6-22(c) 所示。光敏二极管在电路中一般处于反向偏置状态，无光照时反向电阻很大，反向电流很小，此反向电流称为暗电流。当有光照在 PN 结时，PN 结处产生光生电子-空穴对，光生电子-空穴对在反向偏压和 PN 结内电场作用下作定向运动，形成光电流，光电流随入射光强度变化相应变化，光照越强光电流越大。因此，光敏二极管在不受光照射时，处于截止状态。受光照射时，光电流方向与反向电流一致。光敏二极管的性能与基本特性有关。

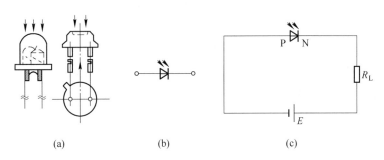

图 6-22　光敏二极管

(a) 实物外形；(b) 符号；(c) 基本电路

(2) 光敏晶体管

光敏晶体管与一般晶体管很相似，具有两个 PN 结，只是它的发射极一边做得很大，以扩大光的照射面积。因此它具有比光敏二极管更高的灵敏度，其结构、等效电路、图形符号及基本电路分别如图 6-23 所示。

大多数光敏晶体管的基极无引出线，当集电极加上相对于发射极为正的电压而不接基极时，集电结就是反向偏压。当光照射在集电结时，就会在结附近产生电子-空穴对，光生电子被拉到集电极，基区留下空穴，被正向偏置的发射结发出的自由电子填充，形成光电流 I_b，同时空穴使基极与发射极间的电压升高，这样便会有大量发射区的电子流向集电极，形成输出电流 I_c，且集电极电流为光电流的 β 倍，所以光敏晶体管有放大作用。

(3) 光敏二极管、光敏晶体管的基本特性

光敏二极管、光敏晶体管的基本特性包括光谱特性、伏安特性、光电特性、温度特

图 6-23　光敏晶体管

（a）结构；（b）等效电路；（c）符号；（d）基本电路

性、响应时间、频率特性等。

1）光谱特性。光敏晶体管在入射光照度一定时，输出的光电流（或相对灵敏度）随光波波长的变化而变化。一种晶体管只对一定波长的入射光敏感，这就是它的光谱特性，如图 6-24 所示。从图中可以看出，不管是硅管还是锗管，当入射光波长超过一定值时，波长增加，相对灵敏度下降。

这是因为光子能量太小，不足以激发电子-空穴对，当入射光波长太短时，由于光波穿透能力下降，光子只在晶体管表面激发电子-空穴对，而不能达到 PN 结，因此相对灵敏度下降。从曲线还可以看出，不同材料的光敏晶体管，其光谱响应峰值波长也不相同。硅管的峰值波长为 $1.0\mu m$ 左右，锗管为 $1.5\mu m$ 左右，由此可以确定光源与光电器件的最佳配合。由于锗管的暗电流比硅管大，因此锗管性能较差。故在探测可见光或炽热物体时，都用硅管，而在对红外线进行探测时，采用锗管较为合适。

2）伏安特性。光敏晶体管在不同照度下的伏安特性，就像普通晶体管在不同基极电流下的输出特性一样，如图 6-25 所示。在这里改变光照就相当于改变普通晶体管的基极电流，从而得到这样一簇曲线。

图 6-24　光敏晶体管的光谱特性

1—硅管；2—锗管

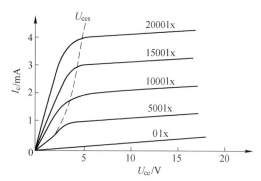

图 6-25　光敏晶体管的伏安特性

3）光电特性。它指外加偏置电压一定时，光敏二极管、光敏晶体管的输出电流和光照度的关系。一般来说，光敏二极管光电特性的线性较好，而光敏晶体管在照度较小时光电流随照度增加较小，并且在照度足够大时，输出电流有饱和现象。这是由于光敏晶体管的电流放大倍数在小电流和大电流时都会下降的缘故。图 6-26 中曲线 1、曲线 2 分别是某种型号的光敏二极管、光敏晶体管的光电特性。

温度变化对亮电流的影响较小，但对暗电流的影响相当大，并且是非线性的，这将给微光测量带来误差。为此，在外电路中可以采取温度补偿方法，如果采用调制光信号交流放大，由于隔直电容的作用，可使暗电流隔断，消除温度影响。

4）频率特性。光敏晶体管受调制光照射时，相对灵敏度与调制频率的关系称为频率特性，如图 6-27 所示。减少负载电阻能提高响应频率，但输出降低。一般来说，光敏晶体管的频率响应比光敏二极管差得多，锗光敏晶体管的频率响应比硅管小一个数量级。

图 6-26　光敏晶体管的光电特性
1—光敏二极管；2—光敏晶体管

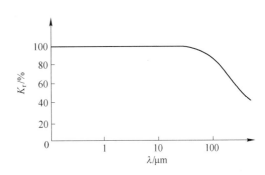

图 6-27　光敏晶体管频率特性

5）响应时间。工业用的硅光敏二极管的响应时间为 $10^{-5} \sim 10^{-7}\,\mathrm{s}$，光敏晶体管的响应时间比相应的二极管约慢一个数量级，因此在要求快速响应或入射光调制频率比较高时应选用硅光敏二极管。

6. 光电器件的应用

（1）灯光亮度自动控制器

灯光亮度自动控制器可按照环境光照强度自动调节白炽灯或荧光灯的亮度，从而使室内的照明自动保持在最佳状态，避免人们产生视觉疲劳。

控制器主要由环境光照检测电桥、放大器 A、积分器、比较器、过零检测器、锯齿波形成电路、双向晶闸管 V 等组成，电路框图如图 6-28 所示。过零检测器对 50Hz 市电电压的每次过零点进行检测，并控制锯齿波形成电路使其产生与市电同步的锯齿波电压，该电压加在比较器的同相输入端。另外，由光敏电阻与电阻组成的电桥将环境光照的变化转换成直流电压的变化，该电压经放大并由积分电路积分后加到比较器的反相输入端，其数值随环境光照的变化而缓慢地成正比例变化。

两个电压的比较结果，便可从比较器输出端得到随环境光照强度变化而脉冲宽度发生变化的控制信号，该控制信号的频率与市电频率同步，其脉冲宽度反比于环境光照，利用这个控制信号触发双向晶闸管，改变其导通角，便可使灯光的亮度随环境光照做相反的变化，从而达到自动控制环境光照不变的目的。

（2）测光文具盒

学生在学习时，如果不注意学习环境光线的强弱，很容易损害视力。测光文具盒是在文具盒上加装测光电路组成的，它不但有文具盒的功能，而且能显示光线的强弱，这样可指导学生在合适的光线下学习，以保护学生的视力。

图 6-28　灯光亮度自动控制器电路

图 6-29 是测光文具盒的测光电路。电路中采用 2CR11 硅光电池作为测光传感器，它被安装在文具盒的表面，直接感受光的强弱。采用两个发光二极管作为光照强弱的指示。当光照度小于 100lx 时，光电池产生的电压较小，半导体管压降较大或处于截止状态，两个发光二极管都不亮；当光照度在 100～200lx 时，发光二极管 VD_2 点亮，表示光照度适中；当光照度大于 200lx 时，光电池产生的电压较高，半导体管压降较小，此时两个发光二极管均点亮，表示光照太强了。借助测光表调节电位器 RP 和 R^* 可使电路满足上述要求。

图 6-29　测光文具盒测光电路

（3）光控闪光标志灯

光控闪光标志灯电路原理图如图 6-30 所示。电路主要由 M5332L 通用集成电路 IC、光敏晶体管 VT_1 及外围元件等组成。白天，光敏晶体管 VT_1 受到光照内阻很小，使 IC 的输入电压高于基准电压，于是 IC 的 6 脚输出为高电平，标志灯 E 不亮；夜晚，无光照射光敏晶体管 VT_1 内阻增大，使 IC 的输入电压低于基准电压，于是 IC 内部振荡器开始振荡，其频率为 1.8Hz，与此同时，IC 内部的驱动器也开始工作，使 IC 的 6 脚输出为低电平，在振荡器的控制下，标志灯 E 以 1.8Hz 频率闪烁发光，以警示有路障存在。

图 6-30 　光控闪光标志灯电路

任务实施

1. 电路组成

全自动声光控制电路主要由光控开关电路、声控开关和延时电路组成。两部分电路分别驱动继电器 J_1 和 J_2，并将 J_1 的触点和 J_2 的触点串联起来，共同控制电路的工作，只有两个触点同时闭合，才使电灯亮。光控开关电路采用光敏晶体管，将光照信号放大驱动继电器 J_1，这部分电路较简单。声控延时电路利用话筒拾取环境声音，将拾取的微弱声音信号经放大后输出，驱动继电器 J_2，然后和光控电路输出的信号共同控制夜间的照明，并且通过延时电路来控制照明的时间，设计电路如图 6-31 所示。

2. 电路原理

电路上部分是光控开关电路，下部分是声控延时电路。光控开关由光敏晶体管 VT_1 来检测环境光线的强度，当光线较强时，产生光电流使 VT_1 导通，放大管 VT_2 导通，同时 VT_3 截止，继电器 J_1 无励磁电流而释放，触点 J_{1-1} 断开，路灯 H 不亮；当外部环境光线很弱时，VT_1 处于截止状态，VT_2 截止，VT_3 导通，J_1 得电吸合，触点 J_{1-1} 闭合。

声控延时电路由话筒 MIC 拾取环境声音，无声音振动时，MIC 两端只有微小的直流电压，使 VT_8 截止，继电器 J_2 无励磁电流而释放，触点 J_{2-1} 断开，路灯 H 不亮。当有声音振动时，将拾取的微弱声音信号经 $VT_4 \sim VT_6$ 放大，触发 VT_7、VT_8，并经 C_3 和 R_{16} 延时一段时间，使 J_2 一直吸合，即 J_{2-1} 闭合，直至周围环境安静时间超过延时电路的延迟时间后，J_{2-1} 又自动断开，路灯又熄灭。由于继电器线圈在断电瞬间会感应出比较高的电压，此感应电压会损坏开关三极管，故在 J_1、J_2 两端反向并联一个二极管，提供一个回路，避免产生高感应电压，从而保护了开关晶体管。

3. 电路调试

此电路相对简单，只要安装无误，就能正常工作，调试时分别用杜邦线或跳线帽将光

图 6-31 全自动声控电路

敏电阻、光敏晶体管接入电路,并用书本遮挡光线,观察继电器是否动作、相应照明灯是否点亮即可。

任务 6.2 数码相机工作原理分析

任务目标

1)掌握 CCD 电荷耦合器件的工作原理与结构。

2)掌握 CCD 图像传感器的工作原理。

3)了解 CCD 图像传感器的应用。

4)理解数码相机工作原理。

任务描述

数码相机是集光学、机械、电子一体化的产品。它集成了影像信息的转换、存储和传输等部件,具有数字化存取模式,与电脑交互处理和实时拍摄等特点。光线通过镜头或者镜头组进入相机,通过数码相机的 CCD 或者 CMOS 图像传感器转化为数字信号,数字信号通过影像运算芯片储存在存储设备中。本任务学习在学习 CCD 图像传感器的工作原理基础上,了解数码相机工作原理。

扫一扫查看
CCD 图像传感器

相关知识

6.2.1 CCD 图像传感器

图像传感器是指在同一半导体衬底上布设的若干光敏单元与移位寄存器构成的集成化、功能化的光电器件。光敏单元简称"像素"或"像点",它们本身在空间上、电气上是彼此独立的。它利用光敏单元的光电转换功能将投射到光敏单元上的光学图像转换成电信号"图像",即将光强的空间分布转换为与光强成比例的、大小不等的电荷包空间分布,然后利用移位寄存器的移位功能将这些电荷包在时钟脉冲控制下实现读取与输出,形成一系列幅值不等的时序脉冲序列。

图像传感器具有体积小、重量轻、功耗低和可低电压驱动等优点。目前已经广泛应用于电视、图像处理、测量、自动控制和机器人等领域。

1. CCD 图像传感器的结构

电荷耦合器件(Charge Coupled Devices, CCD)具有光电转换、信息存储、延时和将电信号按顺序传送等功能,并且集成度高、功耗低,因此随后得到飞速发展,是图像采集及数字化处理必不可少的关键器件,广泛应用于科学、教育、医学、商业、工业、军事和消费领域。

CCD 图像传感器是按一定规律排列的 MOS(金属-氧化物-半导体)电容器组成的阵列,它由衬底、氧化层和金属电极构成,其构造如图 6-32 所示。

图 6-32 CCD 图像传感器的结构

由于 P 型硅的电子迁移率高于 N 型硅,所以衬底通常选用 P 型单晶硅。衬底上生长的氧化层(SiO$_2$)厚度为 $1200 \sim 1500 \text{Å} (1 \text{Å} = 0.1 \text{nm})$,氧化层上按一定次序沉积若干金属电极作为栅极,形成规则的 MOS 电容器阵列,再加上两端的输入及输出二极管就构成了 CCD 芯片。

2. CCD 图像传感器的工作原理

CCD 图像传感器的最大特点是它以电荷为信号,而不同于其他大多数器件是以电压或电流为信号。CCD 的基本功能是电荷存储与电荷转移。因此对于 CCD 来说,其工作过程中的主要问题是信号电荷的产生、存储、传输和输出。

　　下面说明电荷是如何实现转移和输出的。实行转移的方法是依次对 3 个转移栅 φ_1、φ_2 和 φ_3 分别施加 3 个相差 120° 前沿陡峭、后沿倾斜的脉冲。

　　φ_1、φ_2 和 φ_3 的脉冲时序如图 6-33 所示。

　　当 $t=t_1$ 时，即 $\varphi_1 = U$，$\varphi_2 = 0$，$\varphi_3 = 0$，此时半导体硅片上的势阱分布及形状如图 6-34（a）所示，此时只有 φ_1 极下形成势阱（假设此时势阱中各自有若干个电荷）。

　　当 $t=t_2$ 时，即 $\varphi_1 = 0.5U$，$\varphi_2 = U$，$\varphi_3 = 0$，此时半导体硅片上的势阱分布及形状如图 6-34（b）所示，此时 φ_1 极下的势阱变浅，φ_2 极

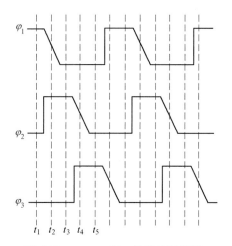

图 6-33　φ_1、φ_2 和 φ_3 的脉冲时序图

下的势阱变深，φ_3 极下没有势阱。根据势能原理原先在 φ_1 极下的电荷就逐渐向 φ_2 极下转移。

　　在 $t=t_3$ 时，如图 6-34（c）所示，即经过 1/3 时钟周期，φ_1 极下的电荷向 φ_2 极下转移完毕。

　　在 $t=t_4$ 时，如图 6-34（d）所示，φ_2 极下的电荷向 φ_3 极下转移。经过 2/3 时钟周期，φ_2 极下的电荷向 φ_3 极下转移完毕。

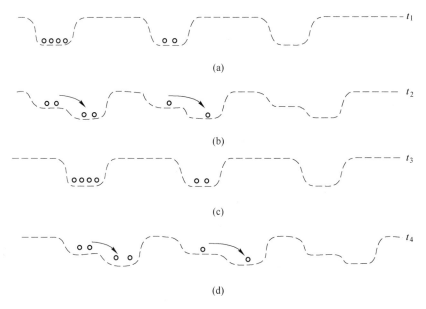

图 6-34　图像传感器的转移过程

（a）$t=t_1$；（b）$t=t_2$；（c）$t=t_3$；（d）$t=t_4$

　　经过 1 个时钟周期，φ_3 的极下电荷向下一级的 φ_1 极下转移完毕。每 3 个电极构成

CCD 的一个级，每经历一个时钟脉冲周期，电荷就向右转移三极即转移一级。以上过程重复下去，就可使电荷逐级向右进行转移。

3. CCD 图像传感器的分类

根据光敏元件排列形式的不同，CCD 图像传感器可分为线阵 CCD 图像传感器和面阵 CCD 图像传感器。

1）线阵 CCD 图像传感器。线阵 CCD 图像传感器结构由排成直线的 MOS 光敏元阵列、转移栅和读出移位寄存器三部分组成，转移栅的作用是将光敏元中的光生电荷并行地转移到对应位的读出移位寄存器中去，以便将光生电荷逐位转移输出。线型 CCD 图像传感器主要用于测试、传真、文学文字识别等技术等方面。

2）面阵 CCD 图像传感器。线阵 CCD 图像传感器只能在一个方向上实现电子自扫描，为获得二维图像，人们研制出了在 z、v 两个方向上都能实现电子自扫描的面阵 CCD 图像传感器。面阵 CCD 图像传感器由感光区、信号存储区和输出转移部分组成，并有多种结构形式。面阵 CCD 图像传感器主要用于摄像机及测试技术。

6.2.2　图像传感器的应用

CCD 图像传感器具有高分辨率和高灵敏度，以及较宽的动态范围。所以它可广泛用于自动控制和自动测量，尤其适用于图像识别技术。CCD 图像传感器在检测物体的位置、工件尺寸的精确测量及工件缺陷的检测方面有独到之处。

扫一扫查看
图像传感器的应用

1. 微小尺寸的检测

在自动化生产线上，经常需要进行物体尺寸的在线检测。例如零件的尺寸检验、轧钢厂钢板宽度的在线检测和控制等。利用 CCD 图像传感器，即可实现物体尺寸的高精度非接触检测。

微小尺寸的检测通常用于对微隙、细丝或小孔的尺寸进行检测。例如，在游丝轧制的精密机械加工中，要求对游丝的厚度进行精密的在线检测和控制。而游丝的厚度通常只有 $10 \sim 20 \mu m$。

对微小尺寸的检测一般采用激光衍射的方法。当激光照射钢丝或小孔时，会产生衍射图像，用阵列光电器件对衍射图像进行接收，测出暗纹的间距，即可计算出细丝或小孔的尺寸。

2. 物体轮廓尺寸的检测

光电精密测径系统采用新型的光电器件——CCD 传感器检测技术，可以对工件进行高精度的自动检测，可用数字显示测量结果和对不合格工件进行自动筛选。其测量精度可达 $\pm 0.003 mm$。光电精密测径系统主要由 CCD 传感器、测量电路系统和光学系统组成，工作原理框图如图 6-35 所示。

被测件被均匀照明后，经成像系统按一定倍率准确地成像在 CCD 传感器的光敏面上，则在 CCD 传感器光敏面上形成了被测件的影像，这个影像反映了被测件的直径尺寸。

被测件直径与影像之间的关系为

$$D = \frac{D'}{\beta} \tag{6-4}$$

式中，D 为被测件直径大小；D' 为被测件直径在 CCD 光敏面上影像的大小；β 为光学系统的放大率。因此，只要测出被测件影像的大小，就可以由式（6-4）求出被测件的直径尺寸。

图 6-35　光电精密测径系统工作原理框图

3. 光学字符识别和图像传真

光电阵列器件的另一大应用是字符识别和图像传真。格线列光电器件配上光学成像镜头后即可构成阵列摄像头。摄像头可以将需要识别的字符在垂直方向成像在光线列器件上，如图 6-36 所示。配合摄像头在水平方向上的移动，便可以实现字符的扫描输入。将阵列的输出送到识别逻辑电路，将信号变成计算机能识别的 66 代码。计算机将接收到的代码与内存的字库相比较，就可以完成标准字体铅字的识别。该系统可成功地应用于邮政编码的识别等场合。

图 6-36　光学字符识别系统

任务实施

1. 数码相机的结构

数码相机（Digital Camera，DC）实质是一种非胶片相机，它采用 CCD 作为光电转换器件，将被摄物体的图像转换成电信号并通过 A-D 转换成数字信号形式记录在存储器中。从外观看，数码相机也有光学镜头、取景器、对焦系统、光圈、内置电子闪光灯等，但比传统相机多了液晶显示器，内部有更本质的区别。数码相机内部结构总体可以分为光学部分、光电变换部分、信号处理部分、相机功能控制部分、电源部分和记录及输出部分等。数码相机的结构方框图如图 6-37 所示。

图 6-37　数码相机的结构方框图

2. 数码相机各部分的作用

1）镜头：数码相机镜头的作用与普通相机镜头作用相同，包括取景、变焦、对焦镜头和马达控制电路。

2）图像传感器：其作用是将光信号转变为电信号。图像传感器是数码相机的核心部件，其质量决定了数码相机的成像质量。图像传感器的体积通常很小，但却包含了几十万个乃至上千万个具有感光特性的二极管——光电二极管。每个光电二极管即为一个像素。当有光线照射时，光电二极管就会产生电荷累积，光线越多，电荷累积得就越多，然后这些累积的电荷就会被转换成相应的像素数据。

将其分类，一种是电荷耦合器件图像传感器 CCD，使用一种高感光度的半导体材料制成，能把光线转变成电荷，通过模-数转换器芯片转换成数字信号。其特点是电路复杂，读取信息需在同步信号控制下一位一位地实地转移后读取，信息读取复杂，速度慢；要三组电源供电，耗电量大，但技术成熟，成像质量好。

另外一种是互补金属氧化物半导体 CMOS，其特点是电路简单，信息直接读取，速度较快，只需使用一个电源，耗电量小，为 CCD 的 1/8~1/10；单个光电传感元件、电路之间距离近，光、电、磁干扰较严重，对图像质量影响很大。

在相同分辨率下，CMOS 价格比 CCD 便宜，但是 CMOS 器件产生的图像质量相比CCD 来说要低一些。到目前为止，市面上绝大多数的消费级别以及高端数码相机都使用CCD 作为感应器，CMOS 感应器则作为低端产品应用在一些摄像头上，不过一些高端的产品也采用了特制的 CMOS 作为光感器，如索尼的数款高端 CMOS 机型。

3）模-数转换器：将模拟信号转换成数字信号的部件。模-数转换器将每一个像素的亮度或色彩值量化为若干个等级，这个等级就是数码相机的色彩深度。对于具有数字化接口的图像传感器（如 CMOS），则不需模-数转换器。

4）微处理器 MPU：数码相机通过 MPU 实现测光、运算、曝光、闪光控制、拍摄逻辑控制以及图像的压缩处理等操作过程，对各个操作过程统一协调。一般数码相机采用的微处理器包括图像传感器数据处理 DSP、SRAM 控制器，显示控制器、JPEG 编码器、USB 等接口，运算处理单音频接口（非通用模块）和图像传感器时钟生成器等功能模块。

5）存储设备的作用是保存数字图像数据，分为内置存储器和可移动存储器。内存储器为半导体芯片，用于临时存储图像。移动存储器有 SD 卡、MD 卡、软盘、CD、记忆棒等。

6）液晶显示屏 LCD 的作用是电子取景器、图片显示，分为 DSTNLCD（双扫扭曲向列液晶显示器）和 TFTLCD（薄膜晶体管液晶显示器），数码相机多采用后者。LCD 的作用有三个，即电子取景器、图片显示和功能菜单显示。

7）输入输出接口作用：数据交互。常用接口有图像数据存储扩展设备接口、计算机通信接口、连接电视机的视频接口。

8）电源部分：主要是内置电池（基本都是充电电池）和外置电源接口等。

3. 数码相机的成像原理

数码相机的成像原理可以简单地概括为 CCD 接收光学镜头传递来的影像，经模-数转换器转换成数字信号后保存于存储器中。数码相机的光学镜头与传统相机相同，是将影像聚到感光器件，即 CCD 上。CCD 替代了传统相机中的感光胶片的位置，其功能是将光信号转换成电信号，与电视摄像相同。

CCD 将被摄物体的光信号转变为电信号——电子图像，这是模拟信号，还需进行数字信号的转换才能为计算机处理创造条件，将由模-数转换器来完成转换工作。数字信号形成后，由微处理器对信号进行压缩并转化为特定的图像文件格式储存；数码相机自身的液晶显示屏用来查看所拍摄图像的好坏，还可以通过软盘或输出接口直接传输给计算机进行图像处理、打印、上网等工作。

任务 6.3 直流电机转速检测

任务目标

1）掌握光纤的结构和传输原理。
2）熟悉光纤的应用。
3）设计利用光纤传感器测量直流电机的转速电路。

任务描述

直流电机的速度检测方法有很多，如测速发电机、光电编码器、光电对管、光纤等，利用光纤传感器测量直流电机的转速，实现起来简单、成本低、测量精度高。本任务在学习掌握光纤的结构和传输原理基础上，设计一个利用光纤传感器测量直流电机转速的电路。

相关知识

　　光导纤维简称光纤，是 20 世纪 70 年代中期人类的重要发明之一。它与激光器、半导体光电探测器一起构成了新的光电技术。光纤最早用于通信，随着光纤技术的发展，光纤传感器得到进一步发展。目前，发达国家正投入大量人力、物力、财力对光纤传感器进行研制与开发。与其他传感器相比较，光纤传感器具有灵敏度高、响应速度快、动态范围大、防电磁干扰、超高电绝缘、防燃、防爆、体积小、材料资源丰富和成本低等特点，因此，运用前景十分广阔。光纤作为传感器件时突出的特点有：不受电磁干扰，防爆性能好，不会漏电打火，可根据需要做成各种形状，可以弯曲，另外还可以用于高温、高压，绝缘性能好、耐腐蚀。

6.3.1　光纤的结构和传输原理

扫一扫查看
光纤传感器的
结构和传输原理

　　光纤传感器可以分为两大类：一类是功能型（传感型）传感器，另一类是非功能型（传光型）传感器。功能型传感器是利用光纤本身的特性把光纤作为敏感元件，被测量对光纤内传输的光进行调制，使传输的光的强度、相位、频率或偏振态等特性发生变化，再通过对被调制过的信号进行解调，从而得出被测信号。非功能型传感器是利用其他敏感元件感受被测量的变化，光纤仅作为信息的传输介质。

　　光纤传感器所用光纤有单模光纤和多模光纤。单模光纤的纤芯直径通常为 $2\sim12\mu m$。很细的纤芯半径接近于光源波长的长度，仅能维持一种模式传播，一般相位调制型和偏振调制型的光纤传感器采用单模光纤；光强度调制型或传光型光纤传感器多采用多模光纤。

　　为了满足特殊要求，出现了保偏光纤、低双折射光纤、高双折射光纤等。所以采用新材料研制特殊结构的专用光纤是光纤传感技术发展的方向。

　　1. 光纤的结构

　　光导纤维简称为光纤，如图 6-38(a) 所示，目前基本上还是采用石英玻璃材料。其结构如图 6-38(b) 所示，中心的圆柱体叫作纤芯，围绕着纤芯的圆形外层叫作包层。纤芯和包层主要由不同掺杂的石英玻璃制成。纤芯的折射率 n_1 略大于包层的折射率 n_2，在包层外面还常有一层保护套，多为尼龙材料。光纤的导光能力取决于纤芯和包层的性质，而光纤的机械强度由保护套维持。

(a)　　　　　　　　　　　　　　(b)

图 6-38　光纤的结构

(a) 外形；(b) 结构

2. 光纤的传输原理

在光纤中，光的传输限制在光纤中，并随光纤能传送到很远的距离，光纤的传输是基于光的全内反射。当光纤的直径比光的波长大很多时，可以用几何光学的方法来说明光在光纤内的传播。

设有一段圆柱形光纤，纤芯的折射率为 n_1，包层的折射率为 n_2，如图 6-39 所示，它的两个端面均为光滑的平面。当光线射入一个端面并与圆柱的轴线成 θ 角时，根据光的折射定律，在光纤内折射成 θ'，然后以 ϕ 角入射至纤芯与包层的界面。若要在界面上发生全反射，则纤芯与界面的光线入射角 ϕ 应大于临界角 ϕ_c，即

$$\phi \geqslant \phi_c = \arcsin \frac{n_2}{n_1} \tag{6-5}$$

并在光纤内部以同样的角度反复逐次反射，直至传播到另一端面。

为满足光在光纤内的全内反射，光入射到光纤端面的临界入射角 ϕ_c 应满足下式

$$n_1 \sin\theta' = n_1 \sin\left(\frac{\pi}{2} - \phi_c\right) = n_1 \cos\phi_c$$

$$= n_1 \sqrt{1 - \sin^2\phi_c} = \sqrt{n_1^2 - n_2^2}$$

所以

$$n_0 \cos\phi_c = \sqrt{n_1^2 - n_2^2} \tag{6-6}$$

实际工作时需要光纤弯曲，但只要满足全反射条件，光线仍继续前进。可见这里的光线"转弯"实际上是由光的全反射所形成的。

图 6-39　光纤的传光原理

一般光纤所处环境为空气，则 $n_0 = 1$。这样在界面上产生全反射，在光纤端面上的光线入射角为

$$\theta \leqslant \theta_c = \arcsin \sqrt{n_1^2 - n_2^2}$$

光纤集光本领的术语叫数值孔径 NA，即

$$NA = \sin\phi_c = \sqrt{n_1^2 - n_2^2} \tag{6-7}$$

数值孔径反映纤芯接收光量的多少。其意义是，无论光源发射功率有多大，只有入射光处于 $2\theta_c$ 的光锥内，光纤才能导光。如入射角过大，如图 6-38 所示的角 θ_r，经折射后不能满足式（6-6）的要求，光线便从包层逸出而产生漏光。所以 N_A 是光纤的一个重要参数。一般希望有大的数值孔径，这有利于耦合效率的提高，但数值孔径过大，会造成光信号畸变，所以要适当选择数值孔径的数值。

6.3.2　光纤传感器的应用

光纤传感器由于它独特的性能而受到广泛的重视，它的应用正在迅速地发展。下面我们介绍几种主要的光纤传感器。

1. 光纤加速度传感器

光纤加速度传感器的结构组成如图 6-40 所示。它是一种简谐振子的结构形式。激光束通过分光板后分为两束光，透射光作为参考光束，反射光作为测量光束。当传感器感受加速度时，由于质量块 M 对光纤的作用，从而使光纤被拉伸，引起光程差的改变。相位改变的激光束由单模光纤射出后与参考光束会合产生干涉效应。激光干涉仪的干涉条纹的移动可由光电接收装置转换为电信号，经过处理电路处理后便可正确地测出加速度值。

图 6-40　光纤加速度传感器结构组成简图

2. 液位的检测技术

（1）球面光纤液位传感器

如图 6-41 所示，光由光纤的一端导入，在球状对折端部一部分光透射出去，而另一部分光反射回来，由光纤的另一端导向探测器。反射光强的大小取决于被测介质的折射率。被测介质的折射率与光纤折射率越接近，反射光强度越小。显然，传感器处于空气中时比处于液体中时的反射光强要大。因此，该传感器可用于液位报警。若以探头在空气中时的反光强度为基准，则当接触水时反射光强变化-6～-7dB，接触油时变化-25～-30dB。

(a) (b)

图 6-41　球面光纤液位传感器

（a）探头结构图；（b）检测原理图

（2）斜端面光纤液位传感器

图 6-42 为反射式斜端面光纤液位传感器的结构。同样，当传感器接触液面时，将引起反射回另一根光纤的光强减小。这种形式的探头在空气中和水中时，反射光强度差在 20dB 以上。

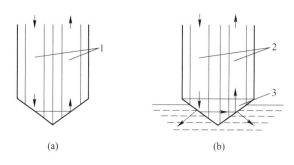

图 6-42　斜端面反射式光纤液位传感器
（a）空气中；（b）水中
1，2—光纤；3—棱镜

（3）单光纤液位传感器

单光纤液位传感器的结构如图 6-43 所示，将光纤的端部抛光成 45°的圆锥面。当光纤处于空气中时，入射光大部分能在端部满足全反射条件而返回光纤。当传感器接触液体时，由于液体的折射率比空气大，使一部分光不能满足全反射条件而折射入液体中，返回光纤的光强就减小。利用 X 形耦合器即可构成具有两个探头的液位报警传感器。同样，若在不同的高度安装多个探头，则能连续监视液位的变化。

图 6-43　单光纤液位传感器结构
1—光纤；2—X 型耦合器

任务实施

1. 传感器选型

直流电机转速检测原理如图 6-44 所示，选用反射式光纤传感器进行测量。直流电动机端面上贴有反光纸，当电动机转动时，反光被光纤传感器所接收，并通过基本的放大电路转换为脉冲电压输出。这样可以通过电压表测量或者数字脉冲电路将转速测出并进行显示。

2. 测量电路设计

测量电路如图 6-45 所示，由电源电路、稳压电路、共射极放大电路和光纤传感器检测电路组成。

图 6-44　直流电机转速检测原理

图 6-45　直流电机转速测量电路

电源电路通过变压器将 220V 的交流电压降为 12V 的交流电压输出，并通过直流电桥转换成脉动的直流电压，经过滤波、稳压处理，从 CW7805 端口输出稳定的 5V 电压。由于直流电动机上贴有反光纸，当直流电动机旋转时，光纤传感器随着它的转动不断地得到数字脉冲。数字脉冲信号通过 C_7 耦合到共射极基本放大电路，调节 R_4 电阻可以控制放大倍数，最后在基本放大电路的输出端得到与光纤输出对应的电压信号，再通过电压表或者A-D 转换，经微处理器处理后得到相关数据的显示。

3. 模拟调试

1）按照图 6-45 所示，进行电路制作，并检查电路的正确性。

2）将光纤探头移至电动机上方，对准电动机上的反光纸，调节光纤传感器的高度，再用手稍微转动电动机，让反光面避开光纤探头。

3）调节放大器的调零，使 F/V 表显示接近零。

4）将直流稳压电源置±5V 挡，在电动机控制单元的 U+处接入+5V 电压，调节转速旋钮使电动机运转。F/V 表置 2kΩ 挡显示频率，用示波器观察 F 输出端的转速脉冲信号。

5）根据脉冲信号的频率及电动机上反光片的数目换算出此时的电动机转速（r/min）。

$$n = \frac{60f}{z}$$

式中，f 为脉冲信号频率；z 为反光片的数目（反射点数）。

 习　题

1. 什么是光电效应？什么是外光电效应？什么是内光电效应？
2. 简述光电池的工作原理。
3. 试述光敏二极管的工作原理。
4. 试述光敏晶体管的工作原理。
5. CCD 图像传感器是如何分类的？
6. 光纤传感器是如何分类的？各有什么特点？
7. 简述光纤的传光原理。

项目7　气敏、湿敏传感器及应用

任务7.1　简易酒精探测仪的制作

任务目标

1）了解半导体气敏传感器的分类。
2）熟悉电阻型半导体气敏传感器的结构及原理。
3）了解气敏传感器的应用。
4）设计制作一个简易酒精探测仪。

任务描述

交通事故现场，交警通常会对肇事司机进行酒精度含量的测量，以确定该事故是否是酒后驾车引起的。酒精浓度的测量会用到酒精传感器。本任务设计制作一款简易酒精探测仪，要求当被测呼出气体中的酒精含量超过预定值时，测试仪自动发出声光报警信号。

相关知识

扫一扫看
气敏传感器

气敏传感器也称为气体传感器，它是一种将检测到的气体成分和浓度转换为电信号的传感器。根据这些电信号的强弱就可以获得与待测气体在环境中存在情况有关的信息，从而可以进行检测、监控、报警，还可以通过接口电路与计算机或单片机组成自动检测、控制和报警系统。

由于气敏传感器是暴露在检测现场使用，工作条件比较恶劣，温度、湿度的变化很大，又存在大量粉尘和油雾等，气体对传感元件的材料会产生化学反应物，附着在元件表面，往往会使其性能变差，因此要求气敏传感器的性能必须满足下列条件：

1）能够检测易爆炸气体的允许浓度、有害气体的允许浓度和其他基准设定浓度，并能及时给出报警、显示和控制信号。
2）对被测气体以外的共存气体或物质不敏感。
3）性能长期稳定性好、重复性好、动态特性好、响应迅速。
4）使用、维护方便，价格便宜等。

由于半导体气敏传感器具有灵敏度高、响应快、使用寿命长和成本低等优点，应用很广。

7.1.1　半导体气敏传感器的分类

半导体气敏传感器是利用半导体气敏元件同气体接触，造成半导体性质发生变化的原理来检测特定气体的成分或者浓度的。

按照半导体变化的物理特征，可分为电阻型和非电阻型两类。前者是利用敏感元件吸附气体后电阻值随着被测气体的浓度改变来检测气体的浓度或成分；后者是利用二极管伏安特性和场效应管的阈值电压变化来检测被测气体。

按照半导体与气体相互作用时产生的变化只限于半导体表面或深入到半导体内部，又可分为表面电阻控制型和体电阻控制型。前者当半导体表面吸附气体后，使半导体的载流子增多或减小来引起半导体电导率变化，但内部化学组成不变；后者当半导体与气体发生反应后，使半导体晶格发生变化而引起电导率改变。半导体气敏传感器分类见表7-1。

表 7-1　半导体气敏传感器分类

类型		主要物理特性	代表性待测气体	传感器举例
电阻型		表面控制型	可燃性气体	氧化银、氧化锌
		体电阻控制型	乙醇、可燃性气体、氧气	氧化镁、氧化钛、氧化钴
非电阻型		二极管整流特性	氢气、一氧化碳	铂—硫化镉、铂—氧化钛
		场效应晶体管特性	氢气、硫化氢	铂栅 MOS 场效应晶体管

7.1.2　电阻型半导体气敏传感器

电阻型半导体气敏传感器大多使用金属氧化物半导体材料作为气敏元件。它分 N 型半导体材料如 SnO_2、Fe_2O_3、ZnO 等；P 型半导体材料如 CoO、PbO、CuO、NiO 等。

扫一扫查看
电阻型半导体
气敏传感器

1. 材料和结构

许多金属氧化物都具有气敏效应，这些金属氧化物是利用陶瓷工艺制成的具有半导体特性的材料，因此称之为半导体陶瓷，简称半导瓷。由于半导瓷与半导体单晶相比具有工艺简单、价格低廉等优点，因此已经用它制作了多种具有实用价值的敏感元件。在诸多的半导体气敏元件中，用氧化锡（SnO_2）制成的元件具有结构简单、成本低、可靠性高、稳定性好、信号处理容易等一系列优点，应用最为广泛。

半导体气敏传感器一般由三部分组成：敏感元件、加热器和外壳。按其结构可分为烧结型、薄膜型和厚膜型，如图7-1所示。

图 7-1　半导体传感器的器件结构

（a）烧结型元件；（b）薄膜型元件；（c）厚膜型元件

图 7-1(a) 所示为烧结型气敏元件，它以多孔质陶瓷如 SnO_2 为基材，添加不同物质采用低温（700~900℃）制陶方法进行烧结，烧结时埋入铂电极和加热丝，最后将电极和加热丝引线焊在管座上制成元件。由于制作简单，它是一种最普通的结构形式，主要用于检测还原性气体、可燃性气体和液体蒸汽，但由于烧结不充分，器件的机械强度较差，且所用电极材料较贵重，电特性误差较大，所以应用受到一定的限制。

图 7-1(b) 所示为薄膜型气敏元件，是用蒸发或溅射方法，在石英或陶瓷基片上形成金属氧化物薄膜（厚度在 100nm 以下），用这种方法制成的敏感膜颗粒很小，因此具有很高的灵敏度和响应速度。敏感体的薄膜化有利于器件的低功耗、小型化，以及与集成电路制造技术兼容，所以是一种很有前途的器件。

图 7-1(c) 所示为厚膜型气敏元件，将气敏材料（SnO_2、ZnO）与一定比例的硅凝胶混制成能印刷的厚膜胶，把厚膜胶用丝网印刷到事先安装有铂电极的氧化铝的基片上，在400~800℃的温度下烧结 1~2h 便制成厚膜型气敏元件。用厚膜工艺制成的器件一致性较好，机械强度高，适于批量生产。

这些气敏元件全部附有加热器，它的作用是使附着在探测部分的油雾、尘埃等烧掉，同时加速气体氧化还原反应，从而提高元件的灵敏度和响应速度，一般加热到 200~400℃。

由于加热方式一般有直热式和旁热式两种，因而分为直热式和旁热式气敏元件。直热式气敏元件的结构及符号如图 7-2 所示。

直热式器件是将加热丝直接埋在 SnO_2 或 ZnO 等金属氧化物半导体材料内，同时兼作一个测量极，这类器件制造工艺简单、成本低、功耗小，可以在高压回路下使用，但其热容量小，易受

图 7-2　直热式气敏器件的结构和符号
(a) 结构；(b) 符号

环境气流的影响，测量电路与加热电路之间相互干扰，影响其测量参数，加热丝在加热与不加热两种情况下产生的膨胀与冷缩，容易造成器件接触不良。

旁热式气敏器件是把高阻加热丝放置在陶瓷绝缘管内，在管外涂上梳状金电极，再在金电极外涂上 SnO_2 等气敏半导体材料，就构成了器件。旁热式气敏器件克服了直热式结构的缺点，使测量极和加热极分离，而且加热丝不与气敏材料接触，避免了测量回路和加热回路的相互影响，器件的稳定性得到提高。旁热式气敏器件的结构和符号如图 7-3 所示。

2. 工作原理

电阻型气敏传感器是利用气体在半导体表面的氧化和还原反应，导致敏感元件阻值变化的。它的气敏元件的敏感部分是金属氧化物微结晶粒子烧结体，当它的表面吸附有被测气体时，半导体微结晶粒子接触界面的导电电子比例就会发生变化，从而使气敏元件的电阻值随被测气体的浓度改变而变化。这种反应是可逆的，因而可以重复地使用。电阻值的变化是随金属氧化物半导体表面对气体的吸附和释放而产生的，为了加速这种反应，通常

图 7-3　旁热式气敏器件的结构和符号

(a) 结构；(b) 符号

要用加热器对气敏元件加热。

下面以半导瓷材料 SnO_2 为例，说明表面电阻控制型气敏传感器的工作原理。半导瓷材料 SnO_2 属于 N 型半导体，N 型半导体气敏传感器吸附被测气体时的电阻变化曲线如图 7-4 所示。从图中可见，当半导体气敏传感器在洁净的空气中开始通电加热时，其阻值急剧下降，阻值发生变化的时间（称响应时间）不到 1min，然后上升，经 2～4min 后达到稳定，这段时间为初始稳定时间，元件只有在达到初始稳定状态后才可用于气体检测。当电阻值处于稳定值后，会随被测气体的吸附情况而发生变化，其电阻的变化规律视气体的性质而定，如果被测气体是氧化性气体（如 O_2

图 7-4　N 型半导体气敏传感器与气体接触时的阻值变化

和 CO），被吸附气体分子从气敏元件得到电子，使 N 型半导体中载流子电子减少，因而电阻值增大。如果被测气体为还原性气体（如 H_2、CO、酒精等），气体分子向气敏元件释放电子，使元件中载流子电子增多，因而电阻值下降。

空气中的氧成分大体上是恒定的，因而氧的吸附量也是恒定的，气敏元件的阻值大致保持不变。如果被测气体与敏感元件接触后，元件表面将产生吸附作用，元件的阻值将随气体浓度而变化，从浓度与电阻值的变化关系即可得知气体的浓度。

7.1.3　气敏传感器的应用

气敏传感器广泛应用于防灾报警，如可制成液化石油气、天然气、城市煤气、煤矿瓦斯及有毒气体等方面的报警器，也可用于对大气污染进行监测以及在医疗上用于对 O_2、CO 等气体的测量，生活中则可用于空调机、烹调装置、酒精浓度探测等方面。

1. 可燃气体泄漏报警器

可燃气体泄漏报警器的电路图如图 7-5 所示。它采用载体催化型气敏元件作为检测探头，报警灵敏度可从 0.2% 起连续可调，当空气中可燃气体的浓度达 0.2% 时，报警器可发出声光报警。因此它特别适用于液化石油气、煤矿瓦斯气、天然气、焦炉煤气、重油裂解气、氢气和一氧化碳等各种可燃气体的测漏及报警。

电路中，D 为检测元件，因外观呈黑褐色，又称为黑元件。C 为补偿元件，因外观呈白色，又称为白元件。R_C 为补偿电阻。黑、白元件工作时装在防爆气室中，通过隔爆罩与大气接触。而 C、D、R_C、R_3、R_4 组成检测桥路。运算放大器及外围元件组成电压比较器。

半导体晶体管 VT_2、VT_3、VT_4、VT_5 与发光二极管 VD_5 及蜂鸣器 Y 等组成声光报警电路。VT_1、VD_3 及 R_8 组成控制开关电路。

当没有可燃性气体泄露时，A 点电位低于 B 点电位，电桥处于相对平衡状态，比较器 IC_1 输出低电平，使 VT_1 截止，此时发光二极管 VD_5 不发光，蜂鸣器 Y 无报警声。当有可燃性气体泄露时，在 D 元件表面发生化学反应，使 D 元件电阻增加，A 点电位上升至高于 B 电位时，比较器 IC_1 输出高电平，VT_1 导通，打开报警电路，在 VT_2 和 VT_3 组成的多谐振荡器的作用下，发光二极管 VD_5 与蜂鸣器 Y 同步发出闪光和报警声。

图 7-5　可燃气体泄漏报警器

2. 防止酒后开车控制器

图 7-6 所示为防止酒后开车控制器原理图。图中 QM-J$_1$ 为酒敏元件，5G1555 为集成定时器。若驾驶员没有喝酒，在驾驶室合上开关 S，此时气敏器件的阻值很高，U_a 为高电平，U_1 为低电平，U_3 为高电平，继电器 K_2 线圈失电，其常闭触点 K_{2-2} 闭合，发光二极管 VD_1 通，发绿光，能点火启动发动机。

若驾驶员喝酒过量，则气敏元件的阻值急剧下降，使 U_a 为低电平，U_1 为高电平，U_3 为低电平，继电器 K_2 线圈通电，K_{2-2} 常开触点闭合，发光二极管 VD_2 导通，发红光，以示警告，同时常闭触点 K_{2-1} 断开，无法启动发动机。

若司机拔出气敏元件，继电器 K_1 线圈失电，其常开触点 K_{1-1} 断开，仍然无法启动发动机。常闭触点 K_{1-2} 的作用是长期加热气敏器件，保证此控制器处于准备工作的状态。

图 7-6　防止酒后开车控制器原理图

任务实施

1. 电路设计

本探测仪采用酒精气体敏感元件作为探头，由一块集成电路对信号进行比较放大，并驱动一排发光二极管按信号电压高低依次显示。刚饮过酒的人，只要向探头吹一口气，探测仪就能显示出酒精气体的浓度高低。若把探头靠近酒瓶口，它也能轻而易举地识别出瓶内盛的是白酒还是黄酒，能相对地区分出酒精含量的高低。

酒精探测仪电路原理如图 7-7 所示。该电路采用干电池供电，并经三端稳压器 IC_1 稳压，输出稳定的 5V 电压作为气敏传感器 MQ-3 和集成电路 IC_2 的共同电源，同时也作为 10 个共阳极发光二极管的电源。因此，外部电路就相当简单。

气敏传感器的输出信号送至 IC_2 的输入端（⑤脚），通过比较放大，驱动发光二极管一次发光。10 个发光二极管按 IC_2 的引脚（⑩~⑱、①）次序排成一条，对输入电压作线性 10 级显示。输入灵敏度可以通过电位器 RP 调节，即对"地"电阻调小时灵敏度下降；反之，灵敏度增加。IC_2 的⑥脚与⑦脚互为短接，且串联电路 R_1 接地。改变 R_1 阻值可以调整发光二极管的显示亮度，当阻值增加时亮度减弱，反之更亮。IC_2 的②脚、④脚、⑧脚均接地，③脚、⑨脚接电源+5V（集成稳压器 IC_1 的输出端）。分别并联在 IC_1 输入和输出端的电容 C_1、C_2 防止杂波干扰，使 IC_1 输出的直流电压保持平稳。

发光二极管集成驱动器 LM3914 内部的缓冲放大器最大限度地提高了该集成电路的输入电阻（⑤脚），为了驱动 LED_1 发光，集成电路 LM3914 的①脚输出应为低电平，IC_2 的⑨脚为点、条方式选择端，当⑨脚与⑪脚相接时为点状显示；⑨脚与③脚相接则为条状显示。本设计电路中是采用条状显示方式。

2. 元器件选择

酒精气敏传感器采用国产的 MQ-3 型，它属于 MQ 系列气敏元件的一种。IC_1 采用三端

图 7-7　酒精探测仪电路原理图

固定输出集成稳压器 W78M05 或 W7805。IC$_2$ 用 LM3914 型发光二极管集成驱动器。S 用小型拨动式或按钮式开关。其他元器件清单见表 7-2。

表 7-2　酒精探测仪元器件清单

序号	名称	位号	型号	数量
1	酒精气敏传感器	M	MQ-3	1
2	集成稳压器	IC$_1$	W78M05	1
3	LED	LED$_1$ ~ LED$_{10}$	Φ3mm	10
4	集成电路	IC$_2$	LM3914	1
5	电阻	R$_1$、R$_2$	2.4kΩ、15kΩ	各1个
6	电位器	RP	WS2-0.25	1
7	电解电容	C$_1$、C$_2$	100μF/16V、10μF/16V	各1个

3. 整机装配

1）对照原理图准备电子元器件，用万用表检测元器件性能、参数。

2）按电路结构与元器件实际尺寸设计印制电路板。

3）整机装配。将检测好的元器件焊接在电路板上，仔细检查有无错焊、漏焊和虚焊等。

4. 整机调试

调试探测仪时，应事先准备一只口径约 40mm、高约 70mm 的有盖小瓶，瓶内盛放一块浸过酒精的药棉，平时盖紧瓶盖不让酒精气体外逸。测试时调节 RP 至最大值，然后打开瓶盖，逐渐靠近已经预热的 MQ-3 探头，可以看到安装在探测仪上的 10 个发光二极管

LED$_1$~LED$_{10}$将依次点亮。因为从瓶口附近直至瓶内存有不同浓度的酒精气体，越接近药棉处，酒精气体浓度越高。调节电位器 RP 的阻值可以调整探测仪的灵敏度，RP 阻值较小时灵敏度较低，反之阻值较大时灵敏度较高。在业余条件下，可先将 RP 阻值调至较大使用。若有条件，最好送标准检测部门校对并将 RP 锁住。

探测仪在无酒气环境中预热 5~10min 后，LED$_1$~LED$_{10}$应均不发光，否则需适当调节 RP；然后将探头 MQ-3 伸入 0.5% 酒精气体中，调节 RP 使 LED$_1$~LED$_5$发光，其余不发光，调好后锁定 RP；再将探头重新置于无酒气环境中时，LED 应全部熄灭，而后将探头伸入 0.2% 酒精气体中，只有 LED$_1$和 LED$_2$发光，说明工作正常。

任务 7.2　温室大棚湿度检测电路设计

任务目标

1）熟悉湿敏传感器的基本概念及分类。
2）掌握湿敏传感器的原理。
3）熟悉湿敏传感器的应用。
4）设计温室大棚湿度检测电路。

任务描述

湿度的检测与控制在工业、农业、气象、医疗以及日常生活中的地位越来越重要。例如，许多储物仓库在湿度超过某一程度时，物品易发生变质或霉变现象。在农业生产中的温室育苗、食用菌培养、水果保鲜等都需要对湿度进行检测和控制。

现代化农业生产中，温室大棚作为一种反季节种植和提高产量的重要手段，越来越受到人们的关注。其中，湿度作为大棚环境量中的主要参数之一，对它的检测及控制显得尤为重要。本任务在掌握湿敏传感器的原理与应用基础上，设计一个温室大棚湿度检测电路。

相关知识

扫一扫查看
湿敏传感器

湿敏传感器是能感受外界湿度（通常将空气或其他气体中的水分含量称为湿度）变化，并将环境湿度变换为电信号的装置。它是由湿敏元件和转换电路两部分组成的。

与温度测量相比，对湿度进行精确地测量是很困难的，其原因在于空气中所含的水蒸气含量极少，比空气少得多，并且难于集中在湿敏元件表面，此外水蒸气会使一些感湿材料溶解、腐蚀、老化，从而丧失原有的感湿性能；再者湿度信息的传递必须靠水对感湿元件直接接触来完成，因此感湿元件只能暴露在待测环境中，而不能密封，易于损坏。20 世纪 50 年代后，陆续出现了电阻型等湿敏计，使湿度的测量精度大大提高，但是，与其他物理量的检测相比，无论是敏感元件的性能，还是制造工艺和测量精度都差得多和困难得多。

近几年出现的半导体湿敏元件和 MOS 型湿敏元件已达到较高水平，具有工作范围宽、响应速度快、环境适应能力强等特点。

7.2.1　湿敏传感器的基本概念及分类

1. 湿度表示法

所谓湿度，就是空气中所含有水蒸气的量，表明大气的干湿程度，常用绝对湿度和相对湿度表示。

（1）绝对湿度（Absolute Humidity）

绝对湿度是在一定的温度及压力下，每单位体积的混合气体中所含水蒸气的质量，一般用符号 AH 表示，其定义为

$$AH = \frac{m_V}{V} \tag{7-1}$$

式中，m_V 为待测空气中的水汽含量；V 为待测空气的总体积。AH 的单位为 g/m^3 或 mg/m^3。

在实际生活中，许多与湿度有关的现象，例如水分蒸发的快慢、人体的自我感觉、植物的枯萎等，并不直接与空气的水汽气压有关，而是与空气中的水汽分压与同温度下水的饱和水汽气压之间的差值有关。如果这一差值过小，人们就感到空气过于潮湿；差值过大会使人们感到空气干燥。因此有必要引入一个与空气的水汽分压和在同温度下的水的饱和水汽压有关的物理量——相对湿度。

（2）相对湿度（Relative Humidity）

相对湿度是指被测气体中的水蒸气气压和该气体在相同温度下饱和水蒸气压的百分比。相对湿度给出大气的潮湿程度，因此，它是一个无量纲的值，一般用符号 RH 表示，其表达式为

$$RH = \frac{P_v}{P_w} \times 100\% \tag{7-2}$$

式中，RH 为相对湿度，单位为 %RH；P_v 为温度 T 时的水蒸气分压；P_w 为待测空气在同温度 T 下的饱和水蒸气压。

2. 湿敏传感器的分类

湿敏传感器种类繁多，有多种分类方式。

1）按元件输出的电学量分类可分为电阻式、电容式、频率式等。

2）按其探测功能可分为相对湿度、绝对湿度、结露和多功能式。

3）按感湿材料不同可分为电解质式、陶瓷式、有机高分子式。

另外，根据与水分子亲和力是否有关，可以将湿敏传感器分为水亲和力型湿敏传感器和非水亲和力型湿敏传感器。水分子易于吸附在物体表面并渗透到固体内部的这种特性称为水分子亲和力，水分子附着或浸入湿敏功能材料后，不仅是物理吸附，而且还有化学吸附，其结果使功能材料的电性能产生变化，如 LiCl、ZnO 材料的阻抗发生变化。因此，这些材料就可以制成湿敏元件，另外利用某些材料与水分子接触的物理效应也可以测量湿度。

因此，这两大类湿敏传感器可细分为表 7-3 所示的各种湿敏传感器。

表 7-3　湿敏传感器分类

湿敏传感器类型	按水分子亲和力分类
水分子亲和力型	尺寸变化式湿敏元件、电解质湿敏元件、高分子材料湿敏元件、金属氧化物膜湿敏元件、金属氧化物陶瓷湿敏元件、硒膜及水晶振子湿敏元件
非水分子亲和力型	热敏电阻式湿敏传感器、红外线吸收式湿敏传感器、微波式湿敏传感器、超声波式湿敏传感器
其他	CFT 湿敏元件等

在现代工业中使用的湿敏传感器大多是水分子亲和力型湿敏传感器，它们将湿度的变化转化为阻抗或电容的变化后输出。但是，利用水分子亲和力型湿敏元件的共同缺点是响应速度慢，而且可靠性较差，不能很好地满足使用的需要，这种现状迫使人们开始研究与水分子亲和力无关型湿敏元件。例如，利用水蒸气能吸收特定波长的红外线吸收式湿敏传感器。利用微波在含水蒸气的空气中传播时，水蒸气吸收微波使其产生一定损耗制成的微波湿敏传感器等。开发非水分子亲和力型传感器是湿敏传感器的重要研究方向，因为它能克服水分子亲和力型湿敏传感器的缺点。

7.2.2　湿度传感器的原理

湿度传感器的种类繁多，工作原理也不相同，下面介绍几种湿度传感器。

1. 氯化锂湿敏传感器

氯化锂湿敏电阻是典型的电解质湿敏元件，利用吸湿性盐类潮解，离子电导率发生变化而制成的测湿元件。典型的氯化锂湿敏传感器有登莫式和浸渍式两种，如图 7-8 所示。

登莫式传感器结构如图 7-8(a) 所示，A 为涂有聚苯乙烯薄膜的圆管，B 为用聚苯乙烯醋酸覆盖在 A 上的钯丝。登莫式传感器是用两根钯丝作为电极，按相等间距平行绕在聚苯乙烯圆管上，再浸涂一层含有聚苯乙烯醋酸脂（PVAC）和氯化锂（LiCl）水溶液的混合液，当被涂溶液的溶剂挥发干后，即凝聚成一层可随环境湿度变化的感湿均匀薄膜。在一定的温度（20~50℃）和相对湿度（20%RH~90%RH）下，经过 7~15 天老化处理后制成的。

(a)　　　　　　　　　　　　　　　　(b)

图 7-8　氯化锂湿敏传感器的结构
(a) 登莫式；(b) 浸渍式

浸渍式传感器结构如图 7-8(b) 所示，由引线、基片、感湿层与金属电极组成。它是在基片材料上直接浸渍氯化锂溶液构成的，这类传感器的浸渍基片材料为天然树皮。浸渍式传感器结构与登莫式传感器不同，部分地避免了高温下所产生的湿敏膜的误差。由于它采用了面积大的基片材料，并直接在基片材料上浸渍氯化锂溶液，因此具有小型化的特点，适用于微小空间的湿度检测。

在氯化锂的溶液中，Li 和 Cl 均以正负离子的形式存在，而 Li^+ 对水分子吸引力强，离子水合程度高，其溶液中的离子导电能力与浓度成正比。当溶液置于一定温度的环境中，若环境的相对湿度高，溶液将吸收水分，使浓度降低，其溶液电阻率增高；反之，环境的相对湿度低，则溶液浓度高，其电阻率下降。因此，氯化锂湿敏电阻的阻值将随环境相对湿度的改变而变化，从而实现湿度的测量。

氯化锂浓度不同的湿敏传感器，适用于不同的相对湿度范围。浓度低的氯化锂湿敏传感器对高湿度敏感，浓度高的氯化锂湿敏传感器对低湿度敏感。一般单片湿敏传感器的敏感范围仅在 30%RH 左右，为了扩大湿度测量的线性范围，可以将多个氯化锂含量不同的湿敏传感器组合使用，如将测量范围分别为 （10%～20%)RH、(20%～40%)RH、(40%～70%)RH、(70%～90%)RH、(80%～99%)RH 五种元件配合使用，可以实现整个湿度范围的湿度测量。

氯化锂湿敏元件的优点是滞后小，不受测试环境风速的影响，检测精度一般可达到 ±5%。但是单片氯化锂湿敏传感器测湿范围窄，而多片组合体积大，成本高，不抗污染，怕结露，耐热性差，难于在高湿和低湿的环境中使用，工作温度不高、寿命短、响应时间较慢，电源必须用交流，以避免出现极化。

2. 半导体陶瓷湿敏传感器

半导体陶瓷湿敏传感器是一种电阻型的传感器，根据微粒堆集体或多孔状陶瓷体的感湿材料吸附水分可使电导率改变这一原理检测湿度。由于具有使用寿命长，可在恶劣条件下工作，响应时间短，测量精度高，测温范围宽（常温湿敏传感器的工作温度在 150℃ 以下，高温湿敏传感器的工作温度可达 800℃），工艺简单，成本低廉等优点，所以是目前应用较为广泛的湿敏传感器。

制造半导体陶瓷湿敏电阻的材料，主要是不同类型的金属氧化物。这些材料有 $MgCr_2O_4$-TiO_2 系、ZnO-Li_2O-V_2O_5 系、Si-Na_2O-V_2O_5 系、Fe_3O_4 系等。有些半导体陶瓷材料的电阻率随湿度增加而下降，称为负特性湿敏半导体陶瓷，还有一类半导体陶瓷材料的电阻率随湿度增大而增大，称为正特性湿敏半导体陶瓷。

半导体陶瓷湿敏传感器按其结构可以分为烧结型和涂覆膜型两大类。

（1）烧结型湿敏传感器

烧结型湿敏传感器的结构如图 7-9 所示。其感湿体为 $MgCr_2O_4$-TiO_2 系多孔陶瓷，利用它制得的湿敏元件，具有使用范围宽、湿度温度系数小、响应时间短，对其进行多次加热清洗之后性能仍较稳定等优点。

$MgCr_2O_4$ 属于立方尖晶石型结构，按导电结构属于 P 型半导体，其特点是感湿灵敏度适中，电阻率低，阻值温度特性好。为了改善和提高元件的机械强度及抗热骤变特性，在原料中加入 30% 的 TiO_2，这样在 1300℃ 的空气中可烧结成相当理想的陶瓷体，而 TiO_2 属于红石型结构，属于 N 型半导体，因此 $MgCr_2O_4$-TiO_2 多孔陶瓷是一种机械混合的复合型半导体陶瓷。材料烧结成型后，再切割成所需的感湿陶瓷薄片。在感湿陶瓷薄片的两个侧面加上 RuO_2 电极，电极的引线一般为铂-铱丝。由于经 500℃ 左右的高温短期加热，可除去油污、有机物和尘埃等污染，所以在陶瓷基片外面，安装一个镍铬丝绕制的加热清洗线圈，以便对元件经常进行加热清洗，图 7-9 中 1、4 为加热器的引出线。陶瓷湿敏体和加热丝固定在 Al_2O_3 陶瓷基座上，为了避免底座上测量电极 2、3 之间因吸湿和玷污而引起漏电，在测量电极 2、3 的周围设置了隔漏环。

图 7-9　烧结型湿敏传感器结构

$MgCr_2O_4$-TiO_2 材料表面的电阻率能在很宽的范围内随着湿度变化，是负特性半导体陶瓷，随着相对湿度的增加，电阻值基本按指数规律急剧下降。由于陶瓷的化学稳定性好，耐高温，多孔陶瓷的表面积大，易于吸湿和去湿，所以响应时间可以小至几秒。

这种陶瓷湿敏传感器的不足之处是性能还不够稳定，需要加热清洗，这又加速了敏感陶瓷的老化，对湿度不能进行连续测量。

（2）涂覆膜型 Fe_3O_4 湿敏器件

除了烧结型陶瓷外，还有一种由金属氧化物通过堆积、黏结或直接在氧化金属基片上形成感湿膜，称为涂覆膜型湿敏器件。其中比较典型且性能较好的是 Fe_3O_4 湿敏器件。

Fe_3O_4 湿敏器件由基片、电极和感湿膜组成，采用滑石瓷作为基片材料，该材料吸水率低，机械强度高，化学物理性能稳定。在基片上用丝网印刷工艺印制成梳状金电极，将纯净的胶粒用水调制成适当黏度的浆料，然后涂在梳状金电极的表面，涂覆的厚度要适当，一般为 $20 \sim 30 \mu m$，然后进行热处理和老化，引出电极后即可使用。

由于 Fe_3O_4 感湿膜是松散的微粒集合体，缺少足够的机械强度，微粒之间依靠分子力和磁力的作用，粒子间的空隙使薄膜具有多孔性，微粒之间的接触呈凹状，微粒间的接触电阻很大，所以 Fe_3O_4 感湿膜的整体电阻很高。当空气的相对湿度增大时，Fe_3O_4 感湿膜吸湿，由于水分子的附着，扩大了颗粒间的接触面，降低了粒间的电阻和增加更多的导流通路，所以元件阻值减小；当处于干燥环境中，Fe_3O_4 感湿膜脱湿，粒间接触面减小，元件阻值增大。因而这种器件具有负感湿特性，电阻值随着相对湿度的增加而下降，反应灵敏。

这里需要指出的是，烧结型的 Fe_3O_4 湿敏器件，其电阻值随湿度增加而增大，具有正特性。Fe_3O_4 湿敏器件是一种体效应器件，当环境湿度发生变化时，水分子要在数十微米厚的感湿膜体内充分扩散，才能与环境湿度达到新的平衡。这一扩散和平衡过程需时较长，使器件响应缓慢，并且由于吸湿和脱湿过程中响应速度有差别，器件具有较明显的湿滞效应，高湿时的滞后效应比低湿时大。

Fe_3O_4 湿敏器件可以利用单片器件进行宽量程测量，重复性、一致性较好，在高温环境中也较稳定，有较强的抗结露能力，而且工艺简单，价格便宜，在受少量醇、酮、酯等气体污染及尘埃较多的环境中也能使用。

3. 有机高分子湿度传感器

有机高分子湿度传感器常用的有高分子电阻式湿度传感器、高分子电容式湿度传感器和结露传感器等。

（1）高分子电阻式湿度传感器

这种传感器的工作原理是由于水吸附在有极性基的高分子膜上，在低湿下，因吸附量少，不能产生荷电离子，所以电阻值较高。当相对湿度增加时，吸附量也增加，大量的吸附水就成为导电通道，高分子电解质的正负离子主要起到载流子作用，这就使高分子湿度传感器的电阻值下降。利用这种原理制成的传感器称为电阻式高分子湿度传感器。

（2）高分子电容式湿度传感器

这种传感器是以高分子材料吸水后，元件的介电常数随环境的相对湿度改变而变化，引起电容的变化。元件的介电常数是水和高分子材料两种介电常数的总和。当含水量以水分子形式被吸附在高分子介质膜中时，由于高分子介质的介电常数远远小于水的介电常数，所以介质中水的成分对总介电常数的影响比较大。使元件对湿度有较好的敏感性能。

（3）结露传感器

这种传感器是利用了掺入碳粉的有机高分子材料吸湿后的膨润现象。在高湿下，高分子材料的膨胀引起其中所含碳粉间距变化而产生电阻突变。利用这种现象可制成具有开关特性的湿度传感器。

结露传感器是一种特殊的湿度传感器，它与一般的湿度传感器不同之处在于它对低湿不敏感，仅对高湿敏感，故结露传感器一般不用于测湿，而作为提供开关信号的结露信号器，用于自动控制或报警。

7.2.3　湿敏传感器的应用

湿敏传感器可广泛使用于各种场合的湿度监测、控制和报警，应用领域非常广阔。

1. 湿度控制电路

湿度控制电路如图 7-10 所示。振荡电路用时基电路 IC_1、D 触发器 IC_2 组成。IC_1 产生 4Hz 的脉冲信号，经 IC_2 后变为 2Hz 的对称方波作为湿度器件的电源，由 IC_3 组成比较器。在比较器的同相输入端接入基准电压，调节电位器 RP 可以设定控制的相对湿度。在比较器的反相输入端接入湿度检测器件组成的电路，其中热敏电阻 RT 用作温度补偿，以消除湿度传感器 RH 的温度系数引起的测量误差。当空气的湿度变化时，比较器反相输入

图7-10　湿度控制电路

端的电平随之改变，当达到设定的相对湿度时，比较器输出控制信号，U_o使执行电路工作。该控制电路可用于通风、排气扇及排湿加热等设备。

2. 汽车驾驶室玻璃自动去湿电路

图7-11是一种用于汽车驾驶室挡风玻璃的自动去湿电路。其目的是防止驾驶室的挡风玻璃结露或结霜，保证驾驶员视线清楚，避免事故发生。该电路也可用于其他需要去湿的场合。

图中R_L为嵌入玻璃的加热电阻，RH为设置在后窗玻璃上的湿度传感器。由VT_1和VT_2晶体管组成施密特触发电路，在VT_1的基极接有由R_1、R_2和湿度传感器电阻RH组成的偏置电路。在常温常湿条件下，由于RH的阻值较大，VT_1处于导通状态，VT_2处于截止状态，继电器K不工作，加热电阻无电流流过。当车内、外温差较大，且湿度过大时，湿度传感器RH的阻值减小，使VT_2处于导通状态，VT_1处于截止状态，继电器K工作，其常开触点K_1闭合，加热电阻开始加热，后窗玻璃上的潮气被驱散。

图7-11　汽车驾驶室挡风玻璃的自动去湿电路

任务实施

1. 电路组成

本设计通过简单的检测控制电路，实现湿度的检测与浇水的自动控制。系统电路由电源电路、湿度检测电路、浇水控制电路等组成，如图 7-12 所示。

图 7-12　系统电路设计框图

2. 传感器选择

对于不同环境的湿度测量应选用不同的湿度传感器。例如，当环境温度在 $-40 \sim 70℃$ 时，可采用高分子湿度传感器和陶瓷湿度传感器；在 $70 \sim 100℃$ 范围和超过 $100℃$ 时使用陶瓷湿度传感器。在干净的环境通常使用高分子湿度传感器；在污染严重的环境则使用陶瓷湿度传感器。为了使传感器准确稳定地工作，还要附加自动加热清洗装置。

本设计根据使用环境和控制要求，选用 MS01 型硅湿敏电阻传感器进行环境湿度的检测。硅湿敏电阻器具有体积小，寿命长，抗水性好，阻值变化范围大，响应时间短，抗污染能力强等优点，适用于农田小气候和蔬菜大棚内湿度测量，以及仓储粮食水分的遥测，还适合在加湿器或一般湿度检测与控制电路中作为抗恶劣环境的感湿探头。

3. 测量电路设计

根据控制要求分析，所设计的湿度自动检测与控制参考电路如图 7-13 所示。

图 7-13　湿度自动检测与控制电路

集成稳压器 CW7812 的 3 脚输出 12V 的直流电压，该电压加入 NE555 振荡器，产生约 200Hz 的振荡波，由 NE555 的 3 脚输出，输出的振荡波加在湿度传感器 RH 上。由于 RH 的电阻值是随环境的湿度变化而起伏变化，即 RH 上分得的电压也随之发生变化。此电压经 VD_1、C_4、R_4 检波网络接入比较器的正相输入端，与基准电压进行比较。基准电压值可通过调节 RP_2 进行设定，当基准电压值 $U = 4.5V$，即设定控制的相对湿度为 70%。

当相对湿度在 70% 以下时，正相输入端的信号高于比较电路的反相输入端的基准电压值，比较器输出转成高电平，使 VT 饱和导通，继电器 K 通电吸合，电磁阀自动打开，浇水开始。当相对湿度达到 70% 以上时，正相输入端的信号低于比较电路的基准电压值，即高于设定的相对湿度时，比较器输出转成低电平，使 VT 截止，继电器 K 断电，电磁阀自动关阀，浇水停止。

4. 模拟调试

1）按照电路图将各元件焊接到实验板上，并检查正确性。

2）在室温环境下，调节电位器 RP_2 设定基准电压值 $U = 4.5V$，即设定控制的相对湿度为 70%。

3）用酒精棉球靠近湿敏电阻，观察继电器是否吸合；过一会，当酒精挥发后，观察继电器是否断开，以此来定性分析电路的正确性。

4）用加湿器对环境进行加湿，用标准湿度检测仪检测环境湿度，观察控制电路能否在规定的相对湿度进行动作，以检查其控制的精度。

 习　题

1. 简述对气敏传感器的性能要求。
2. 半导体气体传感器有哪些分类？
3. 简要介绍电阻型半导体气敏传感器的工作原理。
4. 为什么大多数气敏器件都装有加热器？
5. 气敏传感器一般应用于哪些方面？
6. 湿敏传感器是如何分类的？
7. 有机高分子湿度传感器常用的有哪几种？它们的工作原理是什么？

项目 8　智能传感器和无线传感器网络

任务　物联网应用案例——智能家居

任务目标

1）熟悉智能传感器的功能与特点。

2）智能传感器的实现途径及发展方向。

3）熟悉无线传感器网络的概念及特点。

4）了解无线传感器网络的关键技术及应用领域。

5）了解物联网应用——智能家居。

任务描述

　　智能家居是在互联网影响之下物联化的体现。智能家居通过物联网技术将家中的各种设备（如音视频设备、照明系统、窗帘控制、空调控制、安防系统、数字影院系统、影音服务器、影柜系统、网络家电等）连接到一起，提供家电控制、照明控制、电话远程控制、室内外遥控、防盗报警、环境监测、暖通控制、红外转发以及可编程定时控制等多种功能和手段。与普通家居相比，智能家居不仅具有传统的居住功能，兼备建筑、网络通信、信息家电、设备自动化，提供全方位的信息交互功能，甚至为各种能源费用节约资金。本任务在了解智能传感器和无线传感器网络知识的基础上，了解物联网应用——智能家居。

相关知识

　　物联网的出现被称为继计算机、互联网之后世界信息产业的第三次浪潮，物联网需要对物体具有全面的感知能力，传感器是物联网的感觉器官，可以感知、探测、采集和获取目标对象的各种信息。随着传感器技术的发展，信息的获取从单一化逐渐向集成化、智能化和网络化的方向发展，众多传感器相互协作组成网络，又推动了无线传感网络的发展。传感器的智能化、网络化将帮助物联网实现信息的感知能力的全面提升。

8.1　智能传感器

　　自 20 世纪 70 年代初出现以来，随着微处理器技术的迅猛发展及测控系统自动化、智能化的发展，要求传感器准确度高、可靠性高、稳定性好，同时能够实现自诊断、自校准、自补偿、自适应及远程通信等功能。而传

扫一扫查看
智能传感器

统的传感器因其功能单一、体积大、性能和工作容量已不能满足这样的要求，智能传感器便随之应运而生。

与传统的传感器相比，智能传感器将传感器检测信息的功能与微处理器（CPU）的信息处理功能有机地结合在一起，从而具有了一定的人工智能，它弥补了传统传感器性能的不足，使传感器技术发生了巨大的变革，将传感器的发展提高到一个更高的层次上。

8.1.1　智能传感器的功能与特点

智能传感器是传感网的基础与感知终端，其技术水平直接决定了传感网的整体技术性能。智能传感器是用嵌入式技术将传感器、前级信号调理电路、微处理器和后端接口电路集成在一个芯片上，具有环境感知、数据处理、智能控制与数据通信功能的智能数据终端设备。这种新型传感器能直接实现信息的检测、处理、存储和输出。智能传感器是信息技术前沿的尖端产品，它具有集成化、智能化、高精度、高性能、高可靠性和价格低廉等显著优势。

关于智能传感器的概念，目前尚无统一确切的定义，但是普遍认为，智能传感器是带有微处理器并兼有信息检测和信息处理功能的传感器，它能充分利用微处理器进行数据分析和处理，并能对内部工作过程进行调节和控制，使采集的数据最佳。具体地说，智能传感器通常是装在同一壳体内既有传感元件，又有微处理器和信号处理电路，输出方式常采用 RS-232 或 RS-422 等串行输出，或采用 IEEE-288 标准总线并行输出。

因此可以说，智能传感器就是一个最小的微机系统，其中作为控制核心的微处理器通常采用单片机，其基本结构框图如图 8-1 所示。

图 8-1　智能传感器基本结构

1. 智能传感器的功能

智能传感器比传统传感器在功能上有了极大的提高，主要表现在以下几个方面：

1）具有自补偿功能。可通过软件对传感器的非线性、温度漂移、响应时间、噪声等进行自动补偿。

2）具有自校准功能。操作者输入零值或某一标准量值后，自校准程序可以自动地对传感器进行在线校准。

3）具有自诊断功能。接通电源后，检查传感器各部分是否正常，并可诊断发生故障的部件。

4）具有自动数据处理功能。可根据智能传感器内部程序，自动进行数据采集和预处理（如统计处理、剔除坏值等）。

5）具有组态功能。可实现多传感器、多参数的复合测量，扩大了检测与使用范围。

6）具有双向通信和数字输出功能。微处理器不但能接收、处理传感器的数据，而且还可将信息反馈至传感器，实现对测量过程的调节与控制，而标准化数字输出可方便地与计算机或接口总线相连。这是智能传感器关键的标志之一。

7）具有信息存储与记忆功能。可存储已有的各种信息，如校正数据、工作日期等。

8）具有分析、判断、自适应、自学习的功能。可以完成图像识别、特征检测、多维检测等复杂任务。

因此可以说，智能传感器除了能检测物理、化学量的变化之外，还具有测量信号调理（如滤波、放大、A-D 转换等）、数据处理以及数据输出等能力，它几乎包括了仪器仪表的全部功能。可见，智能传感器的功能已经延伸到仪器的领域。

随着科学技术的发展，智能传感器的功能将逐步增强，性能将日趋完善，它将利用人工神经网络、人工智能、信息处理技术（如传感器信息融合技术、模糊理论等）、数字信号处理（Digital Signal Processor，DSP）技术、蓝牙技术（Bluetooth）等，使传感器具有更高级的智能。

2. 智能传感器的特点

与传统传感器相比，智能传感器有如下特点。

（1）精度高

智能传感器可通过自动校零去除零点；与标准参考基准实时对比以自动进行整体系统标定；自动进行整体系统的非线性等系统误差的校正；通过对采集的大量数据的统计处理，以消除偶然误差的影响等，保证了智能传感器有较高的精度。

（2）可靠性与高稳定性强

智能传感器能自动补偿因工作条件与环境参数发生变化引起系统特性的漂移，如：温度变化而产生的零点和灵敏度的漂移；当被测参数变化后能自动改换量程；能实时自动进行系统的自我检验，分析、判断所采集到的数据的合理性，并给出异常情况的应急处理（报警或故障提示）。因此，有多项功能保证了智能传感器具有很高的可靠性与稳定性。

（3）高信噪比与高分辨率

由于智能传感器具有数据存储、记忆与信息处理功能，通过软件进行数字滤波、数据分析等处理，可以去除输入数据中的噪声，从而将有用信号提取出来；通过数据融合、神经网络技术，可以消除多参数状态下交叉灵敏度的影响，从而保证在多参数状态下对特定参数测量的分辨能力，故智能传感器具有很高的信噪比与分辨率。

（4）自适应性强

由于智能传感器具有判断、分析与处理功能，它能根据系统工作情况决策各部分的供电情况、优化与上位计算机的数据传送速率，并保证系统工作在最优低功耗状态。

（5）性能价格比高

智能传感器所具有的上述高性能，不是像传统传感器技术追求传感器本身的完善，对传感器的各个环节进行精心设计与调试来获得，而是通过与微处理器/微计算机相结合，采用低价的集成电路工艺和芯片以及强大的软件来实现的。所以具有较高的性能价格比。

8.1.2　智能传感器的实现途径

扫一扫查看
智能传感器
的实现途径

1. 非集成化实现

非集成化智能传感器是将传统传感器（采用非集成化工艺制作的传感器，仅具有获取信号的功能）、信号调理电路、带数字总线接口的微处理器组合为一整体而构成的一个智能传感器系统，其框图如图 8-2 所示。

图 8-2　非集成化智能传感器框图

图 8-2 中的信号调理电路是用来调理传感器输出信号的，即将传感器输出信号进行放大并转换为数字信号后送入微处理器，再由微处理器通过数字总线接口挂接在现场数字总线上，这是一种实现智能传感器系统的最快途径与方式。例如美国罗斯蒙特公司、SMAR 公司生产的电容式智能压力（差）变送器系列产品，就是在原有传统式非集成化电容式变送器基础上附加一块带数字总线接口的微处理器插板后组装而成的，并开发配备了可进行通信、控制、自校正、自补偿、自诊断等智能化软件。从而实现传感器的智能化。

2. 集成化实现

这种智能传感器系统是采用微机械加工技术和大规模集成电路工艺技术，利用半导体材料硅作为基本材料来制作敏感元件，将信号调理电路、微处理器单元等集成在一块芯片上构成的，故又可称为集成智能传感器（Integrated Smart/Intelligent Sensor）。其外形如图 8-3所示。

图 8-3　集成智能传感器结构示意图

随着微电子技术的飞速发展，微米、纳米技术的问世，大规模集成电路工艺技术的日臻完善，集成电路器件的集成度越来越高。它已成功地使各种数字电路芯片、模拟电路芯片、微处理器芯片、存储器电路芯片等的价格性能比大幅度下降。反过来，它又促进了微机械加工技术的发展，形成了与传统传感器制作工艺完全不同的现代智能集成传感器。

3. 混合实现

将系统各个集成化环节，如敏感单元、信号调理电路、微处理器单元、数字总线接口，以不同的组合方式集成在两块或三块芯片上，并装在一个外壳里，如图 8-4 所示。

图 8-4　智能传感器的混合集成实现结构

集成化敏感单元包括弹性敏感元件及变换器；信号调理电路包括多路开关、仪用放大器、基准、A-D 转换器等；微处理器单元包括数字存储（EPROM、ROM、RAM）、I-O 接口、微处理器、D-A 转换器等。

在图 8-4(a) 中，是三块集成化芯片封装在一个外壳里。

在图 8-4(b)、（c）、（d）中，是两块集成化芯片封装在一个外壳里。

图 8-4(a)、（c）中的（智能）信号调理电路，具有部分智能化功能，如自校零、自动进行温度补偿，因为这种电路带有零点校正电路和温度补偿电路。

实现传感器智能化功能以及建立智能传感器系统，是传感器克服自身不足，获得高稳定性、高可靠性、高精度、高分辨力与高自适能力的必然趋势。不论非集成化实现方式还是集成化实现方式，或是混合实现方式，传感器与微处理器与计算机赋予智能的结合所实现的智能传感器系统，都是在最少硬件条件基础上采用强大的软件优势来"赋予"智能化功能的。

8.1.3　智能传感器的发展方向

智能传感器技术是一门涉及多种学科、多个领域的高新技术，随着当前科学技术的不断提高，其主要发展趋势及新技术包括以下几个方面。

1. 微传感器系统

近年来随着微电子技术的不断发展和工艺日臻成熟，微电子机械加工技术已获得飞速发展，成为开发新一代微传感器、微系统的重要手段。在微传感器系统中包含了微型传感器（或具有微机械结构的微传感器）、CPU、存储器和数字接口，并具有自动补偿、自动校准功能，其特征尺寸已进入到从微米到纳米的数量级。微传感器不仅可制成简单的三维结构，还可做成三维运动结构与复杂的力平衡结构。微传感器系统具有微小体积、低成本、高可靠性等优点。目前已被广泛应用到工业、办公自动化等领域。

2. 多传感器数据融合技术

与单传感器测量相比，多传感器数据融合技术具有无可比拟的优势。例如，人们用单眼和双眼分别去观察同一个物体，二者在大脑神经中枢所形成的影像就不同，后者更具有立体感和距离感，这是因为用双眼观察物体时尽管两眼的视角不同，所得到的影像也不同，但经过神经中枢融合后会形成一幅新的影像，这是人脑的一种高级融合技术。

多传感器数据融合的基本原理就如同人脑处理信息一样，充分利用多个传感器资源，通过微处理器或计算机对这些传感器所检测到的信息进行综合处理，以获得被测对象的客观描述，进而还可推导出更多有价值的信息。

多传感器融合的方法很多，可以将多个相同的传感器（或敏感元件）集成在同一芯片上，在保证测量精度的条件下扩大传感器的测量范围，也可以把不同类型的传感器集成在一个芯片中以测量不同性质的参数，实现综合测量功能。

采用多传感器融合技术可提高信息的可信度，增加目标特征参数的种类及数量，降低获取信息的成本，缩短获取信息的时间，提高系统的性价比。因此，该项技术适用于工业自动化、医学诊断、模式识别、设备监测、气象预报、卫星遥感、航天器导航等多个领域，应用前景十分广泛。

3. 网络化智能传感器系统

随着网络技术的发展，远程测控系统正向网络化、分布式和开放式的方向发展，基于网络的智能传感器测控系统正获得越来越广泛的应用。例如，美国 Honeywell 公司推出了PPT 等系列的网络化智能精密压力传感器，它将压敏电阻传感器、A-D 转换器、微处理器、存储器和接口电路集于一体，不仅达到了高性能指标，还极大地方便了用户，适用于工业自动控制、环境监测、医疗设备等领域。与此同时，各种基于以太网或互联网的嵌入式网络测控系统也得到了迅速发展。

4. 蓝牙传感器系统

蓝牙（Bluetooth）技术是一种能取代固定式或便携式电子设备上的电缆或连线的短距离无线通信技术，蓝牙芯片可安装在任何数字设备中，实现无阻隔的无线通信，为消费类电子产品与通信工具的整合提供了一个平台。目前，蓝牙收发器的有效通信距离已从最初的 10m 扩展到 100m 以上。

美国北欧集成电路（Nordic）公司先后推出基于蓝牙技术的 nRF401 型、nRF903 型单片射频收发器，可广泛用于无线通信、遥测遥控、工业控制、数据采集系统、车辆安全系统、无线抄表、无线传输、身份识别、非接触式 RF 智能卡、机器人控制、气象及水文监测等领域。此外，还可实现无线 RS-232 或 RS-485 数据通信、无线数字语音及数字图像的传输。德国正在研制一种只有豌豆大小的无线传感器网络系统，供操纵机器人、监护病人使用。

5. 生物传感器系统

生物传感器系统也称生物芯片，它是继大规模集成电路之后的又一次具有深远意义的科技革命。生物芯片是采用微电子技术集成的微型生物化学分析系统，可广泛用于医疗卫生、生物制药、环境监测等领域，其效率是传统检测手段的成百上千倍。常见的生物芯片分为三大类：基因芯片、蛋白质芯片和实验系统芯片。

生物芯片不仅能模拟人的嗅觉（如电子鼻）、视觉（如电子眼）、听觉、味觉、触觉等，还能实现某些动物的特异功能（例如海豚的声呐导航测距，蝙蝠的超声波定位，犬类极灵敏的嗅觉，信鸽的方向识别，昆虫的复眼等）。目前，国外已研制出多种生物芯片，包括可置入人体的生物芯片。我国最近也开发出压电生物传感器芯片及自动检测仪，可用于基因诊断、微量蛋白与激素检测、凝血指标分析、环境监测及食品卫生检测等领域。

可见，智能传感器是应现代自动化系统发展的要求而提出来的，是传感器发展里程中的一次革命，它代表着目前传感器技术发展的大趋势，这已是世界上仪器仪表界共同瞩目的研究内容。但总的来说，目前传感器的智能化程度还仅仅是初级阶段，与人类的智能还有很大的差距，还只能说是数据处理层次上的低级智能。智能传感器的最高目标应该是接近或达到人类的智能水平，能够像人一样通过在实践中不断地改进和完善，实现最佳测量方案，得到最理想的测量结果。但我们有理由相信：随着传感器技术的不断发展，尤其是微机械加工工艺与微处理器技术的不断进步，智能传感器必将不断地被赋予更新的内涵与功能，也必将推动测控技术的不断向前发展。

8.2 无线传感器网络

扫一扫查看
无线传感器网络

无线传感器网络综合了传感器技术、嵌入式计算技术、分布式信息处理技术和通信技术，能够协作地实时监测、感知和采集网络分布区域内的各种环境或监测对象的信息，并对这些信息进行处理，获得详尽而准确的信息，传送到需要这些信息的用户。传感器网络可以使人们在任何时间、地点和环境条件下获取大量翔实而可靠的信息。因此，传感器网络应用前景非常广阔，能广泛应用于军事、环境监测和预报、健康护理、智能家居、建筑物状态监控、复杂机械监控、城市交通、大型车间和仓库管理以及安全监测等领域。随着传感器网络的深入研究和广泛应用，传感器网络将逐渐深入到人类生活的各个领域。

8.2.1 无线传感器网络的概念

无线传感器网络（Wireless Sensor Network，WSN）是由部署在监测区域内大量的微型传感器节点通过无线电通信形成的一个多跳的自组织网络系统，其目的是协作感知、采集和处理网络覆盖区域里被监测对象的信息，并发送给观察者。通过网关，传感器网络还可以连接到现有的网络基础设施上（如 Internet、移动通信网络等），从而将采集到的信息传递给远程的终端用户使用。

1. 传感器节点

传感器节点通常是一个微型的嵌入式系统，它集成了传感器模块、处理器模块、无线通信模块和能量供应模块，即传感器节点由传感器模块、处理器模块、无线通信模块和能量供应模块四部分组成。如图 8-5 所示，传感器模块负责监测区域内信息的采集和转换；处理器模块负责控制整个传感器节点的操作，存储和处理本身采集的数据以及其他节点发来的数据；无线通信模块负责与其他传感器节点进行无线通信，交换控制消息和收发采集数据；能量供应模块传感器节点提供运行所需的能量，通常采用微型电池。

图 8-5 传感器节点模块结构

2. 传感器网络结构

传感器网络结构如图 8-6 所示，传感器网络系统包括传感器节点、汇聚节点和管理节点。大量传感器节点部署在监测区域内部或者附近，能够通过自组织方式构成网络。传感器节点监测的数据沿着其他传感器节点逐跳地进行传输，在传输过程中监测数据可能被多个节点处理，经过多跳路由到汇聚节点，最后通过互联网或者卫星到达管理节点。用户通过管理节点对传感器网络进行配置和管理，发布监测任务以及收集监测数据。传感器节点通常是一个微型嵌入式系统，其处理能力、存储能力和通信能力相对较弱，通过携带能量有限的电池供电。汇聚节点的处理能力、存储能力和通信能力相对比较强，连接传感器网络与外部网络，发布管理节点的监测任务并将收集的数据转发到外部网络上。

图 8-6 传感器网络体系结构

图 8-7 是当前无线传感器网络普遍采用的协议栈体系结构，它包括物理层、数据链路层、网络层、传输层和应用层，与互联网协议栈的五层协议相对应。另外协议栈还包括能量管理平台、移动管理平台和任务管理平台。

图 8-7　传感器网络协议栈体系结构

这些管理平台使得传感器节点能够按照能量高效的方式协同工作，在节点移动的传感器网络中转发数据，并支持多任务和资源共享。各层协议和平台的功能分析如下：

1）物理层提供简单但重要的信号调制和无线收发技术，负责频率选择、载波生成、信号检测、调制解调、编码、定时和同步等问题，物理层设计直接影响到电路的复杂度和传输能耗等问题。

2）数据链路层负责数据成帧、帧监测、差错校验和介质访问控制方法，以保证可靠的点到点和点到多点的通信。

3）网络层主要负责路由生成与路由选择。以通信网络为核心，实现传感器与传感器、传感器与观察者之间的通信，支持多传感器协作完成大型感知任务。

4）传输层负责数据流的传输控制，是保证通信服务质量的重要部分。

5）应用层解决应用的共性问题，包括应用基础和典型应用，如时间同步、节点定位、能量管理、配置管理、安全管理和远程管理等。

6）能量管理平台管理传感器节点如何使用能量，综合协调各层节省能量。

7）移动管理平台监测并注册传感器节点的移动，维护到网关节点的路由，使得传感器节点能够动态跟踪其邻居的位置。

8）任务管理平台在一个给定的区域内平衡和调度监测任务。

8.2.2　无线传感器网络的特点

目前常见的无线网络包括移动通信网、无线局域网、蓝牙网络、Adhoc 网络等，无线传感器网络与这些传统网络相比具有以下特点。

1. 资源有限

首先，传感器节点是一种微型嵌入式设备，具有成本低、体积小、功耗少等特点，使得其能量有限、计算和通信能力弱、存储容量小、不能够处理复杂的任务。其次，传感器节点的通信带宽窄，易受高山、建筑物、障碍物等地势地貌以及风雨雷电等自然环境的影响，通信断接频繁。最后，传感器节点个数多、分布范围广、部署区域环境复杂，在很多应用中通过更换电池来补充能量是不可行的。

因此，如何充分利用有限的资源去完成数据的采集、处理和中继等多种任务是设计无线传感器网络面临的主要挑战。在研制无线传感器网络的硬件系统和软件系统时，必须充分考虑资源的局限性，协议层不能太复杂，并且要以节能为前提。

2. 节点众多，分布密集

无线传感器网络中的节点分布密集，数量巨大，可能达到几百、几千万，甚至更多。此外，传感器网络可以分布在很广泛的地理区域。传感器网络的这一特点使得网络的维护十分困难，甚至不可维护，因此传感器网络的软、硬件必须具有较高的强壮性和容错性，以满足传感器网络的功能要求。

3. 自组织、动态性网络

在传感器网络应用中，节点通常被放置在没有基础结构的地方。传感器节点的位置不能预先精确设定，节点之间的相互邻居关系预先也不知道，而是通过随机布撒的方式，如通过飞机播撒大量节点到面积广阔的原始森林中，或随意放置到人不可到达的危险区域。这就要求传感器节点具有自组织能力，能够自动进行配置和管理，通过拓扑控制机制和网络协议自动形成转发监控数据的多跳无线网络系统。同时，由于部分传感器节点能量耗尽或环境因素造成失效，以及经常有新的节点加入，或是网络中的传感器、感知对象和观察者这三要素都可能具有移动性，这就要求传感器网络必须具有很强的动态性，以适应网络拓扑结构的动态变化。

4. 多跳路由

无线传感器网络中节点的功率有限，通信距离只有几十米到几百米，不足以覆盖整个网络区域，如果希望与其射频范围之外的节点通信，则需要经过中间节点的转发。无线传感器网络中没有专门的路由设备，多跳路由是由普通传感器节点完成的。

5. 以数据为中心的网络

传统的计算机网络是以地址（MAC 地址或 IP 地址）为中心的，数据的接收、发送和路由都按照地址进行处理。而无线传感器网络是任务型的网络，用户通常不需要知道数据来自哪一个节点，而更关注数据及其所属的空间位置。例如，在目标跟踪系统中，用户只关心目标出现的位置和时间，并不关心是哪一个节点监测到目标。因此，在无线传感器网络中不一定按地址来选择路径，而可能根据感兴趣的数据建立起从发送方到接收方的转发路径。另外，传统的计算机网络要求实现端到端的可靠传输，传输过程中不会对数据进行分析和处理，而无线传感器网络要求的是高效率传输，需要尽量减少数据冗余，降低能量消耗，数据融合是传输过程中的重要操作。

6. 应用相关的网络

传感器网络用来感知客观物理世界，获取物理世界的信息量。客观世界的物理量多种多样,不可穷尽。不同的传感器网络应用关心不同的物理量,因此对传感器的应用系统也有多种多样的要求。不同的应用背景对传感器网络的要求不同,其硬件平台、软件系统和网络协议必然会有很大差别,在开发传感器网络应用中,更关心传感器网络的差异。

只有让系统更贴近应用,才能做出最高效的目标系统。针对每一个具体应用来研究传感器网络技术,这是传感器网络设计不同于传统网络的显著特征。

8.2.3 无线传感器网络的关键技术

传感器节点体积微小,通常携带能量十分有限的电池。由于传感器节点个数多、成本要求低廉、分布区域广,而且部署区域环境复杂,有些区域甚至人员不能到达,无法通过更换电池的方式来补充能源,所以高效的使用能量、延长网络生存期是网络通信协议设计面临的首要目标。另外,传感器节点具有的能量、处理能力和通信能力十分有限,在实现各种网络协议和应用系统时,常存在一些限制,因此设计有效的协议和算法来改进提高网络通信性能是传感器网络设计的另一个目标。传感器网络是集成了监测、控制以及无线通信的网络系统,节点数目更为庞大(成千甚至上万),节点分别更加密集,为了保证网络协议以及算法具有可扩展性,其设计应具有分布式特点。通常情况下,大多数节点是固定不动的,由于环境影响和能量耗尽,节点容易出现故障,因此设计传感器网络算法和协议还应当具有自组织、自优化和自愈的能力。在实现传感器网络协议和应用系统时,需要考虑这些现实约束并针对性提出关键技术和解决方案。

1. 网络自组织连接技术

传感器网络自组织组网和连接是指在满足区域覆盖度和网络连通度的条件下,通过节点发送功率的控制和网络关键节点的选择,构建邻居链路,形成一个高效的网络连接拓扑结构,以提高整个网络的工作效率,延长网络的生命周期。网络自组织连接技术能提高 MAC 协议和路由协议的效率,为数据融合、时间同步和节点定位等创造条件,可分为节点功率控制和层次拓扑控制两个方面。功率控制机制用于在满足网络连通度的条件下,尽可能减少发射功率。层次拓扑控制采用分簇机制实现,在网络中选择少数关键节点作为簇首,由簇首节点实现全网的数据转发,簇成员节点可以暂时关闭通信模块,进入睡眠状态。这样既实现了区域覆盖范围内的数据采集和传输,又在一定程度上节省了能量。

2. 智能感知覆盖技术

传感器网络中各类型传感器节点有其特定的感知范围限制。传感器节点能够感知的物理世界的最大有效距离称为节点的感知距离。传感器网络的智能感知覆盖技术是指传感器节点根据任务监测要求和节能需求智能的与其邻居传感器节点进行协同协作,从而实现节能的监测区域覆盖方案,即传感器网络在满足区域面向监测任务覆盖要求的同时,又使得能量消耗最低。

3. 网络通信技术

传感器节点传输信息时,要比执行计算时更消耗能量,传输 1bit 信息 100m 距离需要的能量大约相当于执行 3000 条计算指令消耗的能量。在传感器网络中传感器节点的无线通信模块在空闲状态时的能量消耗与在收发状态时相当，所以只有关闭节点的通信模块，才能大幅度地降低无线通信模块的能量开销。传感器网络通信技术旨在研究适合于传感器网络的、面向应用的、高效的 MAC 层和网络层协议和算法，在满足网络联通性（网络联通、双向联通或者多联通）的前提下，通过协议和算法自动构建高效的数据转发结构和约定机制，有效地实现自适应的关闭通信模块，进入休眠状态模式以节省能量。

4. 其他关键技术

无线传感器网络的其他关键技术有：

（1）时间同步

时间同步是需要协同工作的无线传感器网络中的一个关键机制。每个传感器节点都有自己的本地时钟，由于不同节点的晶体振荡器频率不完全相同，即使在某个时刻所有节点的时钟都达到了同步，但随着时间的推移，它们的时钟也会逐渐出现一些偏差。在某些特定的应用中，传感器节点需要彼此协作去完成复杂的监测任务。如在分簇结构中，簇成员节点需要按 TDMA 时隙在空闲的时候睡眠在需要的时候被唤醒来完成数据的采集和传输，这就要求网络中的所有节点实现时间同步。

（2）定位技术

在某些特定的无线传感器网络应用（如目标跟踪）中，位置信息是一个不可缺少的部分，没有位置信息的数据几乎没有意义，所以节点定位是无线传感器网络的关键技术之一。早期常用的定位方法是采用 GPS，但 GPS 结构复杂，成本较高，因此，需要研究适合于无线传感器网络的定位算法。在无线传感器网络中，根据定位时是否测量节点间的距离或角度，将定位方法分为：基于距离的定位方法和与距离无关的定位方法两类。基于距离的定位方法通过测量相邻节点间的实际距离或角度，使用三角测量、多边计算等方法来确定节点的位置。由于要实际测量节点间的距离或角度，基于距离的定位方法具有较高的精度，对节点硬件的要求也较高。与距离无关的定位机制不必实际测量节点间的距离和角度，降低了对节点硬件的要求，且该机制的定位性能受环境因素的影响较小。虽然其定位误差高于基于距离的定位方法，但定位精度能够满足无线传感器网络中大多数应用的要求。

（3）网络安全

无线传感器网络是任务型的网络，需要保证任务执行的机密性、数据产生的可靠性和数据传输的安全性。传统加密算法对运算次数和速度都有比较高的要求，而传感器节点在存储容量、运算能力和能量等方面都有严格的限制，需要在算法计算强度和安全强度之间进行权衡，如何设计更简单的加密算法并实现尽可能高的安全性是无线传感器网络安全面临的主要挑战。由于攻击者可以使用性能更好的设备发起网络攻击，使得传感器网络的安全防御变得十分困难，使其很容易受到各种恶意的攻击。

（4）数据融合

无线传感器网络通常采用高密度部署方式，使得相邻节点采集的数据存在很大的冗余，如果每个节点单独传送将会消耗过多的能量，并且会增加 MAC 层的调度难度，容易造成冲突，降低通信效率。因此，通常要求一些节点具有数据融合功能，能够尽量利用节点的本地计算能力和存储能力对来自多个传感器节点的数据进行综合处理。数据融合技术能减少数据冗余、节省能量、提高信息准确度，但也会增加传输的时延。根据操作前后信息含量的不同，数据融合分无损融合和有损融合两种。在无损融合中，所有有效的信息将会被保留。无损融合的两个例子是时间戳融合和打包融合。在时间戳融合中，如果一个节点在一定的时间间隔内发送了多个分组，每个分组除发送时间不同外，其余内容都相同，则中间节点转发时可以丢弃缓冲区中旧的分组，只传送时间戳最新的分组；在打包融合中，多个数据分组被拼接成一个分组，合并时不改变各个分组所携带的内容，打包融合只能节省分组的头部开销。有损融合通过删除一些细节信息或降低信息质量来减少数据的传输量。

8.2.4　无线传感器网络的应用领域

随着无线传感器网络技术不断发展，经过不同领域研究人员的演绎，无线传感器网络在军事领域、精细农业、安全监控、环保监测、建筑领域、医疗监护、工业监控、智能交通、物流管理、自由空间探索、智能家居等领域的应用得到了充分的肯定和展示。

1. 军事领域

在现代化战场上，由于没有基站等基础设施可以利用，需要借助无线传感网络进行信息交换。无线传感网络具有密集型、随机分布等特点，非常适合应用在恶劣的战场环境，利用传感器网络能够实现对敌军兵力和装备的监控，战场的实时监视，目标的定位，战场评估，核攻击和生物化学攻击的监测和搜索等功能。无线传感网络为未来的现代化战争设计了一个能够集监视、定位、计算、智能、通信、控制和命令于一体的战场指挥系统。

2. 工业应用

工业是无线传感器网络应用的重要领域之一。无线传感器网络促进工业领域工业化和信息化融合发展，推动生产设备智能化、生产方式柔性化、生产组织灵巧化工业转型，提升生产水平，提高能源利用效率，减少污染物排放。无线传感器网络将具有环境感知能力的各种终端、基于泛在技术的计算模式、移动通信技术等不断融入工业生产的各个环节，可大幅度提高制造效率，改善产品质量，降低产品成本和资源消耗，将传统工业提升到智能工业的新阶段。其典型工业应用涉及冶金流程工业、石化、汽车制造工业等。

3. 精细农业

无线传感器网络可用于对影响农作物的环境条件监控，对鸟类、昆虫等的运动追踪，对海洋、土壤、大气成分的探测，森林防火监测，污染监控，降雨量监测等，完成数据采集和环境监测。同时，可以根据用户需求，自动监测农业综合生态信息，为环境进行自动控制和智能化管理提供科学依据。

无线传感器网络在农业领域具有广阔的应用前景，如无线传感器网络应用于温室环境信息采集和控制、无线传感器网络应用于节水灌溉、无线传感器网络应用于环境信息和动植物信息监测、农业灌溉自动化控制等。

4. 医疗健康

基于无线传感器网络整合大型医疗中心、地区性医疗机构、社区型医疗机构等资源，把重点转移到对生命全过程的健康监测、疾病控制上来，建立同时能够为健康和不健康的人服务的健康监控、维护和管理系统。基于无线传感器网络通过整合资源和分析海量数据，运用数据挖掘和分析手段建立科学模型，提供个人自助医疗、医院移动医疗、医生与患者远程医疗等便捷高效智能医疗服务，使智能医疗向着更透彻的感知、更全面的互联互通、更深入的智能化方向发展，最终形成绿色、低碳、节能的生活方式。

目前，无线传感器网络在医疗领域主要应用于药品管理、监控监护、远程医疗等方面，下一步将整合医疗系统，实现资源共享，最终建立协调、协同的医疗系统，提供个性化的健康服务。根据客户需求，运营商还可以提供相关增值服务，如紧急呼叫救助服务、专家咨询服务、终身健康档案管理服务等。智能医疗系统可改善现代社会子女们因工作忙碌无暇照顾家中老人的无奈现状。人体可携带不同的传感器，对人的体温、血压等健康参数进行监控，并将相关数据实时传送到相关的医疗保健中心，如有异常，医疗保健中心通过手机提醒患者去医院检查身体。

任务实施

1. 智能家居概述

随着人们生活水平的提高、消费观念的转变，以及智能家居技术的成熟、三网融合的实现、物联网的发展，实现更加自动化、舒适化、安全化、节能化的家居生活已成为可能。同时政府部门的大力支持和IT、家用电器、媒体等各行业的加入，极大地扩展了智能家居市场。智能家居经十余年的发展，已悄然走进百姓之家。"未来之家"对于百姓不再是遥不可及的梦想！

对智能家居的定义是以住宅为平台，利用综合布线技术、网络通信技术、智能家居系统设计方案、安全防范技术、自动控制技术、音视频技术将家居生活有关的设施集成，构成高效的住宅设施与家庭日程事务的管理系统，提升家居安全性、便利性、舒适性、艺术性，同时创造环保节能的居住环境。智能家居的理念是有效地将先进的科学技术，以及个人的需求结合在一起，充分发挥科学技术作用的同时改善自然环境，为人们提供安全、舒适、健康的生活环境。实现智能化、自动化、现代化、安全化的智能家居，主要是通过构建8个子系统而达到的，而这8个子系统为：家庭网络子系统、家庭能量管理子系统、背景音乐子系统、智能照明控制系统、智能安防系统、家庭娱乐子系统、家庭信息处理子系统、家庭环境控制子系统，如图8-8所示。

1）家庭网络子系统。家庭网络子系统的构建能够有效地优化和保护人们居住环境所应用的网络，促使与广域网连接的计算机、手机、网络电视等具有良好的应用性，避免断网、病毒入侵、黑客破坏等现象出现，使人们能够安全、高效的上网。

2）家庭能量管理子系统。在人们的居住环境中属于能量的有电、水、天然气。家庭能量管理子系统能够对人们所消耗的电、水、天然气进行计算，确定用户需缴费用，并自动帮业主交费，真正意义上实现便民。

图 8-8　智能家居的 8 个子系统

3）背景音乐子系统。背景音乐子系统的构造是在住宅内部设置音乐线路，并有效的利用自动感应技术使背景音乐具有感应功能。人们居住在住宅中能够随时随地开启音乐以选歌等，使人们沉浸在美妙的音乐中。

4）智能照明控制系统。智能照明控制系统的应用不仅能够实现节约用电，还能够呵护人们的眼睛。因为智能照明系统具有自动开关电灯的功能，在人们离开灯源一段时间后，照明系统将会自动关闭电灯。照明系统具有灯光调节功能，能够按照人们的需求调节灯光的亮度，保护人们的眼睛。

5）智能安防系统。智能安防系统具有报警功能，并与公安系统联网，一旦人民住宅出现偷盗、煤气泄漏、火灾等情况，将会自动发出报警响铃，并将报警信号传输到公安系统，在事故发生的第一时间进行报警。

6）家庭娱乐子系统。家庭娱乐子系统的构建，能够使人们在足不出户的状态下就能够开展游戏、家庭影院、家庭 KTV 等娱乐活动。

7）家庭信息处理子系统。由于人们生活不仅仅局限于住宅。在人们不在居住环境时家庭信息管理子系统就发挥作用，能够准确地接收与家庭相关的信息，如小区、物业等方面的发布的信息，将垃圾信息筛选出去，将重要的信息传送到用户的手机中，使人们能够实时掌握家中的一切动态。

8）家庭环境控制子系统。家庭环境控制子系统能够根据每天的天气情况，自动地调节空气、采暖、湿度等方面，为人们营造良好的居住环境。

随着物联网的发展，也给智能家居带来新的变化，同时物联网、三网融合等技术，对智能家居的发展起到了有力的推动作用。以下简单阐述物联网对智能家居的促进作用。

2. 智能家居感知层设备

物联网的感知层利用多种传感器、传感网、二维码、GPS 等感知物理世界的各种信息。智能家居感知层主要是配合各种传感器节点，实现对室内的实时监控，包括对家庭环境的监控、安防等应用。这里以安防系统为例介绍其工作原理，如图 8-9 所示。在该安防系统中运用了许多不同类别的传感器设备用以采集不同的信息，并将这些信息提供给中央处理器进行处理，传感器具体功能如下所示。

图 8-9　智能家居安防系统功能模块

（1）光线传感器

该传感器配合光电开关可直接取代家中的墙壁开关面板，通过它不仅可以像正常开关一样使用，更重要的是它已经和家中的所有物联网设备自动组成了一个无线传感控制网络，可以通过无线网关向其发出开关、调光等指令。其意义在于主人离家后无须担心家中所有的电灯是否忘了关掉，只要主人离家，所有忘关的电灯会自动关闭。或者在用户睡觉时无须逐个房间去检查灯是否开着，只需按下装在床头的睡眠按钮，所有灯光会自动关闭，同时用户夜间起床时，灯光会自动调节至柔和，从而保证睡眠的质量。

（2）无线温湿度传感器

该传感器主要用于探测室内、室外温湿度。虽然绝大多数空调都有温度探测功能，但由于空调的体积限制，它只能探测到出风口空调附近的温度，这也正是很多消费者感觉其温度不准的重要原因。有了无线温湿度探测器，用户就可以确切地知道室内准确的温湿度。其现实意义在于当室内温度过高或过低时能够提前启动空调调节温度。如当用户在回家的路上，家中的无线温湿度传感器探测出房间温度过高则会启动空调自动降温，等用户回家时，家中已经是一个宜人的温度了。

（3）无线红外防闯入探测器

该传感器主要用于防非法入侵，当用户按下床头的无线睡眠按钮后，关闭的不仅是灯光，同时它也会启动无线红外防闯入探测器自动设防，此时一旦有人入侵就会发出报警信号并可按设定自动开启入侵区域的灯光吓退入侵者。或者当用户离家后它会自动设防，一旦有人闯入，会通过网络自动向终端发出警情处理指令。

（4）无线空气质量传感器

该传感器主要探测卧室内的空气质量是否混浊，它通过探测空气质量告诉用户目前室内空气是否影响健康，并可通过无线网关启动相关设备优化调节空气质量。

（5）无线门铃

这种门铃对于大户型或别墅很有价值。出于安全考虑，大多数人睡觉时会关闭房门，此时有人来访按下门铃，在房间内很难听到声响。这种无线门铃能够将按铃信号传递给床头开关提示你有人造访。另外在家中无人时，按门铃的动作会通过网络传递给应用终端，而这对用户了解家庭的安全现状和来访信息非常重要。

（6）无线门磁、窗磁

该设备主要用于防入侵。当用户在家时，门、窗磁会自动处于撤防状态，不会触发报警，当用户离家后，门、窗磁会自动进入布防状态，一旦有人开门或开窗就会通知应用终端并发出报警信息。另外对于有保险柜的家庭来说，这种传感器还能够侦测并记录下保险柜每次被打开或者关闭的时间并及时通知授权终端。

（7）无线燃气泄漏传感器

该传感器主要是探测家中的燃气泄漏情况，它无须布线，一旦有燃气泄漏会通过网关发出报警并通知授权终端。

一种智能家居安防系统功能架构图如图 8-10 所示。

3. 智能家居网络层设备

物联网网络层能够把感知到的信息无障碍、高可靠性、高安全性地进行传送，就需要传感器网络与移动通信技术、互联网技术相融合。物联网是互联网应用拓展的重点，是战略性新兴产业的增长点，是加快转变经济发展方式的切入点。在物联网概念还未正式提出之前，智能家居实际上是以"数字家庭"为主导，把多种家电通过计算机技术和网络技术进行互联，以实现各类数据快速便捷的交换，这个时期的家居生活还处于对数据的获取阶段。而物联网兴起之后，智能家居应该说是"智慧家居"，这个时期的家居生活不再是被动的数据接收，而是转为主动的控制和交互。物联网给智能家居带来了第二次生命，物联网的发展重新定义了智能家居的概念，把智能家居从"数字家庭"升级到"智慧家庭"。下面以实现的智能家居系统的家庭物联网网关为例做介绍。

家庭智能网关在家庭网络中起着重要的桥梁作用，可将家庭内部无线传感器网络与互联网建立连接，并可通过现有的计算机网络技术，将家庭内各种家电和设备联网，实现家庭设备的网络化。本系统家庭网关选用 Linux 开发平台，以 ARM11 为控制器，集成了蓝牙模块、网络模块、串口模块以及其外围基本电路，具有如下优点。

1）所有无线节点的数据都将发往网关进行统一处理，实现家庭网络的简单化。

2）蓝牙和 Wi-Fi 通信技术实现手机与家庭网关之间的通信，节约手机上网流量，同

图 8-10　基于物联网的智能家居安防系统功能架构图

时可以避免受到各种遥控器的限制，方便用户携带。

3）将数据上传到服务器，方便用户无论在任何地方都能对家庭设备进行控制和管理，对数据进行查看。

结合家庭物联网网关的功能需求，无线传感器网络设备按照其时隙不断地向家庭物联网网关上传各类传感器数据值，如温度值、湿度值、舒适度值、烟雾值等，家庭物联网网关接收到各类传感器值后，从以太网、Wi-Fi、蓝牙三种接口将数据上传给各类终端设备，同时，各终端设备也可通过这三种网络形式将控制命令发送给家庭物联网网关，再由网关下发到无线传感器网络相应节点设备，以完成对节点设备的控制，因此，可得出家庭物联网网关协议转换示意图如图 8-11 所示。

图 8-11　家庭物联网网关协议转换示意图

家庭物联网网关要完成图 8-11 中所示的 4 种网络便捷、动态的数据传输与协议转换，以实现不同技术设备之间的互联互通，采用面向具体应用的应用层转换机制，即 4 种网络在相互通信的过程中，使用不同数据格式的数据必须要经过家庭物联网网关应用层的翻译转换，最后以新的格式进行发送。通过对 Wi-Fi、蓝牙和无线传感器网络的协议栈体系结构的分析可表示出家庭物联网网关多协议转换数据流如图 8-12 所示。

图 8-12　家庭物联网网关多协议转换数据流

从图 8-12 中数据流向可看出，WSN 节点、蓝牙设备、Wi-Fi 设备以及以太网主机的数据经由自身协议栈汇入家庭物联网网关相应通信模块后，通信模块将对 4 种协议栈从底层解析到应用层，最终将 WSN 节点、蓝牙设备、Wi-Fi 设备和以太网主机的应用层数据将交由家庭物联网网关应用层进行处理，应用层协议转换机制如图 8-13 所示。

图 8-13　应用层协议转换机制

这种应用层协议转换机制需要有统一的应用层协议，接入的网络需要遵守这一协议，才能进行协议转换。根据国家行业标准，制定了适用于课题的应用层统一设备管理协议（UDCP），家庭物联网网关按照 UDCP 对 4 种接口数据进行解析，由 UDCP 报文的帧控制字判断出数据帧是否为转发帧，由帧类型判断出数据帧的报文功能，包体信息包含了数据帧的长度、源设备类型、目的子设备号、包体数据信息等内容，由数据的通信接口来源和UDCP 报文，可解析出数据的源网络和目的网络类型。根据应用层协议解析出的数据业务类型，可判断出数据包的优先级，由数据包优先级的大小决定调度顺序，最后按照 UDCP报文格式对数据包进行封装，将数据从目的网络的通信接口转发出去，以此完成协议的转换。WSN 节点、蓝牙设备、Wi-Fi 设备以及以太网主机接收到数据后，经过自身协议栈解析出数据作下一步处理。相应的硬件平台方案如下所示。

根据家庭网关需求分析，从低成本、低功耗、准确可靠性出发，同时，结合多协议转换总体方案的可行性，家庭物联网网关硬件平台采用模块化的机制，由主控开发板和各外接通信模块构成，硬件平台方案如图 8-14 所示。

图 8-14　家庭物联网网关硬件平台方案图

4. 智能家居应用层

物联网的应用层主要完成数据的管理和数据的处理，并将这些数据与各行业应用相结合。应用层主要技术包括云计算技术、软件和算法、标示与解析技术、信息和隐私安全技术。智能家居中的家电系统将可以依赖云计算系统监控和管理家电的工作状态，空调可以自动为室内提供适宜的温度，窗户可以根据天气的变化自动开关等，使原本呆板的家庭设备具备灵性，使物与物、物与人之间有效互动，也使各种设备为主人的生活提供更加贴心的服务。云计算技术可以提供跨不同网络并且能够支持各种类型的终端以及各种互联网的应用，所以采用手机或电脑，可在任何时间、任何地点了解家中各项电器和安防设备的运行状况，并根据用户的意愿控制家中所有的设备，这样住户回到家就可以有适宜的温度，可以有热水喝，也可以去洗热水澡，为住户带来了好的心情。

终端控制器在智能家居中作为一个重要的角色，它为用户提供了触摸屏接口用以控制家电设备。受控设备的状态信息通过服务器传送到客户端。使用 TCP 连接上中央控制器，通过制定的协议获取设备的信息，发送命令给中央控制器。用户可以用它来开门，监控视频，使内部的 SIP 呼叫，检查安全检测点的状态和控制家居设备，如灯光、空气空调系统、电动风扇、窗帘、电视或音响设备。终端控制器还可以通过 HTTP 形式访问网络摄像头。终端控制器之间还可以通过基于 SIP 协议的 VoIP 电话实现终端控制器之间的视频通话。

（1）移动终端

移动终端主要是采用智能手机作为控制终端，通过手机进行控制，可以真正地做到触手可及。但是，目前采取这种控制终端的设计还不是很多，而且大多操作复杂，缺乏良好的用户体验。相应的通信示意图如图 8-15 所示。

图 8-15　移动终端手机通信示意图

移动终端可实现许多功能，为用户的生活带来许多便利，具有可视对讲扩展分机、家电设备控制、安防报警、留言留影记录查询、视频监控、社区电子商务等功能。

家电控制系统在智能家居中占有举足轻重的地位，对家电进行控制可有效地防止危险事件发生，如火灾事件。利用移动终端进行远程控制家庭中的家电设备，如电源的通断、家电的开关等都是非常必要，而且方便快捷，无论在哪，用户都可对家电设备的状态及使用情况进行查询，适时的开启或关闭家电设备开关。用户可在上班期间，用手机、平板电脑或者笔记本电脑等移动终端适时地开启电饭煲开关开始煮饭，在到家前可开启空调，调节温度，营造进门后的适宜温度。可以看出，移动终端可以对智能家电进行一体化控制，无须多种定时器分开操作，为用户营造一个安全、舒适、便利、节能的居住环境。只要手机联网，用户便能够远程通过手机查询室内的温湿度参数，并能够通过手机远程控制家中空调的开关，调节室内温度，甚至能够通过移动终端控制家中冰箱的温度。

（2）室内终端

室内终端是一个固定放置在家庭室内的触摸屏控制终端，位置在客厅入门门口。它具有一个可根据用户需要修改的网络地址，通过家庭交换机与家庭网关和智能家居服务器连接。通过与它相连的网络协调器（家庭网关），对家庭内的各种与它同网段的前端设备（家电、传感器）进行信息交互，达到远程控制室内家电的目的。下面以能量监控系统为例进行介绍。

该系统主要负责监控家庭能量的消耗，每所住宅内至少安装一个物联网网关，根据户型安装适当的智能开关及智能插座，如果用户关心电器的耗电量则安装带电能计量功能的智能插座，具有红外遥控功能的电器则安装智能红外遥控器。应用服务器、数据库服务器和 Web 服务器均采用浪潮英信 NF5225 机架式服务器。从浏览器上可以看到的用户的客厅远程监控图，单击画面中的环境模块图标可以查看房间内的环境参数，单击开关量设备图标即可查看对应电器的工作参数，使用下拉列表也可以改变电器的工作参数，从而实现了在互联网上远程实时监控电气设备的运行。

智能家居是物联网技术的一个重要应用，物联网为智能家居提供的视频识别、网络通信、综合布线等技术为智能家居的发展引入了新的概念和发展空间。物联网智能家居为人们提供了更加舒适方便的生活工作境，也为建筑设备节能提供了有效的手段。

习　题

1. 智能传感器有哪些特点？
2. 简述智能传感器的发展方向。
3. 无线传感器网络有哪些特点？
4. 无线传感器网络有哪些关键技术？

项目 9 传感器技术综合应用

前面的项目中分别介绍了不同传感器的工作原理和应用，基本上采用独立传感器设计单一项检测功能。本项目介绍集多种不同类型的传感器为一身且具有一定智能和明显代表性的两种传感技术实例，即机器人传感器和汽车用传感器。

任务 9.1 机器人传感器及应用

任务目标

1）理解机器人传感器的定义和特点。
2）熟悉机器人传感器的分类。
3）熟悉机器人传感器的应用。

任务描述

机器人通过传感器实现类似于人类知觉的作用，它具有类似人的肢体及感官功能。随着技术的发展，机器人的智能化程度越来越高，应用范围也越来越大。本任务学习机器人传感器的应用。

相关知识

9.1.1 机器人与传感器

扫一扫查看
机器人与
传感器

自从 1959 年世界上诞生第一台机器人以来，机器人技术取得了长足的进步和发展。机器人技术的发展大致经历了以下三个阶段。

（1）第一代机器人——示教再现型机器人

它不配备任何传感器，一般采用简单的开关控制、示教再现控制和可编程控制，机器人的作用路径或运动参数都需要示教或编程给定。在工作过程中，它无法感知环境的改变而改善自身的性能、品质。例如，1962 年美国研制成功 PUMA 通用示教再现型机器人，这种机器人通过一个计算机来控制一个多自由度的机械，通过示教存储程序和信息，工作时把信息读取出来，然后发出指令，这样机器人可以重复地根据人当时示教的结果再现这种动作。示教再现型机器人对于外界的环境没有感知，这个操作力的大小、这个工件存在不存在、焊接的好与坏，它并不知道。例如汽车的点焊机器人，只要把这个点焊的过程示教完以后，它总是重复这样一种工作。

（2）第二代机器人——感觉型机器人

此种机器人配备了简单的内外部传感器，能感知自身运行的速度、位置、姿态等物理量，并以这些信息的反馈构成闭环控制。在 20 世纪 70 年代后期，人们开始研究第二代机器人。这种机器人拥有类似人具有的某种功能的感觉，如力觉、触觉、滑觉、视觉、听觉等，它能够通过感觉来感受和识别工件的形状、大小、颜色。机器人自身的工作状态、机器人探测外部工作环境和对象状态等，都需要借助传感器这一重要部件来实现。同时传感器还能够感受规定的被测量，并按照一定的规律转换成可用的输出信号。

（3）第三代机器人——智能型机器人

20 世纪 90 年代以来，人们发明的机器人带有多种传感器，可以进行复杂的逻辑推理、判断及决策，在变化的内部状态与外部环境中，自主决定自身的行为。

可以将传感器的功能与人类的感觉器官相比拟：光敏传感器→视觉；声敏传感器→听觉；气敏传感器→嗅觉；化学传感器→味觉；压敏、温敏、流体传感器→触觉。与常用的传感器相比，人类的感觉能力好得多，但也有一些传感器比人的感觉功能优越，例如人类没有能力感知紫外线或红外线辐射，感觉不到电磁场、无色无味的气体等。

近年来传感器技术得到迅猛发展，同时技术也更为成熟完善，这在一定程度上推动着机器人技术的发展。传感器技术的革新和进步，势必会为机器人行业带来革新和进步。因为机器人很多功能都是依靠传感器来实现的。为了实现在复杂、动态及不确定性环境下机器人的自主性，或为了检测作业对象及环境或机器人与它们之间的关系，目前各国的科研人员逐渐将视觉、听觉、压觉、热觉、力觉传感器等多种不同功能的传感器合理地组合在一起，形成机器人的感知系统，为机器人提供更为详细的外界环境信息，进而促使机器人对外界环境变化做出实时、准确、灵活的行为响应。

不得不承认，即使是目前世界上智能程度最高的机器人，它对外部环境变化的适应能力也非常有限，还远远没有达到人们预想的目标。为了解决这一问题，机器人研究领域的学者们一方面研发机器人的各种外部传感器，研究多信息处理系统，使其具有更高的性能指标和更广的应用范围；另一方面，研究多传感器信息融合技术，为机器人的决策提供更准确、更全面的环境信息。

9.1.2　机器人传感器的分类

按照机器人传感器所检测的物理量的位置，可以将机器人传感器分为内部检测传感器和外部检测传感器两大类。

内部检测传感器是以机器人本身的坐标轴来确定其位置，是安装在机器人内部的，用来感知运动学及动力学参数，通过内部检测传感器，机器人可以了解自己的工作状态，调整和控制自己按照一定的位置、速度、加速度、压力和轨迹等进行工作。

外部检测传感器用于获取机器人周围环境或者目标物状态特征的信息，是机器人与周围进行交互工作的信息说道通道。外部检测传感器的功能是让机器人能认识工作环境，很好地执行如检查产品质量、取物、控制操作、应付环境和修改程序等工作，使机器人对环境有自校正和由适应能力。外部检测传感器通常包括触觉、接近觉、视觉、听觉、嗅觉、味觉等传感器。

扫一扫查看
机器人传感
器的分类

任务实施

1. 机器人视觉传感器

带有视觉系统的机器人可以完成许多工作，如识别机械零件、装配作业、安装修理作业、精细加工等。而对特殊的机器人来说，视觉系统使机器人在危险环境中自主规划，完成复杂的作业所必不可少的。

（1）人眼的立体视觉

众所周知，人具有立体视觉能力，这是由于人有两只眼睛，它们从不同的方位获取同一景物的信息，各自得到关于景物的二维图像，这左、右两幅图像有着微小的区别，这种区别就叫作视差，人的大脑通过对左、右两幅图像以及两幅图像的视差进行分析和处理后，可以得到关于景物的光亮度形状、色彩、空间分布等信息。其中亮度、形状、色彩等不难理解，如何从左、右眼的两幅图像获得景物的空间分布信息，即立体信息，则是一个牵涉人眼的立体视觉的问题。再者，立体视觉是机器人识别空间形状、位置、距离、物体表面形态等功能重要手段。

眼睛所谓的立体感就是它们能将视场（即眼睛所观看到的景物区域）中的物体区别出远近。视场中远近不同各物点之所以在左、右眼中形成微小的差别，是因为各物点相对于双眼的视差角不同。根据景物空间各物点相对于人眼黄斑点的线视差就可以决定物点在空间中的位置，可见，视差是立体视觉中十分重要的参数，而在机器人立体视觉中，如何从二维图像中获得景物空间的三维信息，视差仍然是一个十分重要的判定景物空间分布的重要因素。

（2）机器人视觉

机器人视觉的作用过程与人眼十分相似，只不过它用以接收景物信息的不是眼睛和视网膜，而是光学系统和传感器，光学系统相当于人眼的水晶体，传感器相当于人眼的视网膜。三维客观世界中，三维景物经由传感器成像后成为平面的二维图像，再经处理部件对两幅二维图像加以运算处理，给出景象的特征和空间描述。

将景物转换成电信号的设备是光电检测器，最常用的光电检测器是固态图像传感器。固态图像传感器包括线阵 CCD 传感器和面阵 CCD 传感器两类，固态图像传感器的应用较为普及。一般，如果景象在连续均匀地运动（如在传送带上），可以用线阵列获得二维图像。这个线阵列的分布方向与传送带的运动方向垂直，当物体垂直于扫描线作运动时就获得了所需的二维图像。当然，传送带的运动必须如最小分辨单元那样精确。对于一个一维阵列，每隔 N 个时间单位对每个光敏单元读取一次，而一个二维阵列，每隔 N^2 个时间对每个光敏单元读取一次；因此二维阵列可以既保持较高的数据传送率，又有较长的光积分时间，降低了噪声。

在空间中判别物体的位置和形状一般需要三类信息：距离信息、明暗信息和色彩信息，其中距离信息是最主要信息。距离信息的获得可以有激光扫描、立体图像摄影等办法。

在机器人视觉传感中，景物的立体信息也可以模仿人的双眼，用两个摄像机从不同的方位记录景物的图像。与人眼立体视觉不同的是，机器人立体视觉用的两个 CCD 摄像机不能根据景物空间任意五点进行汇聚观测（相当于人眼对远、近景物的注视），两个 CCD 摄像机的安置方法是摄像机镜头的光轴相互平行，相当于人眼注视无穷远。当然，根据特定的情况、也可以注视有限远的某一特定点。

2. 机器人触觉传感器

机器人触觉实际上是对人类的触觉的某些模仿，承担着执行操作过程中所需要的微观判断的任务，在实施控制机器人进行操作步骤细微变动时十分有用，机器人触觉传感器分为两大类：一类是简单的接触传感器，它只能探测与周围物体接触与否，一般用单个开关型传感器；另一类是复杂的触觉传感器，它不仅能够探测是否与周围物体有接触，而且能够感知被探测物体的外部轮廓，所用的是阵列式传感器。

广义上说，机器人触觉可分为接触觉、压觉、力觉、滑觉等几种。

（1）接触觉传感器

接触觉传感器用来监测机器人的某些部位与外界物体接触与否，例如，感受是否抓住零件，是否接触地面等。机器人的接触觉主要有两方面的功能。

1）检测功能。对操作物进行物理性质检测，如光滑性、硬度等，其目的是感知危险状态，实施自我保护；灵活地控制手爪及关节以操作对象物；使操作具有适应性和顺从性。

2）识别功能。如识别对象物的形状（如识别接触到的表面形状）。

近年来，为了得到更完善、更拟人化的接触觉传感器，人们进行了所谓"人工皮肤"的研究。这种"人工皮肤"实际上也是一种由单个触觉传感器按一定形状（如矩阵）组合在一起的阵列式触觉传感器，如图 9-1 所示。其密度较大、体积较小、精度较高。特别是接触材料本身即为敏感材料，这些都是其他结构的触觉传感器很难达到的。"人工皮肤"传感器可用于表面形状和表面特性的检测。

图 9-1　阵列式触觉传感器

触觉信息的处理一般分为两个阶段：第一阶段是预处理，主要是对原始信号进行"加工"；第二阶段则是对已经"加工"过的信号做进一步的"加工"，以得到所需形式的信号。经这两步处理后，信号就可用于对机器人的控制了。最初研究的接触觉信号大多是非阵列接触觉传感器的信号，对这些信号的处理主要是为了感知障碍物和感兴趣的物体，进行安全性检测以及物体至更有关特性的检测等；由于信息量较少，处理技术相对来说比较简单、成熟。阵列式接触觉传感器的信号处理相对来说要复杂很多，因为其目的是要识别物体接触表面的形状，这种接触觉信号的处理涉及数字信号处理、数字图像处理、计算机图形学、人工智能、模式识别等学科，是一门比较复杂综合性强的技术。

（2）压觉传感器

压觉传感器用来检测机器人手指的握持面上承受的压力大小和分布，分布式压觉传感器是阵列式接触觉传感器的延伸。压觉传感器基本上应做到小型轻便、响应快、阵列密度高、再现性好、可靠性高等。压觉传感器常用的敏感材料有导电橡胶或塑料、偏聚二氟乙烯薄膜、应变片阵列、磁弹性式压磁传感器阵列、光电传感器陈列等。这些传感器本身相对于力的变化基本上不发生位置或几何形状的变化。

图 9-2 为硅电容压觉传感器阵列结构示意图，它是由若干个电容单元构成的，为了消除温度的影响，压觉传感器阵列中同样也附加了一个基准电容 C_X。若干个电容器均匀地排列成一个简单的电容器阵列，它的灵敏度由电容器的极板尺寸和硅弹性膜的厚度决定。

基本的硅电容阵列上面还有三层结构用以传递作用力：第一层是带通孔的保护盖板；第二层是一层富有弹性的柔性垫片；第三层是表皮薄膜。其中，第二层的垫片中开有沟道，目的是隔离外部局部作用力的横向扩散效应，使作用力只沿垂直方向施加于电容器单元的极板上，为了更好地传递作用力，在每一个电容器单元的正上方的位置，垫片层被掏孔并填入能很好地传递力的物质（如硅橡胶）。

图 9-2　硅电容压觉传感器阵列结构

（3）力觉传感器

力觉传感器用于感知机器人的指、肢和关节等在工作和运动中所受力的大小和方向，从而决定如何运动、采用什么姿势以及推测对象物体的重量等。与压觉传感器相比，力觉传感器所感觉的力不再是一维的，而是多维的作用力。

用于力觉传感器的敏感元件主要有应变片、压电传感器、电容式传感器、光电式传感器和电磁式力传感器等，其中应变片的应用最为广泛。

力觉传感器按其所在位置的不同可分为三种形式，即关节力传感器、腕力传感器、支座传感器。

（4）滑觉传感器

机器人要抓住属性未知的物体，必须对物体作用最佳大小的把握力，以保证既能握住物体不产生滑动，又不至于因用力过大而使物体产生变形或被损坏。为达到这一目的，需要对机器人的手指与物体接触点之间相对运动（滑动）的大小和方向加以检测，滑觉传感器就是为此目的而设计的。

图 9-3 为一种球形滑觉传感器。该传感器的主要部分是一个可自出滚动的球、球的表面是用导体和绝缘体按一定规格相同布置的如同棋

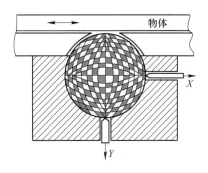

图 9-3　球形滑觉传感器

盘的网眼；在球表面任意两个地方安装有接触器，接触器端头接触表面小于球面上露出的导体面积。当球与被握持物体相接触时，如果物体滑动，将带动球随之滚动，接触器与球的导体区交替接触从而发出一系列的脉冲信号，脉冲信号的频率与物体滑动的速度有关。另外，无论滑动方向如何，球都会发生滚动，传感器也都产生信号输出。因此，这种结构的传感器所测量的滑动不受滑动方向的限制，能检测全方位滑动。减少球的尺寸和传导面积可以提高检测灵敏度。

（5）仿生皮肤

人体皮肤具有接触觉、压觉、滑觉和热觉等多种传感功能，仿生人体皮肤，使机器人的表层结构具有像人体皮肤那样的多种触觉传感功能，一直是人们的理想追求。有机高分子功能材料聚偏二氟乙烯（PVFD）是一种具有压电效应、热释电效应的敏感材料，具有工作温度范围宽、体电阻高、质量轻、柔顺性好、机械强度高、频响宽等特点，很容易用热成型的办法加工成薄膜、细管或微粒。利用 PVFD 可以制成接触觉、滑觉、温觉等传感器，是人们用来研制仿生皮肤的主要材料。

PVFD 薄膜厚度只有几十微米，具有优良的柔性及压电特性，可以用来做敏感材料制作触觉传感器。

3. 机器人接近觉传感器

接近觉是介于触觉和视觉之间的感觉，所感应的范围一般为几毫米至几十毫米，用于感知一定距离内的场景的状况。有时只需要知道物体的有无，有些场合则需要了解物体的距离、表面状态等。

接近觉为机器人的后续动作提供必要的信息，供机器人决定是以什么样的速度逼近对象物以及逼近或避让的路径。常见的接近觉传感器有电磁式、光电式、电容式、气动式、超声式、红外线、微波式等多种类型。

（1）电涡流式接近觉传感器

电涡流式传感器已广泛用于位移、厚度、转速、温度等工业参数的测量。在机器人接近觉传感器中，电涡流式接近觉传感器由于精度比较高、响应速度快、受环境影响小、结构简单而且可以在高温下工作，因此在工业机器人中应用比较多。

电涡流式接近觉传感器基本原理是：当金属块置于交变的磁场中时（或者在固定磁场中运动时），金属体内就要产生感应电流，这种电流的流线在金属体内是闭合的，称之为涡流。涡流的大小与金属对象物的几何形状、电导率、磁导率、激励线圈与对象物表面的距离等有关，当对象物几何形状及内部电参数不变时，涡流的大小只随激励线圈与对象物表面距离的变化而变化。

如图 9-4 所示，高频信号施加于临近金属对象物的激励线圈 C_S 上，C_S 产生的高频电磁场作用于金属对象物体表面。由于"趋肤效应"，高频电磁场不能透过具有一定厚度的金属物，而仅作用于表面的一定深度的薄层内。金属物表面感应的涡流同样要产生高频电磁场，这个电磁场的方向垂直于激励线圈

检测线圈 C_1

激励线圈 C_S

检测线圈 C_2

金属物体

图 9-4　涡流式传感器

磁路上的磁通量，通过测量激励线圈磁路上的磁通量大小的变化，就可以计算出线圈与对象物表面之间的距离。

图 9-4 中检测线圈 C_1、C_2 是一对互为差动的检测线圈，当传感器接近对象物时，线圈的磁通量发生变化，两个检测线圈因为距离对象物不同而使差动电路失去平衡，差动电路输出的信号大小随对象物的距离不同而变化。

（2）光电式接近觉传感器

图 9-5 为光电式接近觉传感器，由发光二极管、发射透镜、接收透镜、光电二极管构成。发射透镜与接收透镜的光轴有一定的夹角 θ。发光二极管发出的光束经发射透镜汇聚后投射出去，若接近到物体，物体将光束反射，反射光束有接收透镜收集后汇聚在光电二极管上，光电管有光电流输出；若没有接近到物体，接收透镜无光束，光电二极管无输出。

图 9-5 光电式接近觉传感器

光电式接近觉传感器存在灵敏区域，通过调节两透镜的光轴夹角 θ 可以调节光电式接近觉传感器的感知距离，θ 越小，敏感的距离越远；反之，θ 越大，敏感的距离越近。

由于不同的物体具有不同的光反射率，因此，很难通过测量接收光的强度计算物体的远近。

图 9-5 所示的传感器适合作有无物体接近的感知，而感知物体表面的反射率等对传感器的灵敏度有较大的影响。

4. 听觉、嗅觉、味觉传感器

（1）听觉传感器

人的听觉的外周感受器官是耳，耳的适宜刺激是一定频率范围内的声波振动。振动波的机械能在耳蜗内基底膜中的转变为听神经纤维上的神经冲动，并以神经冲动的不同频率和组合形式对声音信息进行编码，传送到大脑皮层的听觉中枢，产生听觉。

听觉也是机器人的重要感觉器官之一。由于计算机技术及语音学的发展，现在已经实现用机器代替人耳，通过语音处理及识别技术识别讲话人，还能正确理解一些简单的语句。然而，由于人类的语言是非常复杂的，无论哪个民族，其语言的词汇量都非常大，即使是同一个人，他的发音也随着环境及身体状况有所变化，因此，使机器人的听觉具有接近人耳的功能还相差甚远。

从应用的目的来看，可以将识别声音的系统分为两大类：

1）发声人识别系统。发声人识别系统的任务，是判别接收到的声音是否是事先指定的某个人的声音，也可以判别是否是事先指定的一批人中的哪个人的声音。

2）语音识别系统。语音识别系统可以判别语音是什么字、短语、句子，而不管说话人是谁。

为了实现语音的识别，主要的就是要提取语音的特征。一句话或一个短语可以分成若干个音或音节。为了提取语音的特征，必须把一个音再分为若干个小段，再从每一个小段中提取语音的特征。语音的特征很多，对每一个字音就可由这些特征组成一个特征矩阵。

识别语音的方法，是将事先指定的人的声音的每一个字音的特征矩阵存储起来，形成一个标准模式。系统工作时，将接收到的语音信号用同样的方法求出它们的特征矩阵，再与标准模式相比较，看它与哪个模式相同或相近，从而识别该语音信号的含义，这也是模式识别的基本原理。

机器人听觉系统中的听觉传感器的基本形态与传声器相同，所以在声音的输入端方面问题较少。其工作原理多为利用压电效应、磁电效应等。

（2）嗅觉传感器

人的嗅觉感受器官是位于上鼻道及鼻中隔后上部的嗅上皮。嗅上皮含有三种细胞，即主细胞、支持细胞和基底细胞。主细胞也叫嗅细胞，呈圆瓶状，细胞顶端有5~6条短的纤毛，细胞底端有长突、它们组成嗅丝，穿过筛骨直接进入嗅球，嗅细胞的纤毛受到悬浮于空气中的物质分子或溶于水及脂质的物质刺激时，有神经冲动传向嗅球，进而传向更高级的嗅觉中枢，引起嗅觉。

有人分析了600种有气味物质和它们的化学结构，提出至少存在7种基本气味，其他众多的气味则可能是这些基本气体的组合所引起的。实验发现，每个嗅细胞只对一种或两种特殊的气味有反应，这样看来，一个气体传感器就相当于一个嗅细胞。

嗅觉传感器主要的是采用气体传感器、射线传感器等。多用于监测空气中的化学成分、浓度等，在放射线、高温煤气、可燃性气体以及其他有毒气体的恶劣环境下，开发检测放射线、可燃气体及有毒气体的传感器是很重要的，对于我们了解环境污染、预防火灾和毒气泄漏报警具有重大的意义。

（3）味觉传感器

人的味觉感受器官是味蕾，每一种味蕾由味觉细胞和支持细胞组成；味蕾细胞顶端有纤毛，称味毛，从味蕾表面的孔伸出，是味觉感受器的关键都位。人和动物的味觉系统可以感受和区分出多种味道。很早以前就知道，众多味道是由4种基本味觉组合而成，这就是甜、酸、苦和咸。研究发现，一条神经纤维并不是只对一种基本味觉刺激起反应、每个味细胞几乎对4种基本刺激都起反应，但在同样物质的量的情况下、只有一种刺激能引起最大的感受器电位。显然，不论4种基本味觉刺激的物质的量怎样改变、每一种刺激在4对基本刺激的敏感性各不相同的传入纤维上，引起传入冲动数量多少的组合形式，是各有特异性的。由此可见，通过对于各具一定特异性的信息通路的活动的组合形式对比，是中枢分辨外界刺激的某些属性的基础。

通过人的味觉研究可以看出，要制作出一个好的味觉传感器，还要通过努力，在发展离子传感器与生物传感器的基础上，配合微型计算机进行信息的组合来识别各种味道。通常味觉是指对液体进行化学成分的分析，实用的味觉方法有pH计、化学分析器等。一般味觉可探测溶于水中的物质，嗅觉探测气体状的物质。而且一般情况下，当探测化学物质时嗅觉比味觉更敏感。

任务 9.2 汽车传感器及应用

任务目标

1）理解汽车电控系统与传感器的作用。
2）熟悉汽车常用传感器的分类。
3）熟悉汽车传感器的应用。

任务描述

现代汽车电子控制中，传感器广泛应用在发动机、底盘和车身各个系统中。汽车传感器在这些系统中担负着信息的采集和传输作用，它采集的信息由控制单元（ECU）进行处理后，形成向执行器发出的指令，完成电子控制。如果没有各类传感器提供发动机、汽车工作状况和外部环境等信息，电子控制装置就失去了决策依据。本任务学习汽车传感器的应用。

相关知识

9.2.1 汽车电控系统与传感器

随着电子和计算机技术的发展，在汽车发动机、底盘和车身上应用了各种电控系统。电控系统主要由传感器、电子控制单元和执行器组成。传感器在这些系统中承担了信息的采集和传输工作。它将采集到的信息传送到 ECU，电子控制单元根据这些信息向执行器发出指令，使执行器相应动作，完成电子控制。汽车传感器可以及时识别汽车本身和周围环境的变化，进行信息反馈，从而实现电控系统的自动控制。

扫一扫查看
汽车电控系
统与传感器

在现代汽车电子控制系统中，传感器是相当重要的关键部件。电子控制装置要实现各类精确控制，需要各种必要的信息来提供判断依据，而这些信息的采集和发送就是利用各种传感器来实施的。如果没有各类传感器提供发动机、汽车工作状况和外部环境等信息，电子控制装置就失去了决策依据。

目前，汽车用传感器和传感器技术都得到了迅速发展，敏感器件的种类越来越多，捕捉信息的范围也越来越宽，精度不断提高，寿命逐渐增加，价格也有所下降，并且向固体化、集成化、数字化和智能化方向发展。

9.2.2 汽车常用传感器的分类

传感器作为汽车电控系统的关键部件，直接影响汽车技术性能的发挥。目前，一辆普通家用轿车上大约安装几十到近百只传感器，而豪华轿车上的传感器数量可多达两百余只。下面主要介绍在汽车发动机控制系统、底盘控制系统和车身控制系统中使用的传感器。

扫一扫查看
汽车常用传
感器的分类

1. 发动机控制用传感器

发动机控制系统用传感器是整个汽车传感器的核心，种类很多，包括温度传感器、压力传感器、角度和车速传感器、氧传感器、流量传感器、位置传感器、气体浓度传感器、爆震传感器等。这些传感器向发动机的 ECU 提供发动机的工作状况信息，供其对发动机工作状况进行精确控制，以提高发动机的动力性、降低油耗、减少废气排放和进行故障检测。

（1）温度传感器

温度传感器主要用于检测发动机温度、进气温度、冷却水温度、燃油温度及催化温度等。温度用传感器有线绕电阻式、热敏电阻式和热偶电阻式三种主要类型。三种类型传感器各有特点，其应用场合也略有区别。线绕电阻式温度传感器的精度高，但响应特性差；热敏电阻式温度传感器灵敏度高，响应特性较好，但线性差，适应温度较低；热偶电阻式温度传感器的精度高，测量温度范围宽，但需要配合放大器和冷端处理一起使用。已实用化的产品有热敏电阻式温度传感器、铁氧体式温度传感器、金属或半导体膜空气温度传感器等。

（2）压力传感器

压力传感器主要用于检测汽缸负压、大气压、涡轮发动机的升压比、汽缸内压、油压等。吸气负压式传感器主要用于吸气压、负压、油压检测。汽车用压力传感器应用较多的有电容式、压阻式、差动变压器式（LVDT）和表面弹性波式（SAW）等。电容式压力传感器主要用于检测负压、液压、气压，测量范围为 20~100kPa，具有输入能量高，动态响应特性好、环境适应性好等特点；压阻式压力传感器受温度影响较大，需要另设温度补偿电路，但适宜于大量生产；差动变压器式压力传感器有较大的输出，易于数字输出，但抗干扰性差；表面弹性波式压力传感器具有体积小、质量轻、功耗低、可靠性高、灵敏度高、分辨率高及数字输出等特点，用于汽车吸气阀压力检测，能在高温下稳定地工作，是一种较为理想的传感器。

（3）角度和车速传感器

角度和车速传感器主要用于检测曲轴转角、发动机转速和车速等，主要有发电机式、磁阻式、霍尔效应式、光学式和振动式等。车速传感器种类繁多，有敏感车轮旋转的，也有敏感动力传动轴转动的，还有敏感差速从动轴转动的。当车速高于 100km/h 时，一般测量方法误差较大，为此而开发了非接触式光电速度传感器，测速范围为 0.5~250km/h，重复精度 0.1%，距离测量误差优于 0.3%。

（4）氧传感器

氧传感器安装在排气管内，测量排气管中的含氧量，确定发动机的实际空燃比与理论值的偏差，控制系统根据反馈信号调节可燃混合气的浓度，使空燃比接近理论值，从而提高经济性，降低排气污染。实际应用的是氧化锆和氧化钛传感器。

（5）流量传感器

流量传感器主要用于发动机空气流量和燃料流量的测量。空气流量的测量用于发动机控制系统确定燃烧条件，控制空燃比、启动和点火等。空气流量传感器有旋转翼片式（叶片式）、卡门涡旋式、热线式和热膜式四种类型。旋转翼片式（叶片式）空气流量计结构简单，测量精度较低，测得的空气流量需要进行温度补偿；卡门涡旋式空气流量计无可动部件，反应灵敏，精度较高，也需要进行温度补偿；热线式空气流量计测量精度高，无须温度补偿，但易受气体脉动的影响，易断丝；热膜式空气流量计和热线式空气流量计测量原理一样，但体积小，适合大批量生产，成本低。

（6）爆震传感器

爆震传感器用于检测发动机的振动，通过调整点火提前角控制来避免发动机发生爆震。可以通过检测汽缸压力、发动机机体振动和燃烧噪声三种方法来检测爆震。爆震传感器有磁致伸缩式和压电式。磁致伸缩式爆震传感器的使用温度为$-40 \sim 125℃$，频率范围为$5 \sim 10kHz$；压电式爆震传感器在中心频率$5.417kHz$处，其灵敏度可达$200mV/g$，在振幅为$0.1 \sim 10g$范围内具有良好线性度。

2. 底盘控制用传感器

底盘控制用传感器是指分布在变速器控制系统、悬架控制系统、动力转向系统、防抱死制动系统中的传感器，在不同系统中作用不同，但工作原理与发动机中传感器是相同的，主要有以下几种形式传感器。

（1）变速器控制传感器

变速器控制传感器多用于电控自动变速器的控制。它是根据车速传感器、加速度传感器、发动机负荷传感器、发动机转速传感器、水温传感器、油温传感器检测所获得的信息，经处理后使电控装置控制换挡点和液力变矩器锁止，实现最大动力和最佳燃油经济性。

（2）悬架系统控制传感器

悬架系统控制传感器主要有车速传感器、节气门开度传感器、加速度传感器、车身高度传感器、转向盘转角传感器等。根据检测到的信息自动调整车高，抑制车辆姿势的变化，实现对车辆舒适性、操纵稳定性和行车稳定性的控制。

（3）动力转向系统传感器

它是根据车速传感器、发动机转速传感器、转矩传感器等使动力转向电控系统实现转向操纵轻便，提高响应特性，减少发动机损耗，增大输出功率，节省燃油等。

（4）防抱死制动传感器

它是根据车轮角速度传感器检测车轮转速，在各车轮的滑移率为20%时，控制制动油压、改善制动性能，确保车辆的操纵性和稳定性。

3. 车身控制用传感器

采用这类传感器的主要目的是提高汽车安全性、可靠性、舒适性等，主要有应用于自动空调系统中的多种温度传感器、风量传感器、日照传感器等，安全气囊系统中加速度传感器，亮度自控中光传感器，死角报警系统中超声波传感器及图像传感器等。

任务实施

现代汽车电子控制中，传感器广泛应用在发动机、底盘和车身各个系统中。汽车传感器在这些系统中担负着信息的采集和传输功用，它采集的信息由 ECU 进行处理后，形成向执行器发出的指令，完成电子控制。传感器在电子控制和自诊断系统中是非常重要的装置，它能及时识别外界和系统本身的变化，再根据变化的信息去控制系统本身的工作。各系统控制过程正是依靠传感器进行信息的反馈，实现自动控制工作的。

控制单元不断地检测各个传感器的信号，一旦检测出某个输入信号不正常，就可将错误的信号存入存储器内，需要时可以通过专用诊断仪或采取人工方法读取故障信息，再根据故障信息内容进行维修。

车用传感器所检测的信息包括车辆运动状态以及驾驶操纵、车辆控制、运动环境、异常状态监控等所需信息。汽车电子控制系统上应用了多种传感器，如空气流量传感器、压力传感器、位置传感器、速度传感器、温度传感器、气体浓度传感器等。在这些传感器的共同作用下，汽车电子控制系统对发动机、底盘、行驶安全、信息等进行集中控制。

1. 汽车发动机控制

(1) 电控汽油喷射 (电喷 EFI)

电控汽油喷射系统根据空气流量传感器或进气压力传感器、发动机转速传感器、节气门位置传感器、凸轮轴位置传感器、进气温度传感器、冷却液温度传感器、氧传感器等信号计算喷油量。该系统能使发动机在各种工况下实现空气与燃油匹配最佳、提高功率、降低油耗、减少排气污染等功效。在一定条件下，控制单元可根据氧传感器输出的含氧浓度信号修正燃油供给量，使混合气浓度保持在理想状态。

1) 喷油量控制。ECU 根据空气流量传感器或进气压力传感器、发动机转速传感器、进气温度传感器、冷却液温度传感器等所提供的信号，计算喷油脉冲宽度即喷油量。发动机各种工况下的最佳喷油量存储在控制单元的存储器中。

2) 喷油正时控制。当发动机采用多点顺序燃油喷射系统时，ECU 除了控制喷油量以外，还要根据发动机的各缸点火顺序，将喷油时间控制在最佳时刻，以使汽油充分燃烧。但在电子控制间歇喷射系统中，采用独立喷射时，控制单元还要对喷射燃油的气缸辨别信号进行分析，根据发动机各缸的点火顺序和发动机工况的不同而将喷油时间控制在最佳时刻。

3) 进气增压控制。进气谐波增压控制是 ECU 根据发动机转速传感器检测到的发动机转速信号，控制增压控制阀的开闭，改变进气管的有效长度，实现中低转速区和高转速区的进气谐波增压，提高发动机的充气效率。涡轮增压控制装在有电子控制涡轮增压器的发动机上，在发动机工作中，能保证获得最佳增压值。涡轮增压发动机排气温度高，容易产生爆燃，电子控制装置可以通过降低增压压力和调节点火正时相结合的办法阻止爆燃，使发动机的功率不会下降，而得到稳定发挥。

4) 发电机输出电压的控制。控制单元根据发动机转速传感器输入的转速、蓄电池温度等信息，控制励磁电流实现对发电机输出电压的控制。当发电机输出电压超过额定值时，ECU 使励磁电路接通时间变短，减弱励磁电流，降低发电机电压；相反，当输出电压低于额定值时，ECU 使励磁电路接通时间变长，增强励磁电流，提高发电机电压。

5) 电子节气门控制。在电控加速踏板中安装有一个电位器作为传感器，它可把加速踏板的位置信息输入 ECU，ECU 再根据发动机的工况，计算节气门位置的理论值，该理论值与发动机运行参数、加速踏板位置有关。控制单元可把节气门位置调整在理论值范围，这样可以避免在加速踏板传动机构中由于间隙、磨损产生的误差，可在燃油消耗优化的前提下，发挥较好的加速性。

6）冷起动喷油器控制。为了提高发动机低温时冷机起动性能，在进气总管上安装了一个冷起动喷油器，其喷油时间由定时开关控制，或由控制单元和起动喷油器定时开关同时控制。有些电控发动机已经取消了冷起动喷油器，在低温起动过程中，ECU 根据发动机冷却液温度信息，在冷机起动时加浓混合气，以使起动顺利。

7）燃油泵控制与燃油泵泵油量控制。在电控燃油喷射系统中，燃油泵的控制方式有两种：一种是当点火开关打开后，ECU 使燃油泵运转 2~3s，以产生必要的油压，若发动机没有起动，就没有信号输入 ECU，ECU 会立即切断燃油泵继电器控制电路，使燃油泵停止工作；另一种控制方式是只有发动机运转时，燃油泵才投入运转。有的燃油泵控制系统是使泵油量随发动机的负荷而变化，即当发动机高转速、大负荷工作时，燃油泵高速运转以增加供油量；当发动机低转速、小负荷工作时，燃油泵低速运转，以减少供油量。

8）断油控制。发动机的断油控制分为减速断油控制和超速断油控制。减速断油控制是汽车在正常行驶中，驾驶人突然放松加速踏板，ECU 根据转速信号将自动切断燃油喷射控制电路，使燃油喷射中断，目的是降低减速时 HC 和 CO 的排放量；而当发动机转速下降到临界转速时，又能自动恢复供油。超速断油控制是发动机加速时，当转速超过安全转速或汽车车速超过设定的最高车速时，ECU 将会在临界转速时切断燃油喷射控制电路，停止喷油，防止超速。

9）停车起动控制。在汽车停车数秒后，停车起动系统会发出控制信号将燃油切断。具体工作过程是当离合器脱开，汽车停车或车速约为 2km/h 时，发动机熄火。若要使发动机起动，可将离合器踩到底，再踏下加速踏板，当加速踏板踩到总行程的 1/3 时，发动机将再次起动。

10）排放控制。废气再循环（EGR）控制是当发动机的废气排放温度达到一定值时，ECU 根据发动机的转速和负荷信号，控制 EGR 阀的开启动作，使一定数量的废气进行再循环燃烧，以降低排气中 NO_x 的排放量。

①开环与闭环控制是在装有氧传感器及三元催化转化器的发动机中，ECU 根据发动机的工况及氧传感器反馈的空燃比浓稀信号，确定开环控制或闭环控制。

②二次空气喷射控制是 ECU 根据发动机的工作温度，控制新鲜空气喷入排气歧管或三元催化转化器，用以减少排气造成的污染。

③燃油蒸气回收控制是 ECU 根据发动机的工作温度、转速和负荷信号，控制清污电磁阀的开启工作，将活性炭吸附的汽油蒸气吸入进气管，进入发动机燃烧，降低燃油蒸发排放。

11）自诊断与报警。当电子控制系统出现故障时，ECU 会点亮仪表板上的"发动机检查"（CHECK ENGINE SOON）指示灯，提醒驾驶人发动机已经出现故障，应立即停车检修。ECU 将故障以故障码的形式存储在 ECU 的存储器中，维修人员通过诊断插座，使用专用诊断仪或采用人工方法读取故障信息。

12）安全保险与备用功能。当 ECU 检测到电控系统出现的故障时，会自动按照 ECU 预先设置的数据，使发动机保持运转（但发动机的性能有所下降），以便尽快送到维修站检修。

当 ECU 本身出现故障时，会自动启用备用系统，使发动机进入跛行状态，以便将车开到维修站检修。

（2）电控点火装置

发动机运转时，控制单元根据空气流量传感器或进气压力传感器、发动机转速传感器、凸轮轴位置传感器、温度传感器等信号，使发动机在最佳点火提前角工况下工作，输出最大功率和转矩，将油耗和排放降到最低限度。该系统可通过爆燃传感器进行反馈控制，其点火时刻的控制精度比无反馈控制时高，但排气净化差。

1）点火提前角控制。在 ECU 的存储器中存储着发动机在各种工况下的最佳点火提前角。发动机运转时，ECU 根据发动机的转速和负荷信号确定基本提前角，并再根据其他信号进行修正，最后确定最佳点火提前角。然后向电子点火控制器输出点火信号，以控制点火系统的工作。

2）通电时间（闭合角）与恒流控制。点火线圈初级电路在断开时需要保证足够大的断开电流，以使次级线圈产生足够高的次级电压。与此同时，为防止通电时间过长而使点火线圈过热损坏，ECU 根据蓄电池电压及发动机转速信号等，控制点火线圈初级电路的通电时间。

在现代汽车高能点火系统电路中，还增加了恒流控制电路，使初级电流在极短的时间内迅速增长到额定值，减少转速对次级电压的影响，改善点火特性。

3）爆燃控制。当 ECU 接收到爆燃传感器输入的电信号后，ECU 对该信号进行处理并即判断是否将产生爆燃。当检测到爆燃信号后，ECU 立即推迟发动机点火提前角，采用反馈控制避免爆燃产生。

2. 汽车底盘控制

（1）电控自动变速器（ECT）

电控自动变速器能根据节气门位置传感器和车速传感器的信号计算换挡时刻，使换挡阀动作，使汽车处于相应的最佳挡位，改善换挡质量，提高汽车行驶平稳性。在控制过程中，电控自动变速器使用多个传感器，例如，超速挡和直接挡离合器转速传感器、1 号和2 号车速传感器用于换挡时间控制；自动变速器油温传感器用于检测自动变速器的温度信号，用作换挡、油压控制和锁定离合器控制等。

（2）防抱死制动（ABS）

在现代轿车上，ABS 系统多采用双回路控制，即在车轮上安装使用两个、三个或四个车轮轮速传感器。当某一个车轮将被抱死时，ECU 根据车速信号，将发出指令使控制电磁阀打开或关闭控制油路，实行防抱死制动控制。

（3）电控动力转向（EPS）

在液压式动力转向系统中有车速传感器，它将车速信号不断输入 ECU，由 ECU 控制液压油量实现助力作用。电子控制动力转向系统，由车速传感器和转矩传感器输入信号给ECU，ECU 根据输入信号确定助力转矩的大小和方向，通过电磁离合器和减速机构，将转矩加到转向机构上，实现电子动力转向。

（4）电控悬架（TEMS）

电控悬挂系统根据不同的路面状况及车身状态（加速度、位移或其他目标参数）传感器的信号控制车辆高度，调整悬架的阻尼特性及弹性刚度，改善车辆行驶的稳定性、操纵性和乘坐舒适性。在电子控制悬架系统中的控制装置主要有 ECU、信号输入装置和输出装置。信号输入装置主要有车速传感器、高度传感器、转角传感器、节气门位置传感器等，信号输出装置即执行器。传感器将信号输入 ECU，经 ECU 处理后发出指令，由执行器控制悬架的刚度和阻尼力，使汽车平稳行驶。

（5）巡航控制系统（CCS）

汽车行驶中，可利用巡航控制装置对车速进行自动控制，即驾驶人的脚离开加速踏板后，汽车仍能按选定的速度稳定行驶，不需要反复调节节气门大小，这样可以减少速度变化和驾驶人长时间操作带来的疲劳。而在需要解除定速控制时，按下 OFF 开关即可使自动控制系统停止。当需要提高或降低车速时，可按一定的操作方法，保持车辆按选定速度行驶。

巡航控制系统主要由电子模块、速度控制传感器、电磁阀等组成。速度传感器是利用速度表轴驱动的装置，产生与车速成正比的电压，传感器输出的电压输入电子模块，电子模块接收驾驶人控制开关与速度传感器输入的信号，根据接收的信号，电子模块通过电磁阀调整供给伺服装置的真空程度，进行车速控制。

3. 汽车行驶安全系统

（1）辅助乘员保护系统（SRS）

辅助乘员保护系统（Supplemental Restraint System，SRS），属于被动式安全系统，由安全气囊和带预紧装置的安全带组成。当车辆发生前方一定角度的高速碰撞时，汽车前端的碰撞传感器和与 SRS 控制单元安装在一起的安全传感器就会检测到汽车突然减速的信号，并将信号传送到 SRS 控制单元。SRS 经过计算和比较后，立即向 SRS 气囊组件内的电热引爆管发出点火指令，引爆电雷管，使点火药粉受热爆炸，产生的气体充入气囊，在驾驶人与方向盘之间、前座乘员与仪表板之间形成一个缓冲软垫，避免因硬性撞击而使乘员受伤。

（2）雷达防撞系统

为防止汽车追尾事故发生，安全车距自动控制装置中的多普勒雷达（用作测速和测距传感器）可以测出两车的距离、车速、相对车速等有关信息，输入控制单元后经过比较。若实测距离小于安全距离，控制单元发出报警信息，若驾驶人未采取措施，执行器就会自动对汽车的制动系统起作用，使汽车减速，防止事故发生。当车距超过安全车距时，制动系统恢复正常，这样对安全车距进行自动控制。

汽车倒车安全装置用超声波及雷达作为传感器，可分为超声波倒车安全装置及雷达倒车安全装置两种。目前超声波倒车安全装置应用较多，该系统有两对超声波传感器，并列安装在后保险杠上。该系统发射超声波脉冲，后方有障碍物时发出报警信号，提醒驾驶人，以保证倒车安全。

（3）驱动防滑控制系统（ASR）

驱动防滑控制系统（ASR）是在制动防抱死系统的基础上开发的，两系统有许多共同组件。ASR 通过驱动轮上的转速传感器检测到驱动轮将打滑时，控制元件使发动机降低转速，防止车轮打滑。该系统在雪地或湿滑路面上能发挥其特性，以保证行驶安全。

ASR的作用是防止汽车起步、加速过程中驱动轮打滑，特别是防止汽车在非对称路面或转弯时驱动轮打滑。在装有电子控制防滑差速器的车辆上，可对防滑差速器（LSD）进行控制，防止打滑。

4. 汽车信息系统

（1）信息显示与报警系统

信息显示与报警系统可将发动机工况和各传感器的信息参数通过微处理机处理后，输出对驾驶人更有用的信息，并用数字、线条显示或声光报警。当出现不正常情况时，可随时报警。报警系统传感器有机油压力传感器、各类液量传感器、各油液温度传感器、车速及发动机转速传感器等。

（2）语言信息系统

语言信息包括语音报警和语言控制两类。语音报警通过开关型传感器监测车内部件的工作情况，一旦检测到故障，即闭合开关，触发控制器，启动语言电路，同时发出报警声音信号。语音控制是指驾驶人可用声音指挥、控制汽车的某个部件的工作，进行指令动作。

（3）车用定位和导航系统

车辆定位和导航技术已经应用在汽车上。车用导航系统是汽车行驶向智能化发展的标志，它能定向选择最佳行驶路线。

它将全球定位系统（GPS）接收机安装在车上，并使用推算技术，即利用各种传感器，如相对传感器、绝对传感器、转向角传感器、车轮传感器（测距）、地磁传感器、陀螺盘（测方向）、罗盘等精确测定汽车目前所在的位置，定向选择最佳行驶路线。

5. 驾驶舒适性控制

（1）自动空调的控制

汽车自动空调是用温度设定开关设定所需要的温度，再把各种传感器所测出的汽车室内温度、汽车室外空气温度、太阳光的照射强度、发动机的冷却液温度等信息输入ECU，ECU经过数据处理后，计算出自动空调所输送空气的温度值，从而向执行器发出控制指令，控制空气混合板的开度、冷却液阀的开闭、风机的转速、空气吸入口和送出挡板的开度变换等，根据乘客需要，使车内温度、湿度等处在最佳值，让人感到舒适。

（2）自动座椅控制

自动座椅控制是根据人体工程学和电子技术设计，使它能适合乘客不同体型、身材，满足乘客舒适性要求。

6. 安全防盗

GPS机动车防盗系统是具有网络报警功能的汽车电子防盗系统。在汽车上安装一台GPS终端设备，卫星监控中心对车辆24小时不间断、高精度监控。该系统由指挥中心的中央控制系统、安装在车辆上的GPS终端设备以及GSM通信网络组成。该系统可计算出移动目标的经度、纬度、速度、方向，并利用GSM网络的短消息平台作通信媒介来实现定位信息的传输。如果汽车被盗，控制中心将自动对车辆进行被盗确认，报告110，协助警方确定车辆位置，甚至可以遥控熄火，使汽车不能行驶。

　　未来汽车传感器的发展方向不仅要求确保汽车功能齐全，而且在可靠性、安全性、舒适性等方面提出了更高、更精的要求，尤其在减少排气污染、降低油耗等方面需要做更多的开发，其主要特点是新结构、新材料和新工艺的广泛应用。未来汽车传感器技术总的发展趋势是微型化、多功能化、集成化和智能化。

参 考 文 献

［1］胡向东. 传感器与检测技术［M］.2 版. 北京：机械工业出版社，2015.

［2］单振清，宋雪臣，田青松. 传感器与检测技术应用［M］. 北京：北京理工大学出版社，2013.

［3］陈卫. 传感器应用［M］. 北京：高等教育出版社，2014.

［4］李敏，夏继军. 传感器应用技术［M］. 北京：人民邮电出版社，2011.

［5］金发庆. 传感器技术与应用［M］. 北京：机械工业出版社，2011.

［6］杨少春. 传感器原理及应用［M］. 北京：电子工业出版社，2015.